锐捷网络学院系列教程
锐捷网络"1+X"职业技能等级证书配套系列教材

ADVANCED
ROUTING TECHNOLOGY

高级路由技术
理论篇

汪双顶 王隆杰 黄君羡 / 主编
周素青 吕学松 李巨 / 副主编

人 民 邮 电 出 版 社
北 京

图书在版编目（CIP）数据

高级路由技术. 理论篇 / 汪双顶, 王隆杰, 黄君羡主编. -- 北京 : 人民邮电出版社, 2023.9
锐捷网络学院系列教程
ISBN 978-7-115-59908-7

Ⅰ. ①高… Ⅱ. ①汪… ②王… ③黄… Ⅲ. ①计算机网络－路由选择－教材 Ⅳ. ①TN915.05

中国版本图书馆CIP数据核字(2022)第155500号

内容提要

本书主要讲解园区网施工过程中所需掌握的高级路由技术。全书共 9 个单元，包括了解园区网路由技术、深入了解静态路由技术、精通 OSPF 动态路由协议、优化 OSPF 动态路由技术、管理路由重发布实现不同自治域路由注入、实施路由策略优化路由表、使用策略路由优化传输路径、使用 BGP 路由实现域间路由选择、实现园区网安全访问控制列表。本书在完成网络施工方案规划项目的同时，介绍了园区网施工过程中广泛应用到的新一代路由技术的相关知识。

本书适合作为高职高专院校计算机网络专业及其相关专业的教学用书，也适合作为各大数据通信厂商资深网络工程师认证考试的参考用书。

◆ 主　　编　汪双顶　王隆杰　黄君羡
副 主 编　周素青　吕学松　李　巨
责任编辑　郭　雯
责任印制　王　郁　焦志炜

◆ 人民邮电出版社出版发行　　北京市丰台区成寿寺路 11 号
邮编　100164　　电子邮件　315@ptpress.com.cn
网址　https://www.ptpress.com.cn
山东华立印务有限公司印刷

◆ 开本：787×1092　1/16
印张：15.5　　2023 年 9 月第 1 版
字数：374 千字　　2023 年 9 月山东第 1 次印刷

定价：59.80 元

读者服务热线：(010)81055256　印装质量热线：(010)81055316
反盗版热线：(010)81055315
广告经营许可证：京东市监广登字 20170147 号

前 言 FOREWORD

路由技术作为互联网的核心技术之一，为实现全球互联网的互联互通发挥了重要的作用。但随着互联网的广泛应用，带宽不足的弊病渐渐凸显；互联网中路由表的膨胀等问题，已经开始影响互联网的运行效率。实现网络高效传输；优化路由传输效率；使用路由策略，控制路由传输路径，实现最佳路径选择；实施路由认证，保障路由交换安全等都是在校学生需要掌握的关键技术。教育、科技、人才是全面建设社会主义现代化国家的基础性、战略性支撑。本书全面贯彻党的二十大精神，以社会主义核心价值观为引领，加强基础研究、发扬斗争精神，为建成教育强国、科技强国、人才强国、文化强国添砖加瓦。

1．本书目标

本书依托厂商的数据通信项目，详细讲解了园区网施工过程中需要重点掌握的路由模块的知识和技能。本书每个单元均引入一个园区网施工项目，通过项目对路由技术进行讲解，使读者了解该路由技术对应的解决方案。

2．使用方法

高级路由技术一般被设置为计算机网络技术专业的专业核心课，建议安排在“计算机网络基础”“网络互联技术”“局域网组网技术”等课程之后。建议安排学时为 72 学时（18 周，4 学时/周），不同学校可根据学生基础情况进行增减。

具体教学单元实施教学建议如下。

单元	建议学时	教学要求
单元 1　了解园区网路由技术	6 学时	一般了解
单元 2　深入了解静态路由技术	6 学时	一般了解
单元 3　精通 OSPF 动态路由协议	12 学时	教学重点
单元 4　优化 OSPF 动态路由技术	8 学时	教学重点
单元 5　管理路由重发布实现不同自治域路由注入	6 学时	教学重点
单元 6　实施路由策略优化路由表	8 学时	教学重点
单元 7　使用策略路由优化传输路径	6 学时	教学难点
单元 8　使用 BGP 路由实现域间路由选择	12 学时	教学难点
单元 9　实现园区网安全访问控制列表	8 学时	教学重点

3. 课程资源

学习本书需要构建园区网路由实训环境，包括配置二层交换机、三层交换机、路由器以及若干台测试计算机等，也可以选择锐捷模拟器、Packet Tracer 模拟器开展虚拟化实训。本书提供了相关课程资源，读者可到人邮教育社区（www.ryjiaoyu.com）自行下载。

4. 对接证书

国务院印发的《国家职业教育改革实施方案》中提出，在职业院校、应用型本科院校中需要实施“学历证书+职业技能等级证书”制度，鼓励学生在获得学历证书的同时，积极取得多种职业技能等级证书。本书对接锐捷网络的网络设备安装与维护“1+X”证书（高级），同时对接数据通信厂商开展的“资深网络工程师”职业资格认证。

5. 研发团队

本书研发团队人员主要包括院校教师和厂商工程师。其中，来自深圳职业技术学院的王隆杰、广东交通职业技术学院的黄君羡、福建信息职业技术学院的周素青、广东城市职业学院的吕学松、重庆工商职业学院的李巨等都是业内教学名师，多年来工作在教学一线，拥有丰富的教学经验，同时是全国职业院校技能大赛高职组“网络系统管理”赛项的指导教练，具有多年大赛指导训练的经验。汪双顶工程师在本书的编写过程中充分发挥了其在厂商工作经验丰富的优势，把园区网组建中需要应用的路由技术引入实训中，保证了技术和市场同步，实现课程和行业一致。

由于编者水平有限，书中难免存在疏漏和不足之处，恳请各位读者批评指正。若有技术交流的需求，请联系编者，联系方式为 410395381@qq.com。读者也可加入人邮教师服务 QQ 群（群号：159528354），与编者进行联系。

创新网络教材编辑委员会

2023 年 3 月

使 用 说 明

为方便在工作中应用，本书采用业界标准的拓扑绘制方案。书中使用到的符号和命令语法规范约定如下。

- “|”表示分隔符，用于分开可选择的选项。
- “*”表示可以同时选择多个选项。
- “[ ]”表示可选项；“{ }”表示必选项。
- “//”表示对该行命令的解释和说明；从“/*”到“*/”表示跨行的解释和说明。
- 斜体字表示需要用户输入的具体值。

本书所使用的图标和对应的说明如下。

目录 CONTENTS

单元 1 了解园区网路由技术

【技术背景】

过去的 30 多年中，路由器和三层交换机的硬件升级以及 IP 网络技术的飞速发展，推动着信息化时代的到来。其中，路由器作为连接广域网的重要设备，始终扮演着关键角色。历经多次更新换代，IP 路由技术得到了飞速发展。

时至今日，路由器的接口已经从 X.25、E1、ATM、POS、SDH 等五花八门的窄带接口，转变为以光网络为核心的宽带接口，并辅以少量更高速和更高性能的波分接口，在运行协议上也逐步统一为分布式的 IP/MPLS 体系。路由器以其更大带宽、更小时延、更小体积、更优成本的优势，逐渐发展成为构建互联互通的全球 Internet 的核心组网设备，如图 1-1 所示。

图 1-1　路由器

【学习目标】

1. 认识园区网路由技术。
2. 了解园区网路由技术的通信原理。
3. 能够进行园区网的路由规划和设计。

【技术要点】

1.1 路由和路由表

路由（Routing）是指依据路由表选择最佳路径，将 IP 数据包从源网络传输到目标网络，实现网络传输的通信过程。其中，路由设备工作在 OSI 参考模型的第三层——网络层，其依据三层设备上生成的路由表来匹配转发 IP 数据包的传输路径。

1.1.1 交换和寻址转发

1. 从“交换”谈起

交换网（Switch Fabric）中传输的数据是通过交换接口板接收和发送的，通信线缆都插接到接口板的接口上。要把从某一个接口发来的数据传输到另一个接口，需要连接这两个接口。但实际上，IP 数据包可能从任意接口进来，从任意接口出去。若要通过这种方式实现“点到点”连接，则可能需要 $n\times(n-1)/2$ 根线互连，如图 1-2 所示。

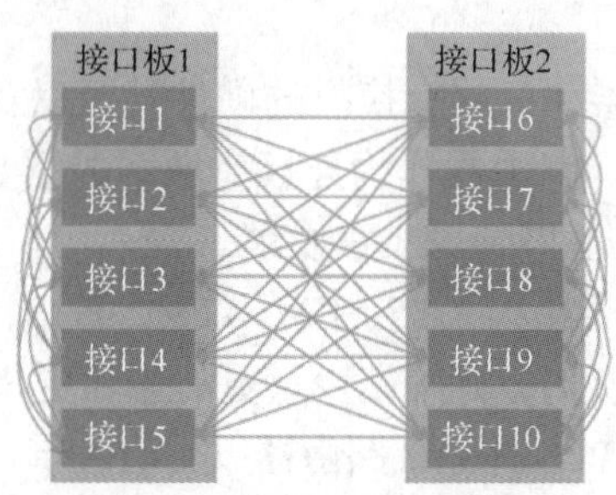

图 1-2 交换接口之间的连接

为了解决这种交换网中存在大量连接的问题，接口板和接口板之间需要通过交换网的接口板（交换网板）连接起来。接口板只要通过若干连线与交换网板连接，就能完成任意接口的互通，如图 1-3 所示。

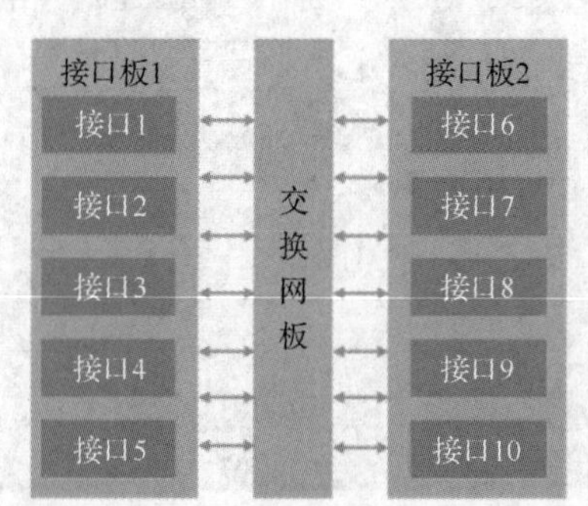

图 1-3 接口板和交换网板之间的连接

通常交换网板属于“三无”部件，即与设备配置无关、与协议无关、与数据包类型无关。交换网板专注于在通信接口之间建立连接，完成数据的交换。

2. 交换网中的数据上行和下行

以交换网为中心，可将 IP 数据包在 IP 网络中交换的流程一分为二，其中，前半程称为“上行”，后半程称为“下行”，如图 1-4 所示。

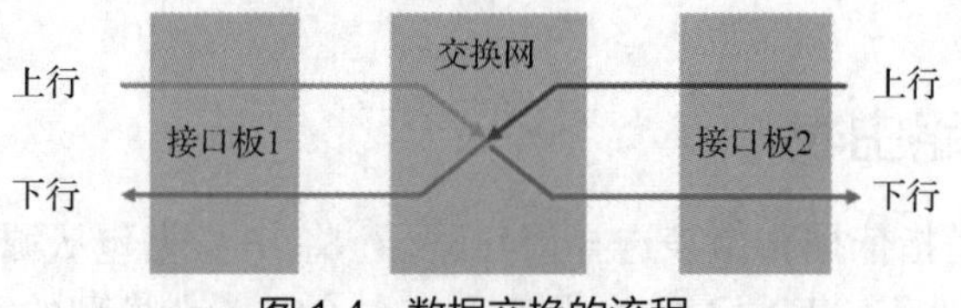

图 1-4 数据交换的流程

3. 寻址转发

为 IP 数据包选择一条最佳的转发路径，并从对应的接口发送出去，这个过程就称为“寻址转发”，如图 1-5 所示。路由器工作在 OSI 参考模型的第三层，即网络层。所以，“寻址”是指根据 IP 数据包中的网络层 IP 地址，匹配路由表，寻找最佳转发路径。

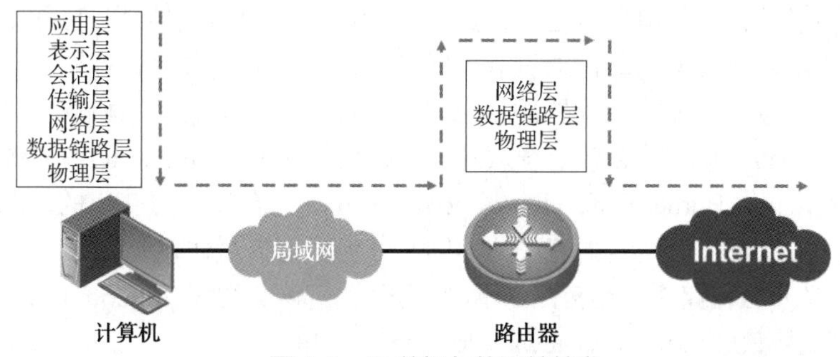

图 1-5　IP 数据包的寻址转发

数据包在交换网中传输时，一个接口接收 IP 数据包，经过“交换”，将 IP 数据包从另一个接口转发出去。这个过程交换机也可以实现，为什么要用路由器呢？

这是因为在 Internet 中，从一个节点到另一个节点通常有许多条路径，路由器可以选择其中通畅且最短的路径进行传输，并且可以实现在不同类型的网络中转发，这是交换机不具备的能力。

为 IP 数据包寻址的过程也称为路由的过程，需要使用路由技术。为了寻址，网络层的设备（如路由器）需要一张“地图”，这张以目的 IP 地址为索引的地图就是路由表。每台路由器中都有一张指导 IP 数据包转发的路由表。

1.1.2　路由技术

在互联的网络中进行最佳路径选择，需要通过工作在网络层的三层设备（如三层交换机、路由器、防火墙等）来实现。

作为网络层的经典设备，路由器可以在同型子网、异构网络中实现网络互联，将 IP 数据包从一个网络发送到另一个网络，并选择最佳的传输路径，如图 1-6 所示。

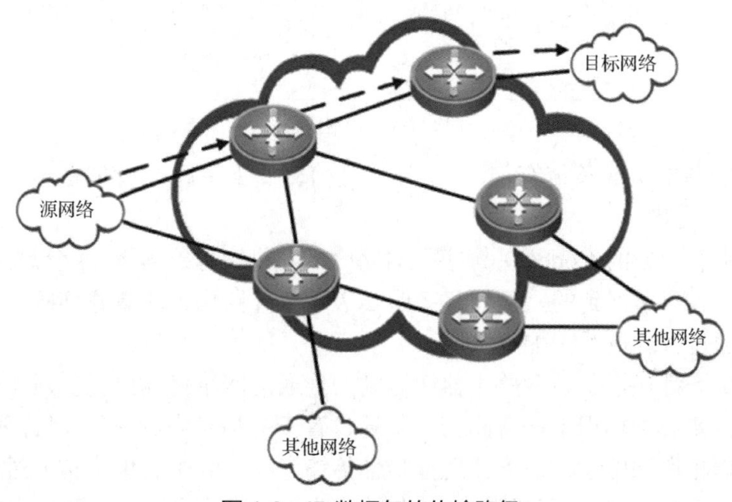

图 1-6　IP 数据包的传输路径

路由器根据收到的 IP 数据包报头中的目的地址匹配路由表后，选择一条合适的路径，将 IP 数据包传送到下一跳，最后路由器负责将 IP 数据包送交给目的主机所在的网络。

每台路由器负责匹配经过本站的 IP 数据包，选择最优路径进行转发。多台路由器“接力”使 IP 数据包通过最佳路径转发到目标网络。

根据目标网络是否与路由器直连，路由可分为两种类型：一种是目标网络与路由器直接相连的直连路由，该类型的路由通过数据链路层发现；另一种是目标网络与路由器不相连的非直连路由，包括通过手动配置的静态路由，以及通过动态路由协议如路由信息协议（Routing Information Protocol，RIP）、开放式最短路径优先（Open Shortest Path First，OSPF）协议、边界网关协议（Border Gateway Protocol，BGP）等自动学习获得的动态路由。

其中，动态路由协议根据路由算法的不同，分为距离矢量协议（如 RIP）、链路状态协议（如 OSPF 协议）；根据路由作用范围的不同，分为内部网关协议（Interior Gateway Protocol，IGP）和外部网关协议（Exterior Gateway Protocol，EGP）。

1.1.3　路由表与转发表

路由表（Routing Info Base，RIB）和转发表（Forwarding Info Base，FIB）是 IP 数据包在实施路由转发中的重要依据，它们是两种不同类型的表。其中，路由表与转发表共享相同的路由信息，但是实现的目标不同。

1. 路由表

路由表中存储着所有 Internet 的路由信息。路由器上运行的路由协议学习、生成的新路由信息，都会存放到路由表中。每台路由器中都保存有一张路由表，用于指导 IP 数据包通过匹配成功的物理接口进行转发，如图 1-7 所示。

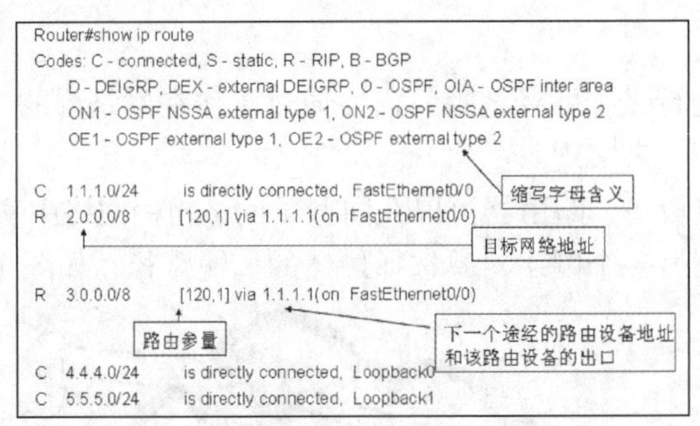

图 1-7　路由表

路由表中的基本组成条目有 4 项，分别是前缀、下一跳、管理距离（Administrative Distance，AD）、度量。

其中，路由表上方的 Codes 关键字是对路由表左侧字母的解释，字母指明了每条路由表项是通过什么方式学习到的。例如，字母 C 表示直连路由连接着直连的网络；字母 S 表示静态路由，通过管理员手工配置实现。

每一张路由表都显示了该台路由器学习到的连通的网络传输路径。对于非直连路由，数据包的转发需要明确标识下一跳路径，并通过置于方括号内的元组（[管理距离/度量]）指明路由的管理距离和度量，以方便选择最佳传输路径。其中，度量指通过优先权评价路由的一种手段。度量值越小，路径越短。此外，路由表还给出了下一跳路由器的 IP 地址，一般为直接连接的接口地址或目标网络连接的接口地址。

2. 转发表

转发表主要用于判断基于 IP 数据包的网络前缀信息，决定如何转发。设备通过路由表选择路由，通过转发表指导 IP 数据包进行转发。

对于每一条可达的目标网络前缀，转发表都包含接口标识符和下一跳信息。转发表类似于路由表，但它是在路由表基础上形成的转发信息表。当 IP 数据包通过路由表匹配成功，从路由表复制到转发表时，它们的下一跳信息被明确地标识出来，包括下一跳的具体端口，以及当到下一跳有多条路径时每条路径的具体端口。

转发表中的路由条目也是影响路由器转发性能的重要因素。一般情况下，转发表中的路由条目越多，转发查找花费的时间越长。随着基于 ASIC 芯片的转发技术日臻成熟，基于路由的查找转发也几乎达到线速（Wire Speed），即设备端口上每秒转发的数据帧数。三层设备构建转发表需要经历以下过程：接收 IP 数据包、建立路由表、选路、建立转发表，构建庞大的转发表的整个过程需要持续几分钟。

图 1-8 所示为三层设备中路由表和转发表的系统结构，其中，双向箭头指向路由协议，单向箭头指向转发表。目前路由设备都采用了控制平面的路由表和转发平面的转发表分离技术，以保障路由器的线速转发性能。

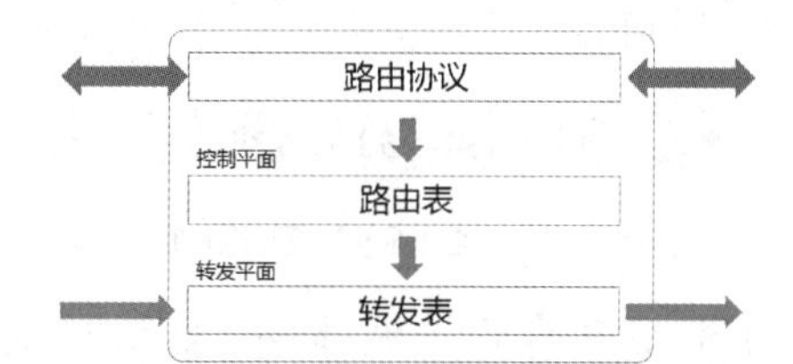

图 1-8　三层设备中路由表和转发表的系统结构

1.1.4　路由匹配原则

当交换网中的一个数据帧通过交换设备转发到三层路由器接口时，路由器从二层 MAC 数据帧中剥离出三层 IP 数据包，并传递给网络层。

在网络层，路由器的 CPU 检查 IP 数据包的目的 IP 地址。如果目的 IP 地址和路由器接口 IP 地址处于相同的网络，则转发 IP 数据包给与该接口相连的子网络；如果目的 IP 地址和路由器接口 IP 地址处于不同的网络，则该 IP 数据包需要匹配路由表，路由器通过查找路由表，为该 IP 数据包选择一条正确的路径。

路由器会尽量做到精确匹配。按精确程序递减的顺序，可选地址的优先级顺序如下：主机地址（主机路径）→子网→一组子网（一条汇总路由）→主网号→一组主网号（超网）→默认地址。

如果 IP 数据包中的目的地址在路由表中不能匹配到任何一条路由表项，那么该 IP 数据包将被丢弃。同时，三层设备会通过 ICMP 协议向源地址发送目标网络不可达信息。

1.2　园区网路由技术

随着信息技术的快速发展，园区网对信息传输速度的要求越来越高。深入了解三层路由转发技术，建立一种快速三层路由网络的转发机制，能提高园区网运行效率。

1.2.1　路由传输过程

图 1-9 所示为使用两台路由器实现两个不同网络的互联互通。其中，计算机 Host A 向计算机 Host B 发送数据，封装、路由过程的详细描述如下。

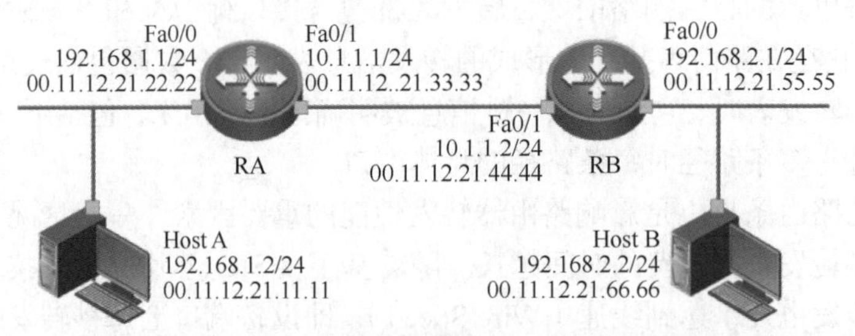

图 1-9　两台路由器实现两个网络互联互通

第一步，计算机 Host A 在网络层上将上层数据封装成 IP 数据包 1，其源地址即本机 IP 地址 192.168.1.2/24，目的 IP 地址为计算机 Host B 的地址 192.168.2.2/24，如图 1-10 所示。计算机 Host A 会用本机上配置的 24 位子网掩码与目的 IP 地址进行"与"运算，计算出的目的 IP 地址与本机 IP 地址不在同一网段。因此，发往计算机 Host B 的 IP 数据包 1 需要经过本网的网关——路由器 RA 进行转发。

Head	192.168.1.2/24	192.168.2.2/24	…	data	…

图 1-10　封装 IP 数据包 1

第二步，计算机 Host A 通过 ARP 请求，获得本网的默认网关路由器 RA 连接内网 Fa0/0 接口的 MAC 地址（00.11.12.21.22.22）。在数据链路层上，计算机 Host A 将 IP 数据包 1 封装成以太网数据帧 1，如图 1-11 所示。其中，以太网数据帧的源 MAC 地址为 00.11.12.21.11.11，目的 MAC 地址为网关 Fa0/0 接口的 MAC 地址。

图 1-11　封装完成的以太网数据帧 1

第三步，路由器 RA 从 Fa0/0 接口收到计算机 Host A 通过物理链路传输过来的数据帧，把数据链路层的二层封装去掉，取出 IP 数据包 1。接下来路由器 RA 的 CPU 处理 IP 数据包 1，路由器 RA 查找路由表，寻找与该 IP 数据包中目的 IP 地址 192.168.2.2/24 匹配的路由表项。根据路由表匹配下一跳地址，将 IP 数据包 1 转发到下一跳接口——路由器 RA 的 Fa0/1 接口，实现网络层上的路由转发。

在路由器 RA 的 Fa0/1 接口上，路由器 RA 重新把 IP 数据包 1 封装成以太网数据帧 2。其源 MAC 地址为路由器 RA 的 Fa0/1 接口的 MAC 地址（00.11.12.21.33.33），目的 MAC 地址为路由器 RB 的 Fa0/1 接口的 MAC 地址（00.11.12.21.44.44），如图 1-12 所示。

图 1-12　封装完成的以太网数据帧 2

第四步，路由器 RB 从 Fa0/1 接口收到以太网数据帧 2 后，同样把数据链路层的封装去掉，取出 IP 数据包 1。路由器 RB 的 CPU 处理 IP 数据包 1，在网络层依据路由表进行路由转发。

路由器 RB 首先查找本地路由表，寻找与数据包目的 IP 地址 192.168.2.2/24 相匹配的路由表项。根据路由表匹配下一跳地址，将 IP 数据包 1 转发到路由器 RB 的 Fa0/0 接口。

路由器 RB 发现 Fa0/0 接口和 IP 数据包 1 的目的 IP 地址 192.168.2.2/24 直连，通过 ARP 广播，路由器 RB 获得计算机 Host B 以太网接口的 MAC 地址（00.11.12.21.66.66）。

路由器 RB 再将 IP 数据包 1 封装成以太网数据帧 3，其源 MAC 地址为路由器 RB 的 Fa0/0 接口的 MAC 地址（00.11.12.21.55.55），目的 MAC 地址为计算机 Host B 的 MAC 地址（00.11.12.21.66.66），如图 1-13 所示。

Head	00.11.12.21.66.66	00.11.12.21.55.55	...	IP数据包1	...

图 1-13　封装完成的以太网数据帧 3

封装完毕后，将以太网数据帧 3 从路由器 RB 的 Fa0/0 接口转发到直连网络中的计算机 Host B 上，三层路由通信过程到此结束。

交换通常发生在 OSI 参考模型的第二层——数据链路层，交换的动作一般由交换机完成；而路由通常发生在 OSI 参考模型的第三层——网络层，路由的动作通常由三层设备完成。在 IP 数据包传输的过程中，路由和交换技术分别使用不同的控制信息进行标记，实现不同网络设备的识别和控制，保障数据在互联的网络中进行标准化传输。

1.2.2　静态路由技术

静态路由是网络管理员手动配置的路由，使 IP 数据包按照预定路径传送到目标网络。在某些特定的网络中，当不能通过动态路由协议学到目标网络的路由时，配置静态路由就显得十分重要。另外，当网络的拓扑结构或链路的状态发生变化时，需要手动修改路由表中相关的路由信息。

静态路由通常不会传递给其他路由器，但网络管理员可以通过设置使之成为共享的路由。此外，使用任意网络地址（0.0.0.0 0.0.0.0），给没有确切路由的 IP 数据包完成特殊的静态配置，这个过程称为默认路由配置，也称为默认网关配置。

1.2.3　动态路由技术

静态路由一般适用于简单的网络环境。在复杂的园区网中，想要实现网络的互联互通，需要通过激活动态路由协议，学习多园区网中复杂的路由条目。

1. 动态路由

动态路由是指使用动态路由协议来完成路由的学习、生成，以及更新路由表、维护转发表的过程。当网络拓扑结构发生改变时，动态路由协议可以自动更新路由表，并负责决定数据传输的最佳路径。每台路由器上运行的路由协议，会根据路由器上的接口配置及所连接链路的状态，生成路由表中的路由表项。

2. 路由协议和被路由协议

路由协议（Routing Protocol）和被路由协议（Routed Protocol）之间既有联系，又有明显区别。

（1）路由协议。

路由协议运行在路由器上，用于进行路径选择。路由协议生成的消息在路由器之间传送，可以让路由器自动学习到其他路由器互联的网络信息。当网络拓扑结构发生改变后，路由协议可以自动更新路由表。

网络管理员可通过配置动态路由协议来实现路由器之间的通信。与人工指定的静态路由转发策略相比，配置动态路由协议大大减少了网络管理员的工作量。常见的路由协议包括 RIP、OSPF 协议、中间系统到中间系统（Intermediate System to Intermediate System，IS-IS）协议和 BGP。

（2）被路由协议。

被路由协议也工作在网络层，用在网络传输过程中定义 IP 数据包字段内容的格式，为网络中用户的通信提供一种数据包封装机制。IP 就是经典的被路由协议，其他被路由协议包括 IPX、DECnet、AppleTalk、Novell NetWare 等。

3. 路由协议工作机制

所有的路由协议都是围绕着一个核心算法构建的，路由协议的算法通常由路径决策、度量、收敛几个要素组成。

（1）路径决策。

在网络中，如果路由器有一个接口连接到一个网络中，则这个接口必须有一个属于该网络的关键地址。这个地址就是可达信息的起始点，也称为网关。

图 1-14 所示为 3 台路由器组成的互联互通的园区网。其中，路由器 RA 通过物理接口学习到 3 个直连网络：10.1.1.0/24、10.1.2.0/24、10.1.0.0/24。路由器 RB 通过物理接口学习到 3 个直连网络：10.1.1.0/24、10.1.5.0/24、10.1.6.0/24。路由器 RC 学习到 4 个直连网络：10.1.6.0/24、10.1.2.0/24、10.1.7.0/24、10.1.8.0/24。

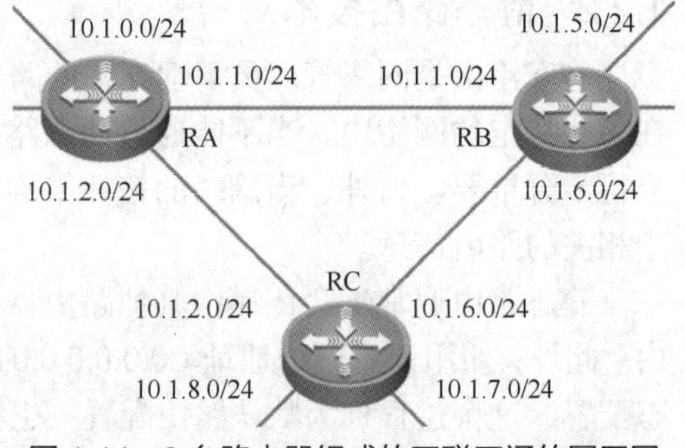

图 1-14　3 台路由器组成的互联互通的园区网

互相连接的路由器之间，通过如下过程进行路由信息共享。

首先，路由器 RA 会检查自己的 IP 地址和子网掩码，生成自己的直连网络：10.1.0.0/24、10.1.1.0/24、10.1.2.0/24。路由器 RA 将这些网络连同标记保存到路由表中，标记指明网络是直连网络。

其次，路由器 RA 通过动态路由协议，向邻居路由器发送更新路由条目信息，在封装的路由协议报文中增加以下信息："我的直连网络是 10.1.0.0/24、10.1.1.0/24、10.1.2.0/24"。互联路由器之间互相学习路由的过程叫路由学习，也叫路由更新。

再次，路由器 RB、路由器 RC 都执行与路由器 RA 相同的路由学习动作，也向路由器 RA 发送路由更新报文。

最后，路由器 RA 把收到的路由信息以及发送更新报文路由器的源地址，一起写入路由表中。这样，路由器 RA 就学习到了全网的路由信息。

（2）度量。

当有多条路径到达同一目标网络时，路由器需要一种机制来计算最优路径。度量是指派给路由的一种变量，是一种衡量最优路径的手段。度量可以按路径开销从大到小进行排列，或者按路由的可信度（由低到高）对路由进行等级划分。

不同的路由协议使用不同类型的度量值对路由进行衡量，如 RIP 的度量值是跳数、OSPF 协议的度量值是路径开销。有时还使用多个度量，如 BGP 使用多个度量来衡量路径的优劣，包括下一跳属性、AS-Path 属性等。

需要注意的是，如果最佳路由的度量变化过于频繁，导致路由翻动，则对路由计算、数据链路的带宽和网络稳定性都会产生负面影响，从而导致最优路径的频繁变化。

下面对几种度量分别予以说明。

跳数（Hop Count）：指从源端到目的端所经过的路由器台数。距离矢量算法使用“跳数”来衡量到达目的地址的路由距离，记作路由跳数。

带宽（Bandwidth）：又称频宽，是指在固定的时间可传输的资料数量，亦即在传输管道中传递数据的能力。在数字设备中，带宽的单位为 bit/s；在模拟设备中，带宽的单位为 Hz。链路状态路由算法中将最高带宽的传输路径作为最优路径。

负载（Load）：指占用网络链路的流量大小。最优路径应该是负载最低的路径。与跳数和带宽不同，路径上的负载发生变化时，度量也会跟着变化。

时延（Delay）：度量报文经过一条路径所花费的时间。使用时延度量的路由选择协议，会选择最低时延的路径为最优路径。

可靠性（Reliability）：链路发生故障的次数，或特定时间间隔内收到的错误次数。

开销（Cost）：指根据链路带宽计算出的一个固定值，接口开销为参考带宽与物理接口带宽的商。需要注意的是，开销和链路带宽成反比，即带宽越大，开销值越小，链路越优。开销可以反映路由的优劣，为网络管理员进行最佳路由的判断提供依据。

（3）收敛。

动态路由协议在指导路由学习和更新时，包含一系列步骤，如向其他路由器通告本地的直连网络，接收并处理其他路由器的路由通告信息，实施路由更新等。此外，动态路由协议还需要定义路由的决策，以实施最优路径的度量。

使互联在一起的路由器中所有的路由表都达到一致状态的过程，叫作收敛（Convergence）。全网实现信息共享，以及所有路由器计算最优路径所花费时间的总和，就是收敛时间。

在任何动态路由协议中，路由的收敛时间都是衡量网络运行状况的一个重要因素。在网络的拓扑结构发生变化之后，一个网络的收敛速度越快，说明实施的路由协议越好。

1.2.4 动态路由协议分类

在实现双向互联的网络体系中，为了组建更大范围的网络，引入了一种新的区域网络管理机制，以实现更大范围的网络区域互联互通，这种区域管理机制称为自治系统（Autonomous System，AS）。

自治系统的定义为：在共同管理域下，一组运行相同路由协议的路由器集合。自治系统是一个有权自主决定在本地管理系统中应采用何种路由协议的小型单位。

动态路由协议根据运行的区域范围的不同，分为 IGP 和 EGP 两种。

（1）IGP：在同一个自治系统内部交换路由信息的协议。典型的内部网关协议包括RIP、OSPF 协议、IS-IS 协议等。

（2）EGP：在不同的自治系统之间交换路由信息的协议，是在自治系统之间使用的路由协议。典型的外部网关协议包括 BGP 等。

其中，内部网关协议根据路由协议的算法不同，又分为距离矢量协议和链路状态协议。

① 距离矢量协议（Distance Vector Protocol）。根据距离矢量算法，确定网络中节点的方向与距离，包括 RIP 等。

② 链路状态协议（Link State Protocol）。根据链路状态算法，计算生成网络的拓扑结构，包括 OSPF 协议和 IS-IS 协议等。

1.2.5 距离矢量协议

距离矢量协议以距离和方向构成矢量来通告路由条目信息。其中，“距离”按跳数来定义；“方向”是指本地出口或下一跳路由器接口。

例如，“从某一台路由器的左、右接口的方向，可以到达目标网络 A，距离分别为 3 跳、8 跳。”这句话表示该台路由器分别向左、右邻居路由器学习到了目标网络 A 的路由信息，如图 1-15 所示。

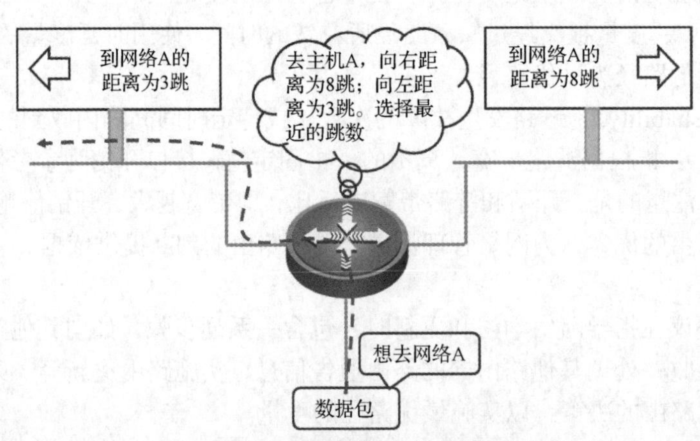

图 1-15 距离矢量协议的距离和方向

距离矢量协议通常使用贝尔曼-福特（Bellman-Ford）算法来确定最佳路径。尽管贝尔曼-福特算法以最终累积的信息来维护到达的目标网络的数据库，但路由器无法通过该算法了解网络的完整拓扑结构。路由器仅能从邻居路由器了解、学习到路由信息。

运行距离矢量协议的每台路由器在信息上都依赖于邻居路由器，而邻居路由器又只能从它们的邻居那里学习路由，全网以此类推。所以，有时称其为“依照传闻进行路由选择（Routing by Rumors）的协议”，图 1-16 所示为 RIP 运行机制。

常见的距离矢量协议包括 RIP、XNS（Xerox 网络系统）RIP、IPX RIP（Novell 网络系统）等。

在典型的距离矢量协议中，路由器通过广播方式，定期向其所有的邻居发送路由更新信息。典型的距离矢量协议具有以下通用属性。

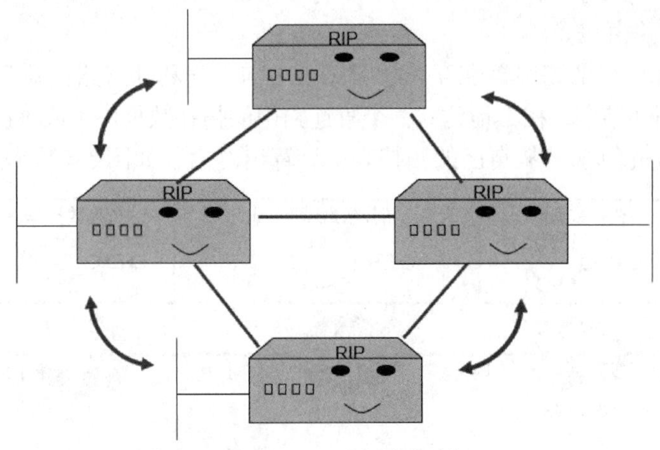

图 1-16 RIP 运行机制

1. 定期更新

按照特定时间周期发送更新信息称为定期更新（Periodic Update），这个时间周期范围为 10～90s。如果更新信息发送过于频繁，则可能会引起拥塞；但如果更新信息发送不频繁，则收敛时间可能会延长。

2. 邻居

共享相同数据链路的路由器会向邻居路由器发送更新信息，并依赖邻居路由器向其邻居（Neighbor）传递更新信息，因此距离矢量协议使用逐跳的更新方式。

3. 广播更新

在更新路由信息时，最简单的方法就是广播更新（Broadcast Update）信息。

4. 水平分割

执行水平分割（Split Horizon）可以防止路由环路的形成，水平分割法包括简单水平分割法和毒性反转水平分割法。简单水平分割法的规则是，从路由器的某一接口学到的路由信息就不再从此接口发送出来给邻居路由器；毒性反转水平分割法的规则是，当更新信息被发送出某接口时，信息中将指定从该接口接收到的更新信息中获取的网络是不可达的。

5. 触发更新

RIP 指定了最大跳数为 15 跳，解决了计数到无穷大的问题，但是收敛速度仍然非常慢。加快重新收敛速度的方法是触发更新。触发更新（Triggered Update）又叫作快速更新，即如果一个度量值发生变化，那么路由器将立即发送更新信息，而不等待更新定时器超时。

6. 抑制定时器

触发更新为正在重新进行收敛的网络增加了响应能力，为了降低受错误路由信息影响的可能性，引入了对某种程序的抑制时间，称为抑制定时器（Holddown Timer）。

1.2.6 链路状态协议

链路状态协议又称为最短路径优先协议，和距离矢量协议学习路由的方式不同，它基于艾兹赫尔·韦伯·戴克斯特拉（Edsger Wybe Dijkstra）的最短路径优先（Shortest Path First,

SPF）算法来生成路由表。

运行链路状态协议的路由器在互相学习路由之前，先和邻居路由器建立邻接关系，向邻居学习整网的拓扑结构，在本地建立一个直连路由的拓扑数据库（或称链路状态数据库）；再使用最短路径优先算法，从自己的拓扑表中计算出路由，如图 1-17 所示。

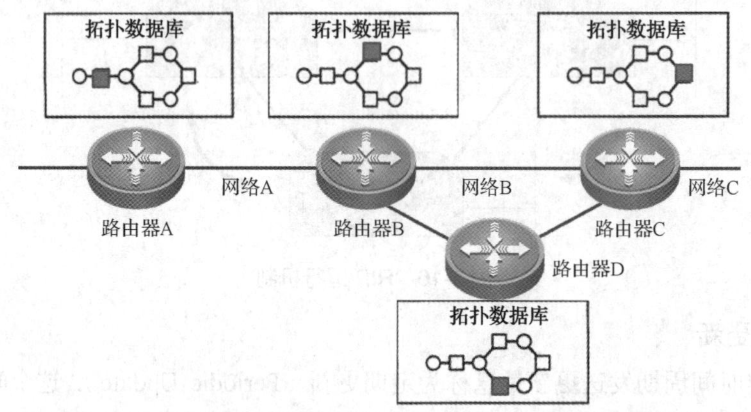

图 1-17　运行链路状态协议的路由器依据拓扑数据库计算路由

运行链路状态协议的路由器在开始计算路由前，需要先学习整个网络的拓扑结构，虽然初始学习路由的速率可能比运行距离矢量协议的路由器慢一点，但是一旦路由学习完毕，路由器之间就不需要周期性地互相传递路由表了。这是因为路由器知道整个网络的拓扑结构，所以不需要使用周期性的路由更新包来维持路由表的正确性，从而节省了网络的带宽。

当网络拓扑结构有变更时（如网络中加入了新路由器或网络发生了故障），路由器也不需要把自己的整张路由表发送给邻居路由器，而只需要发出一个包含路由更新信息的触发更新包。收到更新包的路由器会把更新的信息添加到拓扑表中，并重新从拓扑表中计算出新的路由。

连接在同一网络中、运行链路状态协议的路由器，都维护着一张相同的拓扑表，路由器依据这张表计算路由。所以，运行链路状态协议的路由器都能保证路由的正确性，不需要使用额外措施，即使网络出现变化或故障，网络的收敛速度也很快。

链路状态协议在动态协商路由的过程中，使用以下关键技术和专业术语。

1. 邻居关系

每台路由器会与它的邻居建立联系，这种联系叫作邻居关系。其中，邻居发现是建立链路状态环境并开始运转的第一步。邻居关系使用 Hello 协议（Hello Protocol）来发现，Hello 协议定义了 Hello 报文的格式以及邻居路由器处理邻居报文中信息的交互过程。

2. 链路状态通告

邻居关系建立之后，路由器开始发送自己的链路状态通告（Link State Announcement，LSA）给每个邻居，邻居路由器保存收到的 LSA，并依次向它的邻居转发（泛洪，Flooding）。每台路由器都向邻居发送 LSA。LSA 中包括每条链路生成的链路信息、链路状态、路由器接口到链路的路径开销以及链路所连接的所有邻居信息。每台路由器要在本地的数据库中保存一份它收到的 LSA 的备份，同一网络中的所有路由器建立的 LSA 数据库都相同。

3．链路状态数据库

完整的拓扑数据库也叫作链路状态数据库，描述了互联的网络中的设备连接地图。每台路由器使用最短路径优先算法计算出到每个网络的最短路径，并将最短路径保存在路由表中。

4．最短路径

路由器初始化数据库后，将以自己作为根，计算到每台路由器的最短路径，并生成路由表。

5．区域

区域是 Internet 中使用同一自治管理系统的所有路由器的集合。划分区域的好处是，能减少区域内 LSA 的泛洪，降低内存和 CPU 的占用，这也是层次型网络结构的优点。

【技术实践】规划某园区网路由

【任务描述】

某高新区为了保障建设完成的园区中信息化的需求，在园区建设之初，就把建设互联互通、高效的园区网作为重点的项目建设内容之一。

建设完成的园区中包含智能化工业厂房、智能化办公区域、一个大型数据中心和多栋员工宿舍，未来还将包括住宅、医院、学校等。一期的园区网规划主要满足智能化的工业厂房、智能化办公区域，以及大型数据中心的网络规划需求。

在规划和实施过程中，需要应用到交换、路由、安全、无线、网络优化、网络管理等领域的网络技术。

【网络拓扑】

如图 1-18 所示，按照层次化思想，规划某高新区一期园区网项目需求。

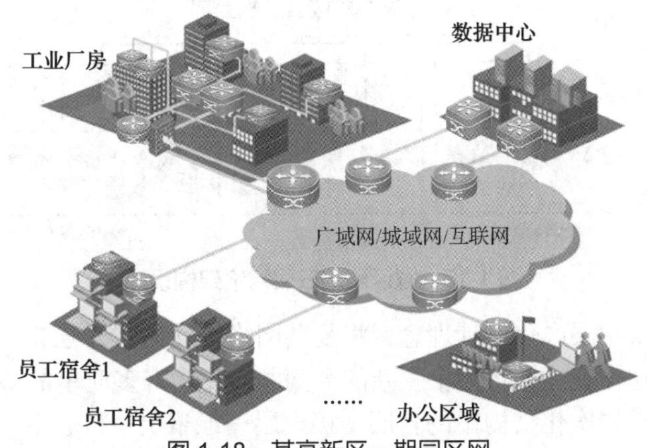

图 1-18　某高新区一期园区网

【设备清单】

路由器（若干）、交换机（若干）、网线（若干）、测试计算机（若干）。

【设计思路】

（1）总体交换架构设计。

① 区域化设计。园区网络需要按照划分区域的思路进行规划，以实现园区网分模块管理的目的。

将整个园区网按图 1-18 划分成工业厂房、数据中心、办公区域等模块，以方便网络规划和设计，更便于未来的管理、维护和扩展。此外，模块化网络也能有效保障网络安全。

模块化网络的组件易于复制、重新设计及扩展，在实际的网络应用中，添加或拆除模块时，无须每次都重新设计整个网络。将来要增加住宅、医院、学校的网络时，可直接新增一个区域接口，不影响其他的区域。

每个模块可以在不影响其他模块或者网络核心的情况下投入使用，可以开始或中断任何组件的运行，而不会影响网络的其他部分。这种功能有利于故障隔离和网络管理，增强了网络的稳定性。例如，对于将来增加的住宅区域的网络，如果不做单独的区域隔离，则可能会因为感染病毒造成整个园区断网，进行单独隔离后，即便感染病毒也只会影响住宅区域。

② 分层的网络架构。园区网在规划和设计上遵循层次化设计理念，通常会涉及 3 个关键层，分别是核心层（Core Layer）、汇聚层（Distribution Layer）和接入层（Access Layer），如图 1-19 所示。

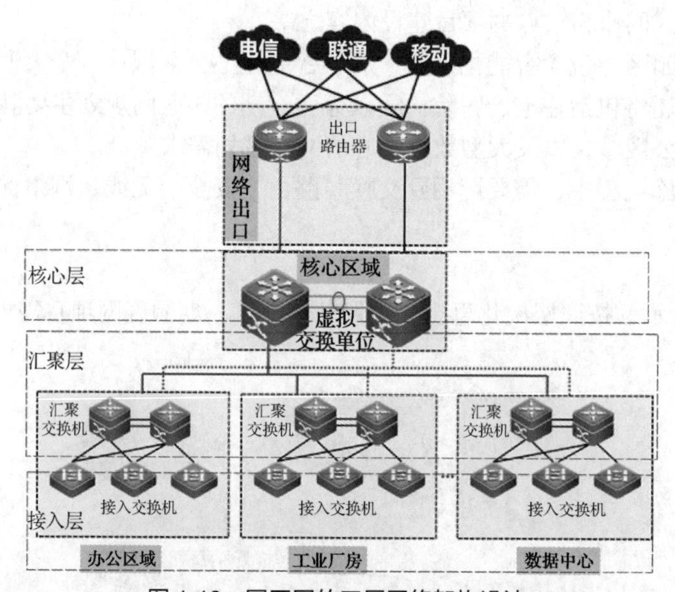

图 1-19　园区网的三层网络架构设计

三层网络架构采用层次化设计理念，将复杂网络设计为 3 个层次，每个层次着重于实现某些特定功能，这样就能够将一个复杂的大问题转化为许多简单的小问题。

当数据流量通过层次化结构中的各层（接入层→汇聚层→核心层）传输时，流量、数据传输带宽要求都随之增加。在层次化的网络设计中，选择具有特定性能的设备时，针对其网络位置和作用选择不同的容量、特性及功能，可以实现网络的优化，提高可扩展性及稳定性。

部署接入交换机时，一般由接入层负责承担园区网中的用户接入和安全控制功能接入。每个区域都拥有汇聚交换机，园区网中的汇聚交换机将园区网中的接入层和核心层连接起来，聚合接入层的上行链路，以减轻核心层设备的负荷。

核心交换机部署在核心层中，主要用于实现园区骨干网络之间的优化传输。园区网骨干设计任务的重点通常是保障传输的冗余性、可靠性和高速性。而路由器设备常常部署在园区网的边缘，既便于将园区网接入 Internet，又能实现多园区网之间的互联互通。

③ 扁平化趋势。扁平化的网络最早出现在数据中心网络场景中，数据中心网络的建设多使用大二层技术。其中，网络系统虚拟化技术如虚拟交换单位（Virtual Switching Unit，VSU）的应用从根本上满足了数据中心网络架构的需求，最重要的一点是，虚拟化技术引入了虚拟机动态迁移技术，从而要求网络支持大范围的二层域。大二层网络技术应运而生，以帮助解决二层网络的扩展，实现网络的扁平化设计。

随着虚拟化技术的广泛应用，园区网也出现了一种新的扁平化设计，主要是实现园区网中的网络功能集中与上收，把接入层中的安全控制，汇聚层中的策略设计、安全检测等功能都上收到核心交换机上。现在核心交换机性能已经足够强大，能够支撑更复杂的网络环境，极大地简化管理，如图 1-20 所示。

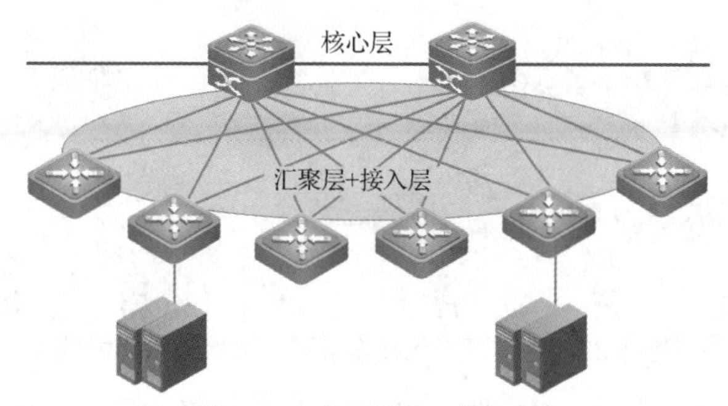

图 1-20 扁平化的网络场景

例如，在一个大型园区网中经常有数千台交换设备，需要接入、互联、认证，要对数千台交换设备进行逐一配置，会产生大量的网络管理和维护工作。实施网络扁平化之后，只需要两台核心交换设备，简化了网络的管理和配置。

（2）传统园区网三层架构设计。

传统的园区网中的三层架构设计一般“终结”在汇聚层，汇聚层中的交换机需要把接入层上的用户流量按照策略进行汇聚，并根据接入层的用户流量，进行本地路由、过滤、流量均衡、QoS 优先级管理，以及安全控制、IP 地址转换、流量整形等处理，根据处理结果把用户流量转发到核心交换层或在本地进行路由处理。

因此，在进行传统的园区网三层架构设计时，为保障园区网的汇聚层的稳健性，一般在核心层将两台设备通过 MSTP+VRRP 技术配置成双核心，并通过链路聚合技术（图 1-21 中圆圈处）实现网关和链路的冗余备份，如图 1-21 所示。

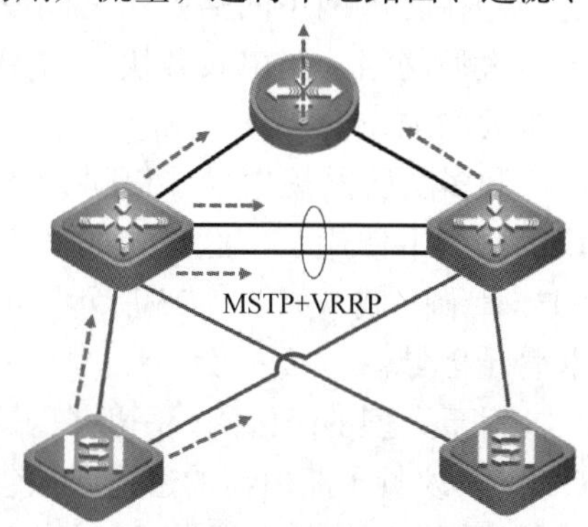

图 1-21 通 MSTP+VRRP 技术实现网络冗余备份

（3）园区网大二层架构设计（横向虚拟化）。

随着虚拟化技术的发展和成熟，园区网在规划和设计中逐步借鉴数据中心的虚拟化技术，探索组建大二层、扁平化的园区网。

通过在园区网的核心网络中引入横向虚拟化技术，把几台同等级的设备虚拟成一台，结合链路捆绑，能有效避免环路。

在园区网中组建跨越核心层且直接实现的二层互访模型中，核心层与接入层设备有两个问题是必须要解决的，一是拓扑无环路，二是多路径转发。

基于厂商开发的 VSU 等虚拟化技术，通过实施控制平面虚拟化，将核心层虚拟成一台逻辑设备，通过链路聚合使此逻辑设备与每个接入层物理或逻辑节点设备均只通过一条逻辑链路连接，将整个网络的逻辑拓扑变成一个无环的树状连接结构，从而满足无环与多路径转发的需求。这不仅能简化网络管理，还能提升链路带宽，更能增加网络的可靠性，如图 1-22 所示。

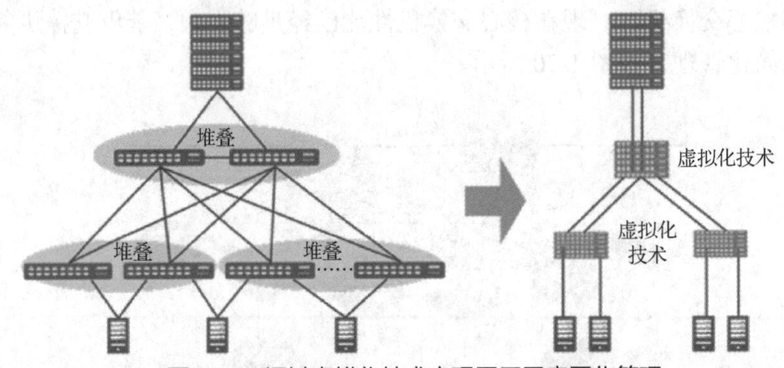

图 1-22　通过虚拟化技术实现园区网扁平化管理

当然，网络的虚拟化技术也有劣势，例如，各个数据通信厂商都推出了自己的虚拟化技术，这些虚拟化技术多为厂商的私有协议，在业内还没有一个公认的虚拟化标准，因此，目前无法实现不同的厂商产品之间的对接。

（4）园区网内部路由设计。

使用多园区网技术不仅扩展了网络的传输范围，更提升了网络的传输效率。

在多园区网的规划设计中，内部路由一般使用 OSPF 协议规划园区网路由。OSPF 协议是由 IETF 的 IGP 工作组为 IP 网络开发的路由协议，作为一种内部网关协议，其被广泛应用在园区网中的路由器之间发布路由信息。区别于距离矢量协议，OSPF 协议具有支持大型网络、路由收敛快、占用网络资源少等优点，在目前常用的路由协议中占有相当重要的地位。

和多园区网规划设计相同，OSPF 协议也是层次化设计的网络协议。在部署 OSPF 协议的网络中使用了“区域”的概念，从层次化的角度来看区域被分为两种，即骨干区域和非骨干区域，如图 1-23 所示。其中，Area 0 为骨干区域、Area 1、Area 2 和 Area 3 为非骨干区域。

对于大型的园区网，一般在规划上都会遵循核心层、汇聚层、接入层的分层原则，而 OSPF 协议骨干路由器的选择必然包含两种设备，一种是位于核心位置的核心设备，另一种是位于核心区域的汇聚设备。它们通常是数据通信厂商的高端产品，如 10 吉比特核心交换机产品。非骨干区域的范围选择则根据地理位置和设备性能而定。

如果在单个非骨干区域中使用较多低端三层交换产品，由于其产品定位和性能的限制，应该尽量减少其路由条目数量，把区域规划得更小一些。

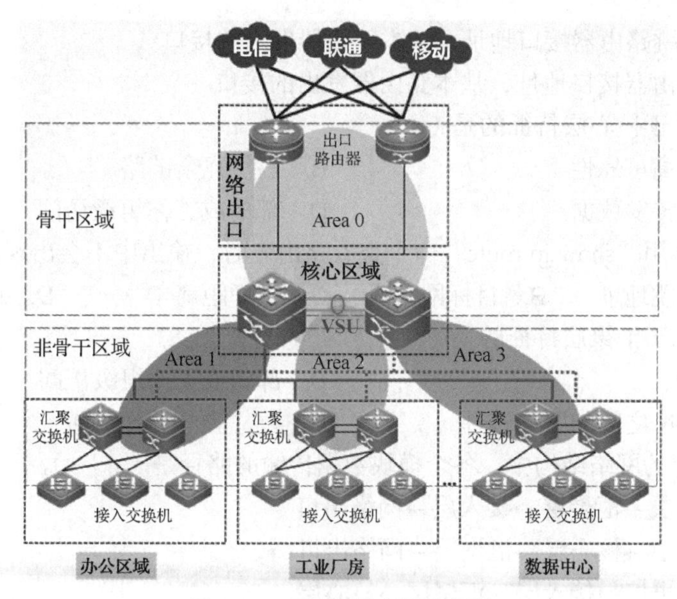

图 1-23 园区网内部路由设计

（5）园区网出口设计。

园区网的出口区域是园区内部网络到外部网络的边界，内部用户需要通过边缘网络接入公网。因此，园区网接入 Internet 出口区域的选择和设计，不仅需要考虑园区网的出口带宽和传输效率的需求，还要满足园区内用户访问 Internet 的需求、出差用户访问园区相关服务的需求，以及安全防护及负载均衡等需求。

首先，需要考虑园区网的出口区域是否存在多条 Internet 出口链路，如果有，则需要考虑路径备份、负载均衡等需求，考虑每条物理链路的类型，链路的类型关系着出口设备选型。

其次，需要考虑分支所处的地理位置，ISP 链路的覆盖范围及价格与地理位置强相关；考虑企业和分支之间要实现的互通业务及分支的网络规模，业务的重要程度及分支网络规模影响着分支接入链路及协议的选择。

再次，需要考虑出差员工携带的终端类型，根据终端类型选择不同的接入技术；考虑企业对出差员工的接入权限政策（如是否能通过 Internet 接入企业内网；仅具有网页浏览等权限，还是具有与园区用户相同的权限），权限政策会影响接入技术部署。

最后，为了保障园区网稳健接入服务，应在园区网出口接入多家运营商，如电信、联通、移动等，根据内置地址库（NAT 技术），综合评估默认路由、策略路由、链路利用率、延时、抖动等多方面指标，选出合适出口访问 Internet。

【认证测试】

1. 三层设备配置路由后，使用“show ip route”命令对三层设备路由表进行验证，输出信息如下。其中，172.16.7.9 和 Serial 1/2 的含义分别是（　　）。

```
172.16.8.0 [110/20] via 172.16.7.9, 00:00:23, Serial 1/2
```

A. 目的网段某主机地址，下一跳路由器接口

B. 下一跳路由器接口地址，下一跳路由器接口

C. 下一跳路由器接口地址，从本路由器发出的接口

D. 本路由器接口地址，从本路由器发出的接口

2. 下列不属于核心层特征的是（　　）。

A. 提供高可靠性　　B. 提供冗余链路

C. 高速转发数据　　D. 部门或工作组级访问

3. 工程师使用“show ip route”命令查看路由表时，输出中不会出现的是（　　）。

A. 下一跳地址　　B. 目标网络　　C. 管理距离　　D. 路由条目数量

4. 下列不属于汇聚层特征的是（　　）。

A. 安全　　B. 部门或工作组级访问

C. VLAN 之间的路由选择　　D. 建立独立的冲突域

5. 在层次化的网络结构中，各个模块数据传输的路径是（　　）。

A. 核心层→汇聚层→接入层→网络出口

B. 接入层→核心层→汇聚层→网络出口

C. 网络出口→接入层→汇聚层→核心层

D. 接入层→汇聚层→核心层→网络出口

单元 2 深入了解静态路由技术

【技术背景】

在园区网的出口区域设计中，为了保障出口网络的稳定性，经常部署多家运营商承担网络的接入，如电信、联通等，实现园区网中出口网络的冗余设计。通常在园区网的出口处部署默认路由（一种特殊的静态路由），设计冗余的网络出口，将园区网稳健地接入互联网中，如图 2-1 所示。

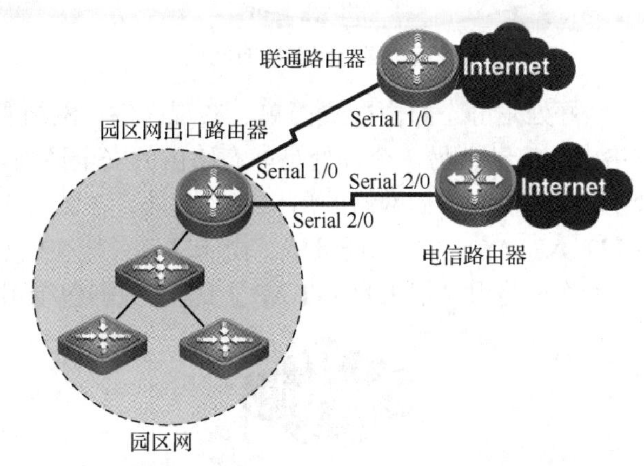

图 2-1 园区网中出口网络应用的静态路由技术

【学习目标】

1. 深入了解园区网中的静态路由技术。
2. 掌握浮动静态路由技术的应用。
3. 掌握静态路由技术的丰富应用。

【技术要点】

2.1 深入了解静态路由

路由器获得路由信息通常有两种方式：一种方式是配置静态路由，网络管理员在每台路由器上配置到达目标子网的路由，它适用于网络规模小或网络变化少的网络环境；另一种方式是配置动态路由，通过配置路由协议，实现路由器自动构建路由表，它适用于大规模网络，能够针对网络的变化实现最佳路径选择。

2.1.1 了解静态路由技术原理

1. 关于静态路由

静态路由是网络管理员在三层路由设备上手动配置的固定路由，用于将 IP 数据包转发到指定的网段。通过手动方式在路由表中添加的静态路由具有如下特点。

① 允许对网络中的路由进行精确控制，并能将 IP 数据包按指定的路径传输到指定的网络中。

② 静态路由是单向路由，如果希望实现双方的对等通信，则必须在双方的通信设备中配置双向的静态路由，如图 2-2 所示。

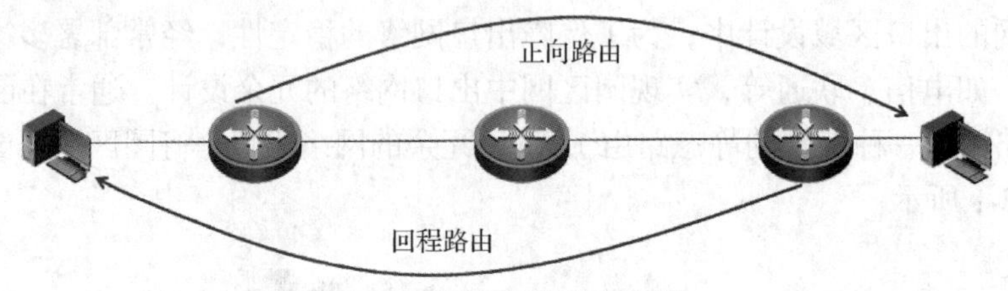

图 2-2 静态路由的方向性

使用静态路由的一个好处是静态路由配置简单、实现高效，网络管理员能通过静态路由控制 IP 数据包在网络中的流动；另一个好处是静态路由的安全性高。

静态路由的部署场景多出现在末梢网络的出口处。此外，在图 2-3 所示的无线校园网"瘦 AP+无线控制器（FIT AP+AC）"组网场景中，由于 AC 旁挂在核心网边缘，因此需要在核心交换机上配置一条静态路由，把来自 FIT AP 上的 IP 数据包指引到 AC 上。

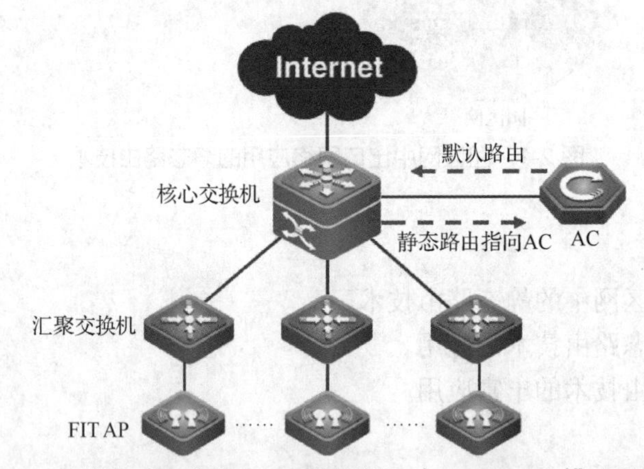

图 2-3 无线校园网"瘦 AP+无线控制器（FIT AP+AC）"组网场景

静态路由的缺点是不能动态地适应网络的变化，一旦创建完成就会永久保存在路由表中，除非网络管理员删除它，或者指定的网络出接口被关闭。

因此，在复杂的网络环境中不宜采用静态路由。一方面，网络管理员难以全面了解整个网络的拓扑结构，很难实现全网路由连通；另一方面，当网络拓扑结构和链路状态发生变化时，需要大范围地调整静态路由配置，工作难度和复杂程度非常高。

2. 配置静态路由

使用以下命令配置静态路由。

```
  ip route network-number network-mask {ip-address| interface-id [ip-address]}
[distance] [enabled | disabled | permanent | weight | tag ]
```

其中，各项参数信息如表 2-1 所示。

表 2-1 配置 ip route 静态路由参数

参数	描述
network-mask	目的 IP 地址的子网掩码
ip-address	下一跳 IP 地址
interface-id	接口号
distance	管理距离
enabled	该路由为有效路由
disabled	该路由为无效路由
permanent	指定此路由即使该端口关闭也不被移除
weight	权重
tag	标记

静态路由默认权重为 1，可使用“weight”参数增加路由权重。

```
Router(config)#ip route 10.0.0.0 255.0.0.0 172.0.1.2  weight 6
```

2.1.2 使用本地接口&下一跳地址

1. 本地接口&下一跳地址路由表的区别

在配置静态路由时，可以使用路由器的下一跳接口的 IP 地址，也可以使用本地路由器的出接口名称，这两种方式在配置上有什么区别呢？

以下是一台路由器针对同一目标网络，分别使用“本地路由器的出站的接口名称”和“路由器的下一跳接口的 IP 地址”配置静态路由。在路由器上查看路由表显示的两种结果。

如果使用本地路由器出接口，则默认生成一条直连路由。

```
Router#show ip route   // 本地路由器出接口生成路由表
Gateway of last resort is no set
C    10.1.3.0/24 is directly connected, FastEthernet 0/1
C    10.1.3.2/32 is local host.
C    192.168.1.0/24 is directly connected, FastEthernet 0/2
C    192.168.1.1 is local host.
S    192.168.2.0/24 is directly connected, FastEthernet 0/1
```

如果使用下一跳路由器接口地址，则生成一条管理距离为 1、开销为 0 的静态路由。

```
Router#show ip route   // 下一跳路由器接口地址生成路由表
Gateway of last resort is no set
C    10.1.3.0/24 is directly connected, FastEthernet 0/1
C    10.1.3.2/32 is local host.
C    192.168.1.0/24 is directly connected, FastEthernet 0/2
C    192.168.1.1 is local host.
```

```
S    192.168.2.0/24 [1/0] via 192.168.1.1
```

在点到点的接口，或者非广播型多路访问网络（Non-Broadcast Multiple Access，NBMA）接口连接的网络场景中，使用本地出接口或下一跳接口地址都可以，两者差别不大；但在广播型的网络中（如以太网接口），两者差别很大，推荐使用下一跳接口地址。

2. 在以太网接口上，建议使用下一跳地址

（1）以太网广播通信原理。

在以太网接口互联的网络中，三层接口依靠物理接口上的 MAC 地址实施广播通信。相邻的以太网接口在通信时需要知道邻居接口的 MAC 地址，根据 MAC 地址将三层 IP 地址映射成二层 MAC 地址，通过广播方式通信。将 IP 地址映射成 MAC 地址需要 ARP 协助完成。

（2）配置本地接口，作为静态路由出口。

在图 2-4 所示的两台路由器的直连网络中，在路由器 RA 上配置静态路由，使用本地出接口作为静态路由的下一跳，路由器 RA 默认的目标网络是直连网络。

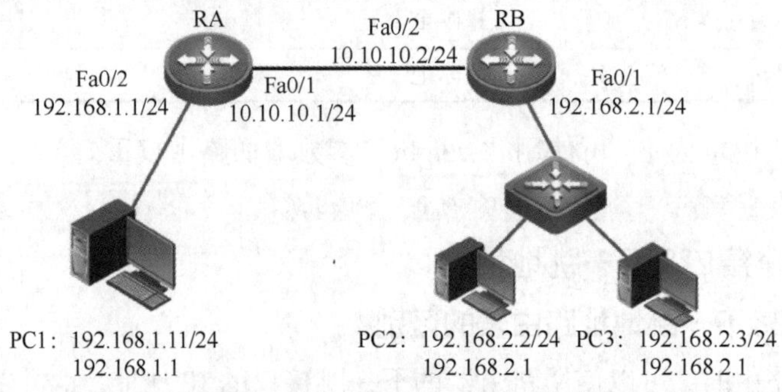

图 2-4　使用静态路由完成两台路由器互联网络的通信

在路由器 RA 上配置静态路由的命令如下。

```
Router(config)#ip route 192.168.2.0 255.255.255.0 FastEthernet 0/1
```

此时，路由器 RA 就认为 192.168.2.0/24 网络和自己直连。

（3）使用本地出接口作为出口带来的风险。

在使用以太网接口连接场景中，配置静态路由使用本地出接口会带来两项风险。

① 导致本地缓存增多。以太网直连网络中的主机之间通信时，会通过 ARP 发送广播信号获取目的接口（主机）的 MAC 地址，这会导致本地缓存增多。

在图 2-4 中，如果需要实现路由器 RA 直连子网中的计算机 PC1 和路由器 RB 直连子网中的计算机 PC2 和 PC3 之间的互相通信，则将封装完成的 IP 数据包传递到路由器 RA 上即可。

路由器 RA"看到"目标网络在本地出接口上，认为其是直连网络（静态路由指定下一跳为本地出接口）。于是，路由器 RA 在本地接口 Fa0/1 连接的子网中发出 ARP 广播请求，寻找目的地址为 192.168.2.2/24 的计算机的 MAC 地址。

该 ARP 广播通过 Fa0/1 直连接口传播到路由器 RB 的邻居接口 Fa0/2 上。

此时，路由器 RB 启用默认 ARP 代理，返回给路由器 RA 应答：目的地址为 192.168.2.2 设备的对应 MAC 地址，即路由器 RB 的 Fa0/2 接口的 MAC 地址（下一跳接口 MAC 地址）。

路由器 RA 收到路由器 RB 的应答后，会产生两条 ARP 缓存记录。在路由器 RA 上，

使用“show arp”命令进行查看，结果如下。

```
192.168.2.2/24<--------->路由器 RB 的 Fa0/2 接口的 MAC 地址
192.168.2.3/24<--------->路由器 RB 的 Fa0/2 接口的 MAC 地址
```

如果路由器 RB 连接的子网中设备足够多，则会在出口路由器 RA 中产生大量重复的 ARP 缓存记录，这会消耗路由器 RA 的内存资源。

② 关闭 ARP 会带来网络不通的风险。在电信端的接入路由器上，出于网络安全考虑，通常会关闭本地设备中的 ARP。这不仅可以减少来自外网的 ARP 广播干扰，还能防止 ARP 病毒攻击事件的发生。

但关闭 ARP 带来的风险是，路由器 RA 通过以太网接口发出 ARP 广播，无法收到路由器 RB 的应答，从而导致网络不能正常通信。

（4）广播型接口推荐使用下一跳接口地址作为出口。

在图 2-4 所示的广播型网络部署场景中，在路由器 RA 上配置静态路由时，推荐使用路由器下一跳接口地址作为出口，在路由器 RA 上配置静态路由的命令如下。

```
RA(config)#ip route 192.168.2.0 255.255.255.0 10.10.10.2
```

这样，路由器 RA 会认为目标网络和接口处在直连网络中。路由器 RA 收到目的地址为 192.168.2.0/24 网络的 IP 数据包后，直接去路由表中匹配 10.10.10.2 路由条目。同样，路由器 RA 通过 ARP 获取本地 10.10.10.2 设备 MAC 地址映射记录如下。

```
10.10.10.2<--------->路由器 RB 的 Fa0/2 接口的 MAC 地址
```

使用该地址映射记录将 IP 数据包封装成二层数据帧转发出去，在路由器 RA 上仅产生一条 ARP 缓存信息，能避免在路由器 RA 上产生大量 ARP 缓存，消耗设备的内存资源。由于本地有 ARP 缓存记录存在，还能避免对端设备关闭 ARP 带来网络不通的风险。

但在点对点网络中（如 Serial 1/0 接口）配置静态路由时，无论是指定下一跳接口地址还是本地出接口作为出口，效果都类似。

2.2 掌握特殊的静态路由

当网络结构比较简单时，只需配置静态路由就可以使网络正常工作。当设备不能使用动态路由协议或者不能建立到达目标网络的路由时，也可以使用静态路由。

静态路由可以非常准确地控制网络的路由选择。正确设置和使用静态路由可以改进网络的性能，并可为重要的应用保证带宽。

2.2.1 区分默认路由和网关

如果一台路由器收到一个无法成功匹配路由表的 IP 数据包，不知道将该 IP 数据包发送到哪一个目标网络，则可配置一条默认路由（也称网关），将所有未成功匹配的 IP 数据包都指向默认路由，通过默认路由转发到外部网络中，实现网络连通。

1. 了解默认路由

通常在出口网络（如企业网、校园网）部署中，使用一条默认路由指向互联网，实现内网中所有未成功匹配的 IP 数据包与外网的通信。

如图 2-5 所示，在某校园网的出口路由器上，配置一条指向外部网络的默认路由。默认路由是一种特殊的静态路由，通常情况下，网络管理员可以通过手动方式配置默认路由。简单来说，默认路由是在没有找到匹配的路由表入口项时才使用的路由。在路由表中，默认路由的目的地址和子网掩码都是 0.0.0.0。

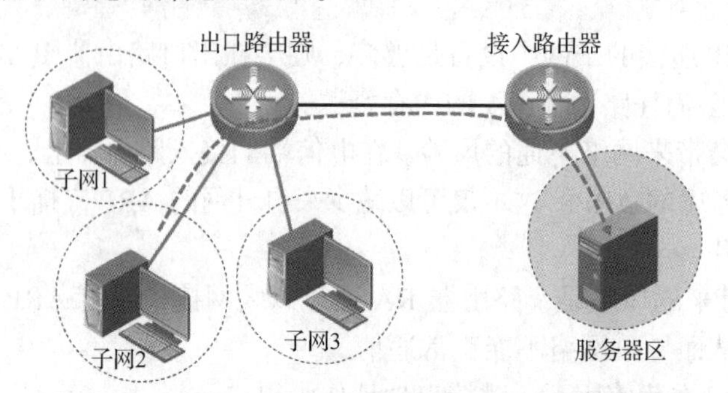

图 2-5　在出口路由器上使用默认路由指向外部网络

如果数据包的目的地址不能与路由表的任何入口项相匹配，则该数据包将匹配默认路由。如果没有默认路由，且数据包的目的地址不在路由表中，则该数据包将被丢弃，并向源端返回一个 ICMP 数据包，报告该目的地址或网络不可达。

默认路由条目出现在路由表的最底部，是 IP 数据包在匹配路由表过程中最后求助的路由。当常规 IP 路由表条目都没有匹配成功时，才会匹配默认路由，使用默认路由指引 IP 数据包转发。因此，人们将默认路由称为 IP 数据包的“最后一根救命的稻草”。如果缺少默认路由条目，则那些目标网络在路由表中没有匹配成功的 IP 数据包都将被丢弃。

特别是存在和一台路由器相连的末梢网络（Stub Network）时，使用默认路由不仅可以简化路由器配置、减轻网络管理员工作负担，还可以减小路由表大小。在末梢网络路由器中添加一条默认路由，所有未匹配成功的 IP 数据包都将按照默认路由转发。

2．配置默认路由

需要注意的是，不是所有的三层设备都需要配置默认路由。默认路由仅仅出现在末梢网络的出口路由器上。

在图 2-6 所示的校园网出口路由器上配置默认路由，使校园网中没有匹配成功的 IP 数据包通过默认路由转发到互联网中，实现网络互联互通。

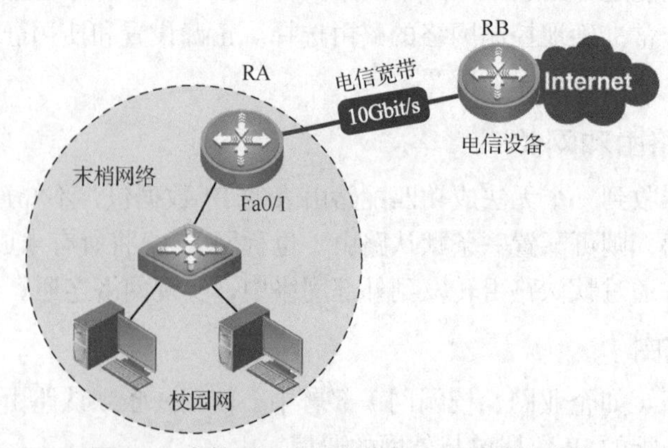

图 2-6　在校园网出口路由器上配置默认路由

在末梢网络的路由器上配置默认路由时，使用和配置静态路由一样的语法格式，但目标网络和子网掩码可使用任意网络表达方式，配置命令如下。

```
Router(config)#ip route 0.0.0.0 0.0.0.0  本地出接口/下一跳接口地址
```

在图 2-6 所示的出口路由器 RA 中配置默认路由的命令如下，生成的默认路由信息如图 2-7 所示。

```
RA(config)#ip route 0.0.0.0 0.0.0.0 12.1.1.2
RA(config)#show ip route
```

```
Codes: C - connected, S - static, R - RIP, M - mobile, B - BGP
       D - EIGRP, EX - EIGRP external, O - OSPF, IA - OSPF inter
       N1 - OSPF NSSA external type 1, N2 - OSPF NSSA external ty
       E1 - OSPF external type 1, E2 - OSPF external type 2
       i - IS-IS, su - IS-IS summary, L1 - IS-IS level-1, L2 - IS
       ia - IS-IS inter area, * - candidate default, U - per-user
       o - ODR, P - periodic downloaded static route

Gateway of last resort is 12.1.1.2 to network 0.0.0.0

     33.0.0.0/24 is subnetted, 1 subnets
S       33.1.1.0 [1/0] via 12.1.1.2
     23.0.0.0/24 is subnetted, 1 subnets
S       23.1.1.0 [1/0] via 12.1.1.2
     22.0.0.0/24 is subnetted, 1 subnets
S       22.1.1.0 [1/0] via 12.1.1.2
     11.0.0.0/24 is subnetted, 1 subnets
C       11.1.1.0 is directly connected, Loopback0
     12.0.0.0/24 is subnetted, 1 subnets
C       12.1.1.0 is directly connected, FastEthernet0/0
S*   0.0.0.0/0 [1/0] via 12.1.1.2
```

多了一条默认路由（带星号表示默认路由）

图 2-7　路由表中生成的默认路由信息

3. 终端计算机上的默认路由

终端计算机上也有默认路由存在。按“Windows+R”组合键打开“运行”对话框，使用“CMD”命令，进入命令提示符窗口。在计算机的命令操作状态下，输入“route print”命令即可查看本机的路由表。

图 2-8 所示为终端计算机上的路由条目，其中，“0.0.0.0”路由条目表示默认路由，用来转发 IP 数据包的目的地址，IP 数据包在本机路由表中没有对应的路由条目。通过该条路由信息，把该 IP 数据包转发到默认路由 192.168.0.1 上，或在默认路由 0.0.0.0 上进行转发。

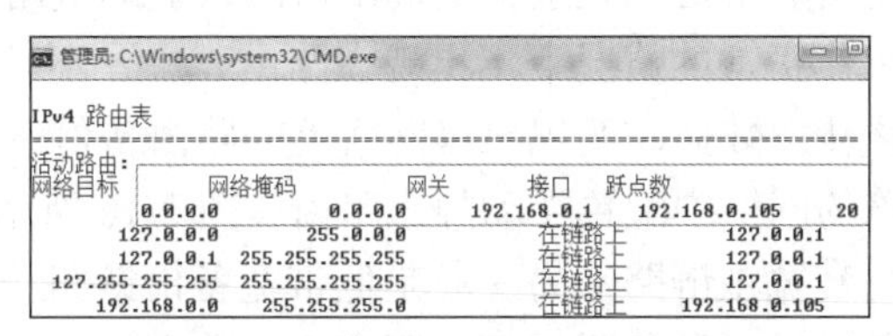

管理员: C:\Windows\system32\CMD.exe

IPv4 路由表

活动路由:

网络目标	网络掩码	网关	接口	跃点数
0.0.0.0	0.0.0.0	192.168.0.1	192.168.0.105	20
127.0.0.0	255.0.0.0	在链路上	127.0.0.1	
127.0.0.1	255.255.255.255	在链路上	127.0.0.1	
127.255.255.255	255.255.255.255	在链路上	127.0.0.1	
192.168.0.0	255.255.255.0	在链路上	192.168.0.105	

图 2-8　终端计算机上的路由条目

4. 配置默认路由的方法

在不同环境下，有不同的配置默认路由的方法，需要注意区分。

（1）ip default-gateway。

当路由器或三层交换机上关闭了 IP 路由服务（如配置了“no ip routing”命令）时，可使用“ip default-gateway *ip-address*”命令指定默认路由。此命令常用于二层交换机，因为二层交换机上没有 IP 路由服务。

（2）ip default-network 和 ip route 0.0.0.0 0.0.0.0。

“ip default-network *network-number*”命令用于选择一个网络作为默认路由出口，间接意义与“ip route 0.0.0.0 0.0.0.0 next-hop [*ip-address*]”命令一样，都是设置默认路由。这两条命令均用于在路由器或三层交换机上启用 IP 路由服务，不依赖任何路由协议。

这两条命令最大的区别在于：前者可以被动态路由协议宣告。使用“ip default-network *network-number*”命令设置默认路由，使用动态路由协议在网络中对该种类型的默认路由进行传播。

此外，同时配置多条默认路由时，使用“ip route 0.0.0.0 0.0.0.0 next-hop [*ip-address*]”命令，可以指引 IP 数据流量自动在多条出口链路上实现负载均衡。

当使用“ip default-network *network-number*”命令设定多条默认路由时，管理距离最短的路由会成为最终的默认路由；如果有多条路由管理距离相等，则最先配置的那条路由是最终的默认路由。

2.2.2 了解浮动静态路由技术

1. 关于浮动静态路由

对于不同的静态路由，可以为它们配置不同的优先级，更灵活地应用路由管理策略。配置到达相同目的地址的多条路由时，如果指定不同优先级，则可实现路由备份，实现静态路由以浮动方式出现在路由表中的效果，如图 2-9 所示。

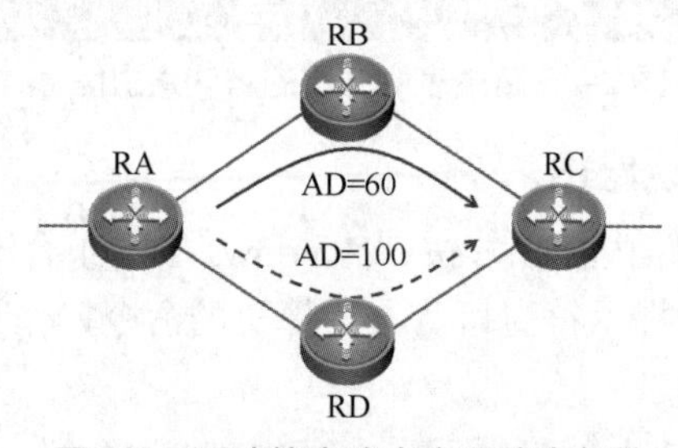

图 2-9 浮动静态路由实现路由备份

浮动静态路由（Floating Static Route）也是一种特殊的静态路由，在三层设备上配置浮动静态路由，可以增加路由的备份和冗余，实现出口网络上的链路冗余。

备份链路在主链路工作正常的情况下不出现在路由表中，不转发数据。当主链路发生故障时，才启用备份链路转发数据，实现出口网络上的路由备份。

通常在具有备份链路的网络中配置浮动静态路由。图 2-10 所示的出口路由器 RA 上有两条出口链路：一条是高带宽主链路，另一条是低带宽备份链路。通过配置浮动静态路由生成带权重的静态路由条目时，该条附带管理距离值的静态路由不出现在路由表中。它仅会出现在一种特殊情况下，即同一条路由的首选路由发生故障时，浮动静态路由才会出现，实现同一条路由的链路备份。

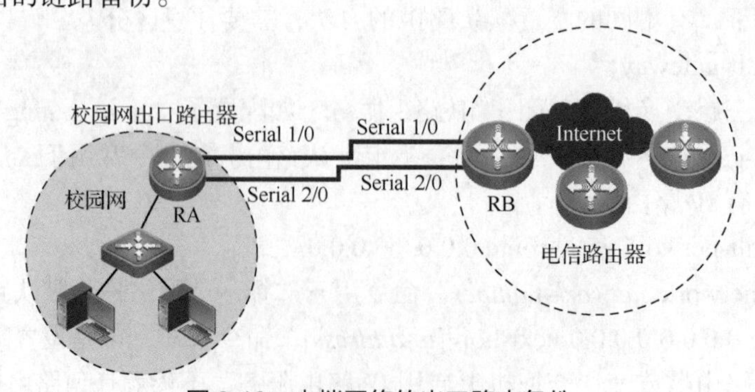

图 2-10 末梢网络的出口路由备份

2. 配置浮动静态路由

通过如下命令配置一条管理距离为 130 的浮动静态路由。

```
RA(config)#ip route 0.0.0.0 0.0.0.0 Serial 0/0  130
```

在设置浮动路由的管理距离时，应尽量保障浮动静态路由的管理距离值比一些动态路由协议的管理距离值小。使用浮动静态路由作为备份路由，配置浮动静态路由时应指定较大的管理距离值，如设置为 130。这样配置表示优先使用 OSPF 协议路由（110），再使用 RIP 路由（120），最后才使用备份的浮动静态路由（130）。

同样，在配置默认路由的出接口时，慎用广播类型的接口作为默认路由的出接口，避免在出接口极大地消耗路由器的 CPU 资源，同时避免在出口设备上产生大量的 ARP 缓存。

2.2.3 使用等价静态路由实现负载均衡

通过配置浮动静态路由，可以实现出口网络的冗余和备份，增强出口网络的稳健性。但浮动静态路由技术的缺点也非常明显，即备份链路的带宽不能被充分利用。

浮动静态路由虽然实现了备份链路，但其可用带宽资源被闲置，在出口带宽有限的情况下，会造成带宽浪费。应该如何有效地利用备份链路，实现路由的负载均衡呢？

等价静态路由技术可以实现网络出口带宽上的负载均衡效果。

1. 等价静态路由负载均衡

等价静态路由指到达同一个目的 IP 地址或者目的网段，存在多条开销相等的不同路径，因此，使用等价的静态路由技术可以实现静态路由的负载均衡效果。

等价静态路由利用了路由器的多条、同一目的路径的路由具有相互备份的优点，其在所有可用的出口链接路径上都可以发送数据包，以实现路由的负载均衡，如图 2-11 所示。

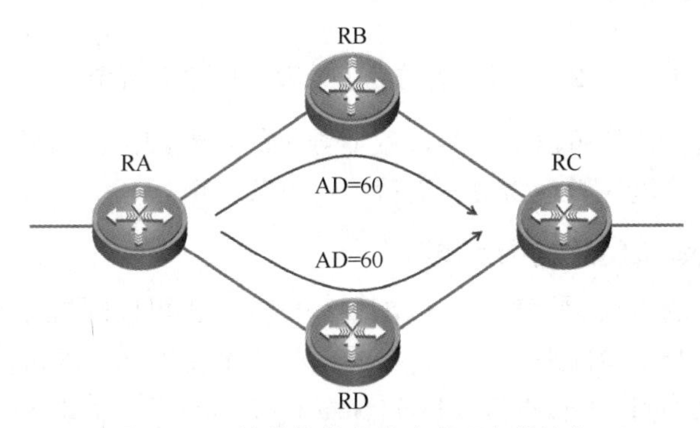

图 2-11 等价的静态路由实现负载均衡

在使用多条不同链路到达同一目的地址的网络环境中，如果使用传统的静态路由技术，则发往该目的地址的 IP 数据包只能利用其中的一条链路，其他链路处于备份状态或无效状态。而等价静态路由使用多条路径，不仅可以实现出口网络的备份效果，还能同时使用多条备份链路，可增加传输带宽，实现无时延、无丢包的数据传输效果。

图 2-12 所示为等价静态路由负载均衡路由信息。其中，指向目标网络 192.168.30.0/24 有多条路径存在，可以实现负载均衡。

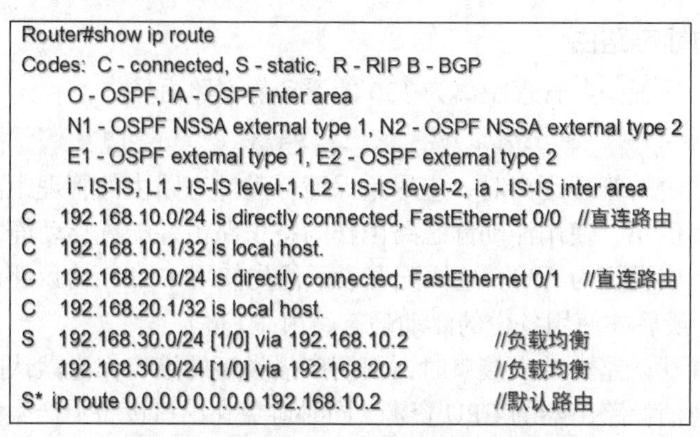

```
Router#show ip route
Codes:  C - connected, S - static,  R - RIP B - BGP
        O - OSPF, IA - OSPF inter area
        N1 - OSPF NSSA external type 1, N2 - OSPF NSSA external type 2
        E1 - OSPF external type 1, E2 - OSPF external type 2
        i - IS-IS, L1 - IS-IS level-1, L2 - IS-IS level-2, ia - IS-IS inter area
C    192.168.10.0/24 is directly connected, FastEthernet 0/0  //直连路由
C    192.168.10.1/32 is local host.
C    192.168.20.0/24 is directly connected, FastEthernet 0/1  //直连路由
C    192.168.20.1/32 is local host.
S    192.168.30.0/24 [1/0] via 192.168.10.2           //负载均衡
     192.168.30.0/24 [1/0] via 192.168.20.2           //负载均衡
S* ip route 0.0.0.0 0.0.0.0 192.168.10.2              //默认路由
```

图 2-12　等价静态路由负载均衡路由信息

在园区网的出口网络中，如果有多条备份链路指向同一目标网络，则可使用静态路由负载均衡技术，指引 IP 数据包到达同一目标网络，指向不同接口。等价静态路由可以实现网络的负载均衡，并使数据传输均衡分配到多条链路上，实现数据分流，减小单条链路的负荷，如图 2-13 所示。

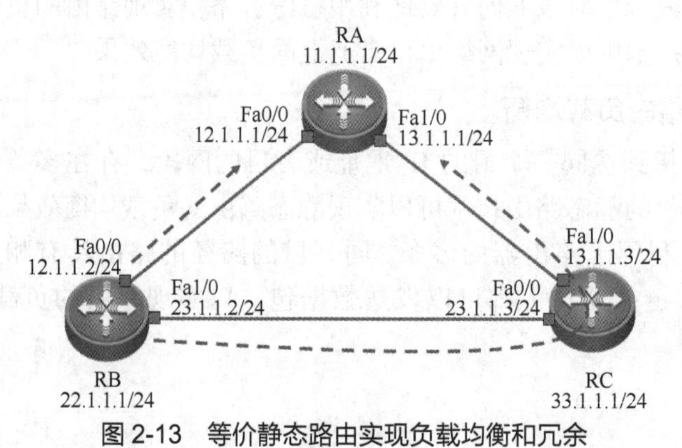

图 2-13　等价静态路由实现负载均衡和冗余

一些动态路由选择协议可以支持等价或非等价的负载均衡，而另一些路由选择协议仅支持等价负载均衡，这里的静态路由只支持等价负载均衡。

2. 静态路由的等价负载均衡效果

在配置静态路由的负载均衡时，可以配置等价的，也可以配置非等价的。这里的等价通过使用不同的路径开销参数来实现，它指的是与路由相关联的度量值。

其中，等价负载均衡（Equal-Cost Load Sharing）将流量均等地分布到多条度量值相同的路径上；非等价负载均衡（Unequal-Cost Load Sharing）将流量分布到具有不同度量值的多条路径上，各条路径上分布的流量与路由开销成反比。也就是说，开销越低的路径分配的流量越多，开销越高的路径分配的流量越少。

3. 配置等价静态路由负载均衡

如图 2-14 所示，在某校园网的出口路由器上配置两条并行链路，实现校园网出口网络的冗余和备份，保障出口网络的稳健性。使用等价静态路由实现负载均衡，在校园网的出口路由器 RA 上完成以下配置，实现静态路由负载均衡。

```
……// 限于篇幅，此处省略基本接口配置信息
RA(config)#ip route 0.0.0.0 0.0.0.0 Serial 1/0
RA(config)#ip route 0.0.0.0 0.0.0.0 Serial 2/0
```

在校园网出口路由器 RA 上配置内网出口路由，这两条等价静态路由分别指向互联网中下一跳路由器 RB 的接口 Serial 1/0 和 Serial 2/0，以实现路由负载均衡。

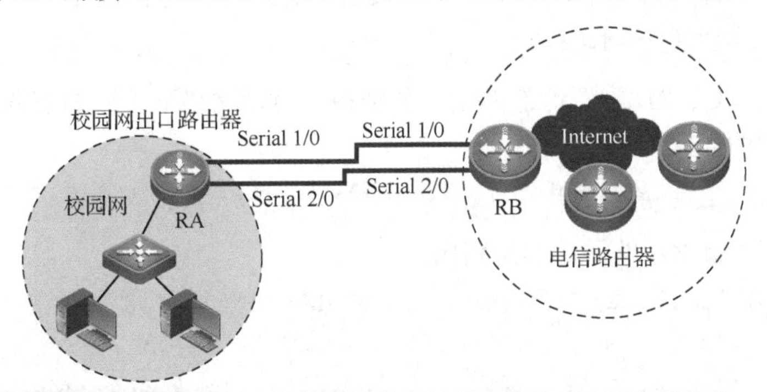

图 2-14　某校园网出口路由器使用等价静态路由实现负载均衡

【技术实践】使用浮动静态路由技术，实现出口网络负载均衡

【任务描述】

某园区网使用 4 台路由器来实现多个分散园区网的互联互通。为实现出口网络的冗余和备份，希望从一个园区网的出口路由器 RA 直连的 10.1.1.0/24 网络，去往另一个园区网的出口路由器 RD 直连的 10.1.6.0/24 网络，此时有两条路径可以传输，但首选路径为 RA→RB→RD。

为了保证路由链路的稳健性，希望增加一条备份链路，在主链路出现故障时，通过备份链路 RA→RC→RD 来传输数据。当主链路故障恢复正常时，继续使用主链路传输数据。可以使用浮动静态路由实现网络负载均衡，以及路由的冗余和备份。

【网络拓扑】

某多园区网使用浮动静态路由技术实现网络负载均衡的网络拓扑如图 2-15 所示。

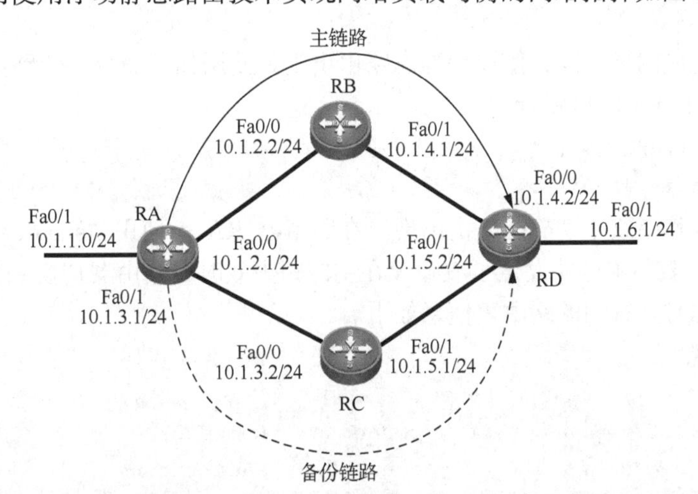

图 2-15　某多园区网使用浮动静态路由技术实现网络负载均衡的网络拓扑

【设备清单】

路由器（或三层交换机，若干）、网线（若干）、测试计算机（若干）。

【实施步骤】

（1）按照网络拓扑组建多园区网。

（2）按照拓扑标识的地址，给所有三层设备的直连接口配置直连接口地址。

```
…… // 限于篇幅，此处省略
```

（3）给 RB、RC、RD 配置静态路由，分别指向对端网络下一跳静态路由，使用静态路由实现多园区网的互联互通。

```
…… // 限于篇幅，此处省略
```

（4）配置路由器 RA 的浮动静态路由。

```
RA(config)#ip route 10.1.4.0 255.255.255.0 10.1.2.2
RA(config)#ip route 10.1.5.0 255.255.255.0 10.1.3.2
RA(config)#ip route 10.1.6.0 255.255.255.0 10.1.2.2
RA(config)#ip route 10.1.6.0 255.255.255.0 10.1.3.2  130
```

配置默认路由时，将经过子网 10.1.3.0/24 到达目标网络 10.1.6.0/24 的静态路由的管理距离提高到 130，使该静态路由成为备选路由。当该网络中到达相同网络存在两条路径时，路由器将优先选择管理距离小的路径。

（5）查看路由器 RA 的 IP 路由表信息，显示子网 10.1.2.0/24 静态路由为首选路由，出现在路由表中，备份路径不出现在路由表中。查看到的路由表信息如下。

```
RA#show ip route
Gateway of last resort is no set
C    10.1.1.0/24 is directly connected, Loopback 0
C    10.1.2.0/24 is directly connected, FastEthernet 0/0
C    10.1.3.0/24 is directly connected, FastEthernet 0/1
S    10.1.4.0/24 [1/0] via 10.1.2.2
S    10.1.5.0/24 [1/0] via 10.1.3.2
S    10.1.6.0/24 [1/0] via 10.1.2.2
```

（6）人为造成网络故障，使浮动静态路由出现。使用如下命令，使路由器 RA 的接口 Fa0/0 状态变为下线（Shutdown）。

```
RA(config)#interface Fa0/0
RA(config-if)#shutdown
```

（7）网络故障导致浮动静态路由出现。在路由器 RA 上使用“shutdown”命令，将接口 Fa0/0 下线，表明主链路发生了故障。在主链路失效时，路由器切换到管理距离为 130 的备份链路。此时查看到的路由表信息如下。

```
RA#show ip route
Gateway of last resort is no set
C    10.1.1.0/24 is directly connected, Loopback 0
C    10.1.3.0/24 is directly connected, FastEthernet 0/1
S    10.1.5.0/24 [1/0] via 10.1.3.2
S    10.1.6.0/24 [20/0] via 10.1.3.2
```

【认证测试】

1. 一家公司内网使用静态路由，由于网络改造，导致其中 172.16.100.0/24 子网的位置发生变化，网络管理员需要删除此路由条目，并对其重新进行配置。以下能正确删除此条目的命令是（　　）。

A. clear ip route 172.16.100.0 255.255.255.0

B. delete ip route 172.16.100.0 255.255.255.0

C. flush ip route 172.16.100.0 255.255.255.0

D. no ip route 172.16.100.0 255.255.255.0

2. 若在配置一条静态路由时使用本地出口，那么这条路由的管理距离是（　　）。

A. 0　　B. 1　　C. 255　　D. 90

3. 下列对静态路由描述正确的是（　　）。

A. 手动输入到路由表中且不会被路由协议更新

B. 一旦网络发生变化就会被重新计算并更新

C. 路由器出厂时就已经配置好

D. 通过其他路由协议学习到

4. 配置一条到达主机 180.18.30.1/24 所在局域网的静态路由，下一跳地址为 182.18.20.2，且该路由的管理距离为 90。正确的命令是（　　）。

A. ip route 90 180.18.30.1 255.255.255.0 182.18.20.2

B. ip route 180.28.30.1 255.255.255.0 182.18.30.0 90

C. ip route 90 180.18.30.0 255.255.255.0 182.18.20.2

D. ip route 180.18.30.0 255.255.255.0 182.18.20.2 90

5. 在使用下一跳 IP 地址配置静态路由时，关于对下一跳 IP 地址的要求中，以下正确的是（　　）。

A. 下一跳 IP 地址必须是与路由器直接相连设备的 IP 地址

B. 下一跳 IP 地址必须是路由器根据当前路由表可达的 IP 地址

C. 下一跳 IP 地址可以是任意 IP 地址

D. 下一跳 IP 地址必须是一台路由器的 IP 地址

单元 3 精通 OSPF 动态路由协议

【技术背景】

随着 Internet 技术在全球的飞速发展，OSPF 动态路由协议也成为互联网中应用广泛的路由协议。OSPF 动态路由协议以其标准化协议、支持厂家多等特点，成为以 TCP/IP 为核心的 Internet 和 Intranet 为主的企业网、园区网及电信网中广泛应用的路由协议。

图 3-1 所示为企业网场景，通过使用 OSPF 动态路由协议路由实现全网互联互通。

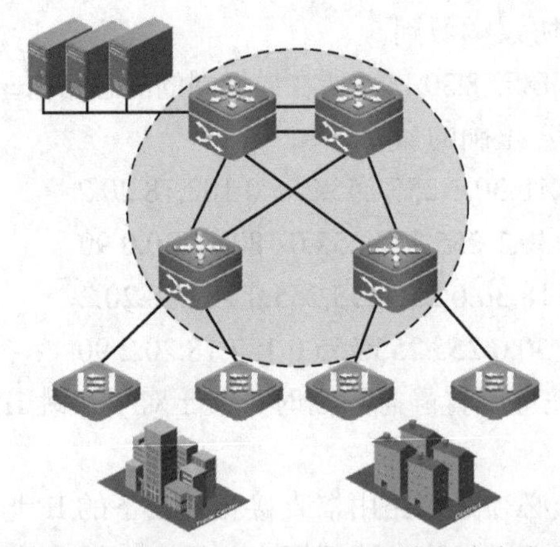

图 3-1　企业网通过使用 OSPF 动态路由协议路由实现互联互通

【学习目标】

1. 认识 OSPF 动态路由协议中的邻居表、拓扑表、路由表。
2. 了解 OSPF 动态路由协议的 5 种报文。
3. 掌握 OSPF 动态路由协议路由器学习路由的过程。

【技术要点】

开放式最短路径优先（Open Shortest Path First，OSPF）协议是互联网工程任务组（Internet Engineering Task Force，IETF）于 1988 年提出的重要动态路由协议，也是典型的链路状态协议，被广泛应用于以 TCP/IP 为核心的 Internet 和 Intranet 中。作为内部网关协议的代表，OSPF 链路状态路由在一个 AS 中所有的网络设备之间均可进行动态路由信息交换，从而实现 AS 内部所有设备之间的互联互通。

3.1 认识链路状态路由

如果说距离矢量协议提供的是路标，那么链路状态协议提供的就是地图。每台链路状态路由器上都有一幅完整的网络拓扑图。

链路状态协议的工作方式与距离矢量协议不同，不“依照传闻”进行路由选择。每台链路状态路由器都将本地直连链路以及这些链路状态信息传送给另一台路由器，接收到信息的路由器都会将该类信息进行复制，但绝不会修改信息。以此类推，最终网络中互联的每台路由器都拥有相同的链路数据库信息，每台路由器都可以独立地计算各自的最优路径。

3.1.1 区分链路状态路由和距离矢量路由

1. 链路状态路由

链路状态协议通过收集互联的网络中的链路状态信息，使用最短路径树算法，选择最佳路径生成路由表。这里链路状态信息包括接口地址、连接网络类型、链路开销、在线状态和离线状态等。

链路状态信息被封装在 LSA 中，链路状态协议通过收集每一台路由器上的链路状态信息，在所在的区域内部建立一个链路状态数据库（Link State Database，LSDB）。

图 3-2 所示为使用 OSPF 协议生成的 LSDB 计算路由表场景。

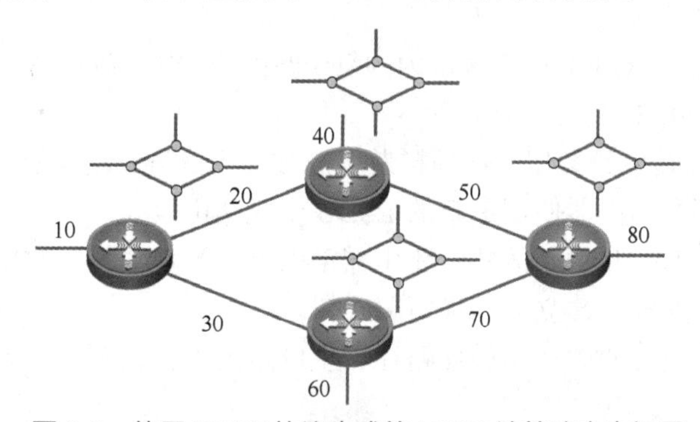

图 3-2 使用 OSPF 协议生成的 LSDB 计算路由表场景

2. 链路状态路由特征

链路状态协议在学习和生成路由的过程中具有以下特征：对网络发生的变化能够快速响应。当网络发生变化的时候，使用触发更新方式更新路由信息。

链路状态协议只有在网络拓扑发生变化以后才会产生路由更新。当链路状态发生变化以后，检测到接口状态变化的路由器先生成并发送 LSA，再通过组播方式发送给所有互联的路由器。

3. 链路状态路由和距离矢量路由的区别

运行链路状态协议的路由器拥有区域网络的完整 LSDB，包含该区域中所有路由器的链路状态及链路开销。在同一个区域内运行链路状态协议的路由器拥有相同的 LSDB。每台路由器以自己为根，根据 LSDB 计算出自己的路由表，独立地计算出前往区域内每个网络的无环的最佳路径。

在距离矢量协议中，运行距离矢量协议的路由器需要保存互联的网络中完整的路由表条目，并把拥有的全部路由信息广播给邻居路由器，因此，也称其为基于传闻的路由协议。

3.1.2　链路状态路由算法

1．链路状态路由算法过程

第一步，当路由器初始化或当网络发生变化（如增加路由器、链路状态发生变化等）时，连接的路由器检测到链路变化信息，会产生新的 LSA，每一个 LSA 中都包含该路由器所有连接网络的接口状态信息。

第二步，所有路由器通过泛洪方法来交换 LSA。路由器将其 LSA 在区域内传送给所有与其相邻的 OSPF 协议路由器，这些路由器接收 LSA，更新自己的 LSDB，再将该 LSA 转送给相邻路由器，直至网络处于稳定的过程。

第三步，当 OSPF 协议网络收敛稳定后，所有路由器根据各自的 LSDB，使用最短路径树算法计算出各自的路由表，包含该路由器到达每一个目标网络的最小路径开销值，以及到达该目标网络的下一台转发路由器（Next-Hop）地址。

第四步，当 OSPF 协议网络收敛稳定后，网络中传递的 LSA 逐渐减少。或者说，当网络稳定时，网络中比较安静，这也是链路状态协议区别于距离矢量协议的特点。

2．生成路由表

第一步，连接在同一 OSPF 协议区域内的每台路由器，在收到 LSA 时都会创建一份 LSA 副本，更新自己的 LSDB。

第二步，将 LSA 转发给邻居，这种扩散机制被称为泛洪。泛洪机制能保证所有连接在同一个自治系统内部的路由器使用最新的 LSDB 生成路由表。

第三步，完成了 LSDB 更新的每台路由器都以自己为根，使用 SPF 算法计算出到达每一个目标网络的最佳路径，建立一棵最短路径树。

第四步，从最短路径树中选出最佳路径，生成路由表，如图 3-3 所示。

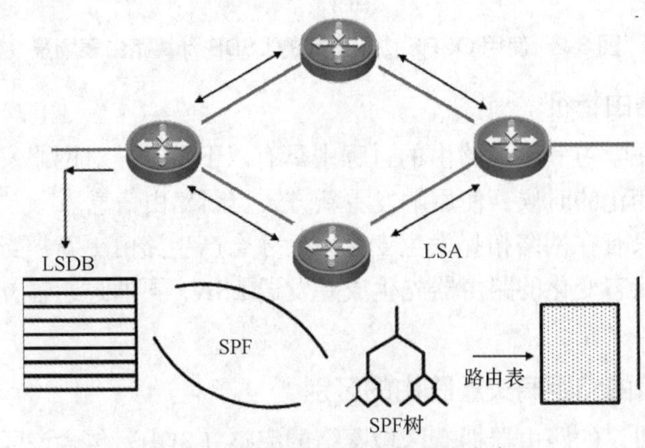

图 3-3　链路状态协议生成路由表

可以将 LSDB 视为“城市地图”，城市中的每幅地图几乎都相同，就像同一个区域内所有路由器上的 LSDB 都相同一样。城市中的各个地点上的地图之间的唯一差别就是“当前位置”。根据当前位置，确定前往每个目标地点的最佳路线。而前往特定地点的最佳路线，随着每一个人当前所处的位置而异。

链路状态路由器计算路由的过程与此类似，每一台路由器都以自己为当前位置（根，Root），在城市地图中进行查询（依据 LSDB 使用最短路径树算法），获得（计算出）当前位置前往区域内每个目标地点（网段）的最佳路径后，将其记录在地图上（路由表中）。

3. SPF 算法

OSPF 协议路由使用 SPF 算法生成路由表，这里的 SPF 算法也称为 Dijkstra 算法。

每台运行 OSPF 协议的路由器，都使用 SPF 算法将自己放置于最短路径树的根位置上，将其他路由器作为树的子节点，并根据到达各个子节点的路径开销，计算出到达目标网络的最短路径，如图 3-4 所示。

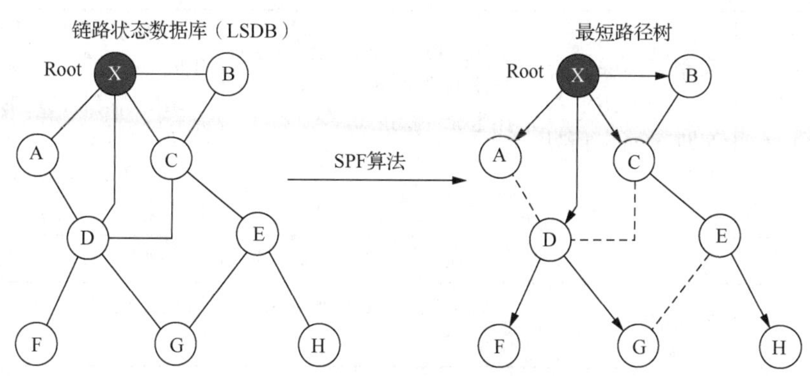

图 3-4　OSPF 协议路由器使用 SPF 算法计算最短路径

3.2 掌握 OSPF 协议工作机制

OSPF 协议分为适用于 IPv4 路由协议的 OSPFv2（RFC 2328）版本，以及适用于 IPv6 路由协议的 OSPFv3（RFC 5340）版本。目前，广泛使用在 Internet 中的是 OSPFv2 版本，它是 Internet 中最重要的链路状态协议。

3.2.1　了解 OSPF 协议

1. 什么是 OSPF 协议

OSPF 协议工作在单一 AS 中，是在内部网关中应用广泛的路由协议。在一个 AS 内部，所有运行 OSPF 协议的路由器都维护一个相同的 LSDB，所有运行 OSPF 协议的路由器都依据这个统一的数据库，使用 SPF 算法，以自己为根计算出相应的 OSPF 协议路由表。OSPF 协议具有如下突出特征。

（1）OSPF 协议能有效解决网络中存在的路由环路问题。

（2）OSPF 协议能支持变长子网掩码（Variable Length Subnet Mask，VLSM）技术。

（3）OSPF 协议通过划分区域，能解决大规模网络中的路由学习问题。

（4）OSPF 协议支持等值路径，实施路由传输过程中的负载均衡。

（5）OSPF 协议支持路由安全验证，能防止外部网络针对内部网络发起的路由攻击。

（6）OSPF 协议路由收敛速度快，可保障大规模互联的网络快速稳定。

（7）OSPF 协议通过组播方式传播路由信息，能节省互联的网络中链路上的带宽资源。

（8）OSPF 协议使用 IP（协议号 89）封装，依靠自身的传输机制保障路由传输的可靠性。

表 3-1 所示为几种 IGP 的主要区别。

表 3-1　几种 IGP 的主要区别

IGP 名称 / 比较项目	RIP	OSPF 协议	IS-IS 协议
类型	IP 层协议	IP 层协议	数据链路层协议
应用范围	应用于规模较小的网络中，如校园网等结构简单的地区性网络	应用于规模适中的网络中，最多可支持几百台路由器，如中小型企业网络	应用于规模较大的网络中，如大型互联网服务提供方（Internet Service Provider，ISP）网络
路由算法	采用距离矢量算法，通过 UDP 报文进行路由信息的交换	采用 SPF 算法，通过 LSA 描述网络拓扑，依据网络拓扑生成一棵最短路径树，计算出到网络中所有目的地的最短路径	采用 SPF 算法，依据网络拓扑生成一棵最短路径树，计算出到网络中所有目的地的最短路径。在 IS-IS 协议中，SPF 算法分别独立在 Level-1 和 Level-2 数据库中运行
速度	收敛速度慢	收敛速度快，小于 1s	收敛速度快，小于 1s
性能	不能扩展	通过划分区域扩展网络支撑能力	通过 Level 路由器扩展网络支撑能力

2. 了解 OSPF 协议路由计算中出现的 3 张表

为了能够做出更好的路由决策，OSPF 协议路由器会随时维护 3 张表的内容，如图 3-5 所示。

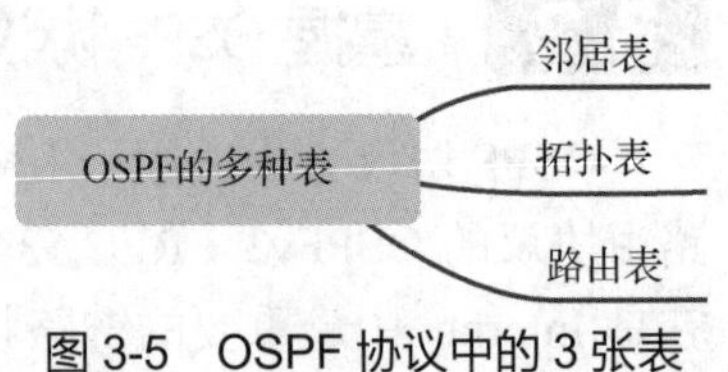

图 3-5　OSPF 协议中的 3 张表

（1）邻居表（Neighbor Table）。

邻居表也称邻接数据库（Adjacency Database）。邻居表存储了邻居路由器的状态信息，如果一台 OSPF 协议路由器和它的邻居路由器失去联系，则会重新计算到达目标网络的路径。

（2）拓扑表（Topology Table）。

拓扑表也称 LSDB。OSPF 协议路由器可通过 LSA 学习到达其他路由器连接的网络状况，LSA 集中存储在 LSDB 中，同一区域中的路由器维护相同的 LSDB 信息。

（3）路由表（Routing Table）。

路由表包含了到达目标网络的最佳路径的信息。

运行 OSPF 协议的路由器依据这 3 张表来学习、生成、更新 OSPF 协议路由表。这 3 张表通过以下流程完成相互之间的协作。

作为链路状态协议的典型代表，OSPF 协议工作在一个特定区域（Area）内部，从邻居路由器上收集到互联的网络中的链路状态信息（邻居表）。一旦互联的网络中的链路状态信息收集完成，就构建互联的网络中的有径拓扑图（拓扑表）。随后，每台路由器使用 SPF 算法独立计算到达目标网络的最佳路径，生成路由表。

3. 了解 OSPF 协议路由器的名称标识 RID

运行 OSPF 协议的路由器需要使用 32 位整数来唯一标识身份，称其为 Router ID（简称 RID）。RID 能唯一标识接入 OSPF 协议网络中的每一台路由器，RID 在建立邻居关系和实现链路状态更新（Link State Update，LSU）过程有非常重要的作用。

在广播型多路访问的 OSPF 协议网络场景中，路由器之间需要选举 DR/BDR，如果所有路由器的 OSPF 协议优先级都相同，则通过 RID 的大小决定谁赢得选举。

每一台运行 OSPF 协议的路由器都需要生成一个 RID。运行 OSPF 协议的路由器的 RID 可以通过手动配置方式指定，如果没有手动配置，则可以自动学习生成 RID。

OSPF 协议路由器的 RID 选举过程如下。

选择配置有 Loopback 环回接口的路由器上的最大 IP 地址作为该路由器的 RID。如果该路由器没有配置 Loopback 环回接口，则在所有激活的物理接口上选择拥有的最大 IP 地址作为该路由器的 RID。路由器的 RID 选举方法如图 3-6 所示。

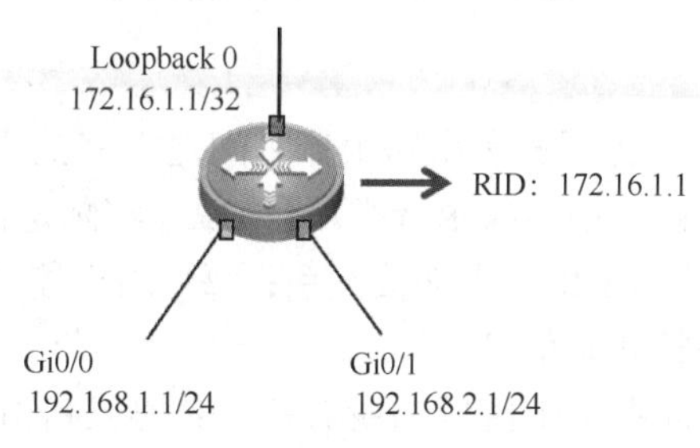

图 3-6 路由器的 RID 选举方法

3.2.2 建立 OSPF 协议邻居关系

运行 OSPF 协议的路由器之间通过交换 Hello 报文，和互联的路由器之间建立邻居关系，建立邻居关系的过程如下。

（1）启动 OSPF 协议进程中的每台路由器，并使其间隔一定时间发送 Hello 报文。OSPF 协议使用 Hello 报文建立邻居关系，监视这种关系的存在和消失。其中，在广播型网络或点对点型网络中，Hello 报文的发送间隔是 10s；在非广播型多路访问网络中，Hello 报文的发送间隔是 30s。

（2）Hello 报文通过组播地址 224.0.0.5 发送，邻居路由器之间的 Hello 报文交换完毕后，互联的路由器能看到对方的 RID，形成邻居关系。可以使用“show ip ospf neighbor”命令查询邻居路由器之间的邻居关系信息。

（3）邻居路由器之间继续通过交换 LSA 信息完成 LSDB 的同步。同步完成后，双方进入完全邻接状态（Full 状态）。路由器发送新的 LSA 给相连的邻居路由器，以保证整个区域内 LSDB 的完全同步。可以使用“show ip ospf database”命令查询链路状态信息。

3.2.3 选举 DR 和 BDR

在多路访问网络中部署 OSPF 协议时，如果出现多台路由器互联，则互相连接的路由器形成邻居关系，网络中邻居关系的数量将是 $n\times(n-1)/2$。如图 3-7 所示，5 台路由器将形成 10 个邻居关系。如果邻居路由器之间互相传播 LSA，网络中就会有很多重复信息。

为减少 OSPF 协议网络中邻居关系的数量，特别是在一个广播型接口互联的 OSPF 协议网络中，需要选举一台指定路由器（Designated Router，DR），以及一台备份指定路由器（Backup Designated Router，BDR）。

每台路由器都要与 DR 建立完全邻接关系。需要提醒的是，部署在 OSPF 协议网络中的路由器在点对点的链路上不进行 DR/BDR 选举，只实施主（M）、从（S）关系选举。

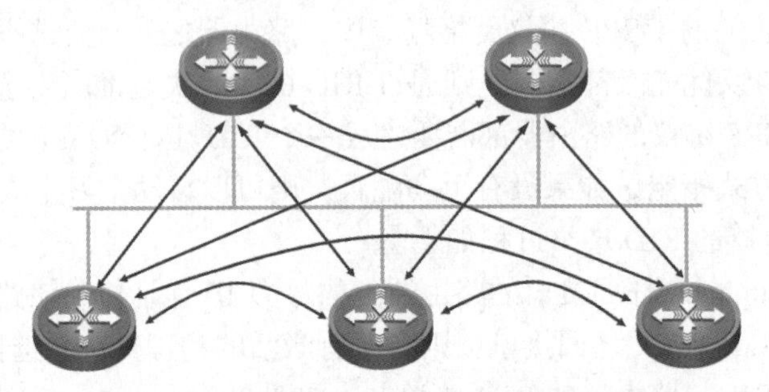

图 3-7 广播型多路访问网络邻居关系数量

1. DR 和 BDR

在广播型多路访问网络中，为了避免由路由器之间建立完全的邻接关系而引起大量带宽开销，在部署 OSPF 协议的网络中，要求选举一台 DR（实际是接口，OSPF 协议基于接口选举机制），每台路由器都要与 DR 建立邻接关系；每台路由器都只与 DR 交换链路状态信息，由 DR 负责通告整网拓扑状态信息。

DR 也称指定路由器，保证在一个区域内所有 OSPF 协议路由器都拥有相同的链路状态数据库。BDR 是 DR 的备份，在 DR 失效的情况下，BDR 会承担 DR 的工作，如图 3-8 所示。

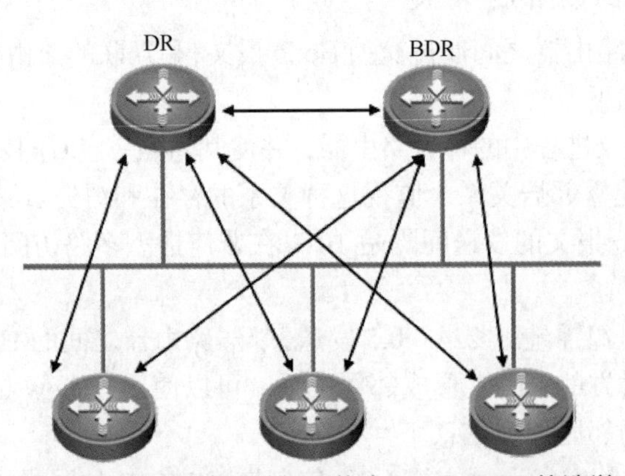

图 3-8 广播型多路访问网络中 DR 和 BDR 的选举

区域内的 DR 从所有邻居路由器上接收 LSA，汇总形成区域内统一的链路状态数据库，并将链路状态数据库泛洪给区域内所有其他路由器。DR 与其他路由器之间形成非邻接关系（DRothers 关系）。

2. DR 和 BDR 的选举场景

DR 和 BDR 的选举通常出现在广播型多路访问网络中。常见的多路访问（Multi-Access，MA）网络有两种类型，分别是广播型多路访问网络和非广播型多路访问网络。

图 3-9 所示为典型的广播型多路访问 OSPF 协议网络场景，连接到多路访问网络中的

路由器都通过以太网接口连接一个广播域。每台路由器都需与其他路由器之间建立 OSPF 协议完全邻接关系，这意味着网络中需要建立 $n\times(n-1)/2$ 个邻居关系，会极大地消耗网络资源。

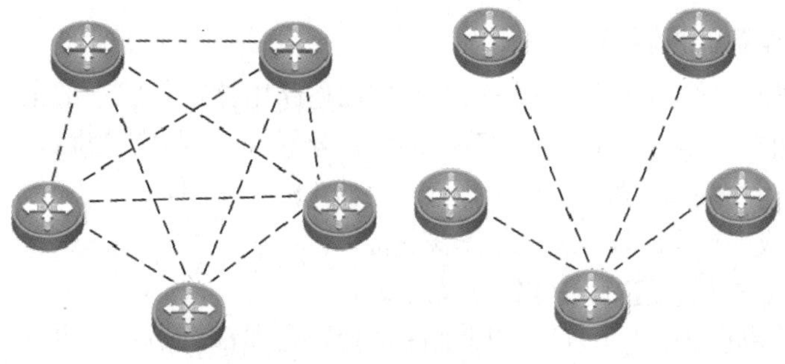

图 3-9　DR 和 BDR 的选举

此外，一旦网络的拓扑出现变更，网络中形成的 LSA 泛洪会造成带宽浪费。为减少邻居关系的数量，在多路访问网络场景中，OSPF 协议会在广播型链路接口上进行 DR 和 BDR 选举。

连接在多路访问网络中的路由器只与 DR、BDR 形成完全邻接关系（Full 状态），只传输 LSA 给网络中的 DR 和 BDR，与其他路由器不再建立完全邻接关系。

3. DR 和 BDR 选举过程

当一台路由器的 OSPF 协议路由激活后，就在相邻的链路上发现邻居路由器，检查网络中是否已经存在有效的 DR 和 BDR。如果 DR 和 BDR 存在（该路由器发出的 Hello 报文中的 DR 字段为自身 RID），则这台路由器将默认承认网络中已经存在 DR 和 BDR 路由器状态。

在多路广播型网络中，选举 DR/BDR 的规则如下。

（1）所有路由器默认优先级（Priority）是 1（范围是 0～255），因此，需要比较路由器的 RID 大小。RID 大的路由器被选举为 DR，次高者被选举为 BDR。通过如下命令，可以更改路由器的 RID。

```
Ruijie(config-router)#router-id 10.10.10.10    // 手动配置 RID，数值越大越好
```

通过如下命令，可以更改 OSPF 协议接口的优先级。

```
Router(config-if-interface)#ip ospf priority X    // X为0～255，数值越大越好
```

（2）DR 失效时，则 BDR 被选举为 DR。

（3）如果一台 OSPF 协议路由器优先级为 0，则该台路由器既不参加 DR 角色选举，又不参加 BDR 角色选举，而是一台 DRothers，如图 3-10 所示。

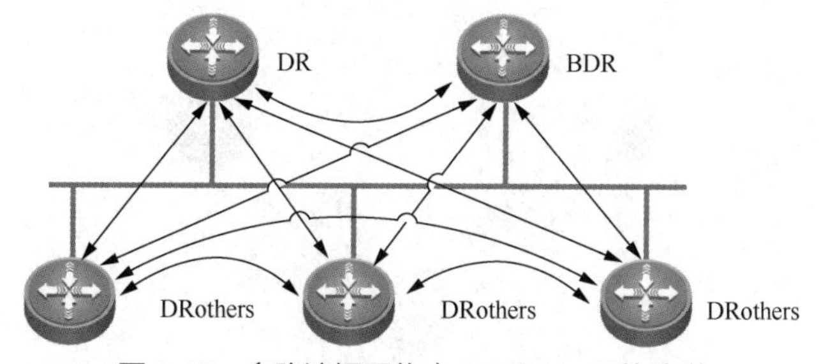

图 3-10　多路访问网络中 DR 和 BDR 的选举

3.2.4 了解链路状态通告

对于连接在 OSPF 协议网络中的路由器，在完成邻接关系的建立后，工作在同一个区域中的路由器之间，还需要通过 LSA 来同步链路的状态。

1. 什么是链路状态通告

OSPF 协议路由器之间互相传播的 LSA 是描述路由器接口状态的信息，用来生成和更新路由表。这里的“链路（Link）”指互联的路由器接口，“状态（State）”描述的是接口以及邻居路由器之间的关系，图 3-11 所示为路由器 LSA 报文信息。

一个接口生成一条 LSA，LSA 具有以下特征。

（1）LSA 会被扩散到整个 OSPF 协议区域中。

（2）LSA 有序列号和使用寿命，以确保每台路由器都有最新版本的 LSA。

（3）LSA 会定期刷新，以确保拓扑信息的有效性，直到 LSA 从 LSDB 中被删除。

（4）LSA 的扩散需要保证可靠性。

```
⊟ LS Type: Router-LSA
    LS Age: 1 seconds
    Do Not Age: False
  ⊞ Options: 0x02 (E)
    Link-State Advertisement Type: Router-LSA (1)
    Link State ID: 10.1.12.2
    Advertising Router: 10.1.12.2 (10.1.12.2)
    LS Sequence Number: 0x80000007
    LS Checksum: 0x09ab
    Length: 60
  ⊞ Flags: 0x00
    Number of Links: 3
  ⊞ Type: Transit  ID: 10.1.12.2     Data: 10.1.12.2        Metric: 1
  ⊞ Type: Stub     ID: 2.2.2.2       Data: 255.255.255.255  Metric: 0
  ⊞ Type: Stub     ID: 3.3.3.3       Data: 255.255.255.255  Metric: 0
```

图 3-11　路由器 LSA 报文信息

2. 链路状态通告刷新机制

相邻路由器之间传播 LSA 的过程就是 LSA 扩散的过程。LSA 扩散可使区域中所有路由器都收到该 LSA 信息，形成统一的 LSDB。每条 LSA 条目都有老化时间，可通过老化定时器（Aging Timer）来控制。

在 OSPF 协议中，每隔 1800s 进行 LSA 刷新，最初生成该 LSA 的路由器也会重新泛洪 LSA 信息。当 LSA 信息在 LSDB 中的累计时间超过 3600s 后，该 LSA 会被认为无效，并将其从 LSDB 中清除，如图 3-12 所示。

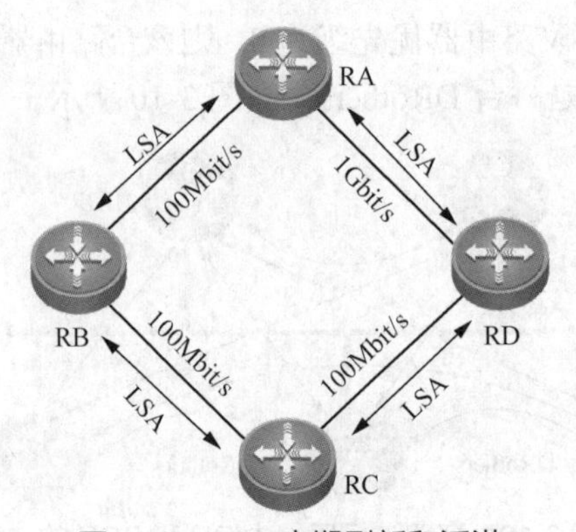

图 3-12　LSA 定期刷新和泛洪

在 OSPF 协议网络中，每条 LSA 条目都拥有一个序列号，用于标识 LSA 版本。当 OSPF 协议路由器刷新一条 LSA 条目后，将该序列号增加 1。接收路由器通过该序列号来判断该 LSA 的实时情况。

3. 链路状态通告泛洪过程

图 3-13 所示为部署了 OSPF 协议的路由器在收到一条 LSA 后的处理过程，A 表示某条 LSA。在 OSPF 协议中，每台路由器都会生成相应接口上的 LSA。

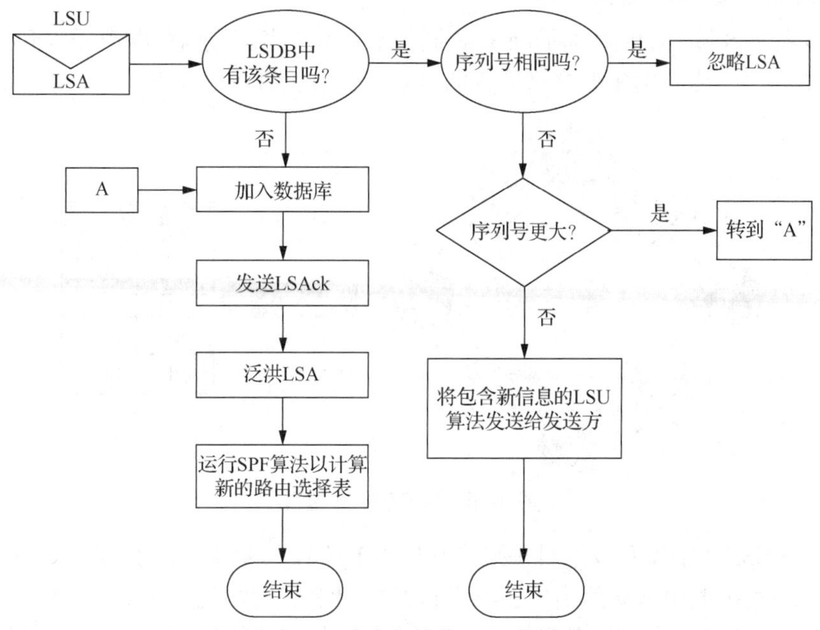

图 3-13 路由器接收 LSA 的过程

为了保障传输过程可靠，每个链路状态通告消息都必须得到应答。因此，邻居路由器收到每一条 LSA 后，都会发送一个链路状态确认（Link State Acknowledgement，LSAck）报文。

4. 链路状态通告类型

在 OSPF 协议网络中，由于路由器承担的角色不同，生成的 LSA 内容也各不相同，不同类型的 LSA 产生的作用也不同。例如，区域内路由器只维护本区域内的 LSDB，边界路由器（ABR）需要维护多个区域的 LSDB。常见 LSA 类型如表 3-2 所示。

表 3-2 常见 LSA 类型

LSA 类型	描述
1 类 LSA	路由器 LSA（Router LSA）
2 类 LSA	网络 LSA（Network LSA）
3 类和 4 类 LSA	网络汇总 LSA（Network Summary LSA）和 ASBR 汇总 LSA（ASBR Summary LSA）
5 类 LSA	AS 外部 LSA（AS External LSA）
6 类 LSA	组播 OSPF 协议 LSA
7 类 LSA	次末节区域外部 LSA（NSSA External LSA）
8 类 LSA	外部属性 LSA
9、10 或 11 类 LSA	不透明 LSA

3.2.5 熟悉链路状态数据库

1. 认识链路状态数据库

路由器收到各种类型的 LSA 后，将其集中存放在 LSDB 中。LSDB 是路由器收到每台路由器接口连接的链路状态信息集合，这些信息有些是本地上的链路信息，有些是邻居路由器通告的链路信息。自治域内的路由器通过 LSDB 实现 AS 内部的链路状态信息同步。

2. 链路状态数据库更新步骤

图 3-14 所示区域内的路由器都拥有相同的 LSDB，当区域内的路由器收到邻居路由器发送来的 LSA 后，其 LSDB 中链路信息的更新过程分为以下几步。

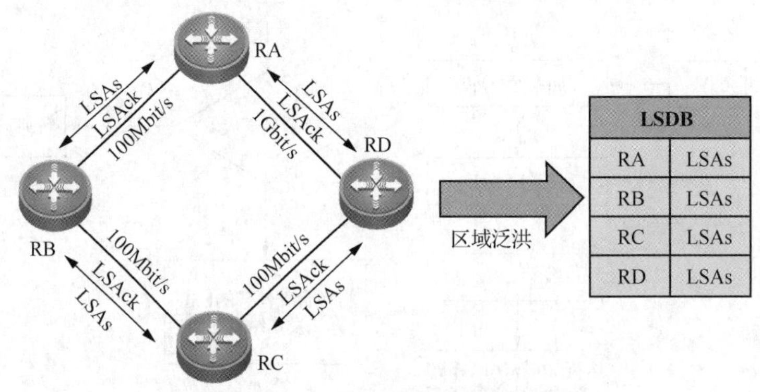

图 3-14 LSDB 更新过程

（1）如果 LSDB 中没有该条目，则将其加入 LSDB，返回一个链路状态确认 LSAck 报文，并将该 LSA 扩散给邻居路由器。再进行 SPF 计算，更新路由表。

（2）如果 LSDB 中存在该条目，且 LSA 中包含的链路信息与之相同，则忽略更新。

（3）如果 LSDB 中存在该条目，且 LSA 中包含的链路信息有更新，则将其加入 LSDB，返回一个 LSAck 报文，并将该信息扩散到其他路由器。再进行 SPF 计算，更新路由表。

（4）如果 LSDB 中存在该条目，但 LSA 中存在没有更新的旧信息，则将包含新信息的 LSA 发送给对方。

3.2.6 使用 SPF 算法计算路由表

1. 了解 SPF 算法

SPF 算法是 OSPF 协议计算路由表的核心。

SPF 算法生成路由表的基本过程如下。

首先，每一台路由器根据统一的 LSDB 构建出一张区域路由拓扑图，该拓扑图类似于一棵树，在 SPF 算法中，其被称为最短路径树。

其次，SPF 算法将每一台路由器作为根，并以此来计算自己到达每一个目标网络路由器的最短路径。

2. 掌握路径开销

在 OSPF 协议中，最短路径树干长度即 OSPF 协议中根路由器到每一台目标路由器经过的链路最短距离，称为 OSPF 协议的路径开销。

SPF 使用路径开销作为选择最佳路由的度量值，路由器上的每个接口会自动计算路径开销值。默认情况下，一个接口路径开销值以 100Mbit/s 为基准自动计算得到。其中，路径开销计算公式为 Cost = 100×10^6 / 链路带宽。

这里的链路带宽单位用 bit/s 来表示。也就是说，OSPF 协议的路径开销与链路带宽成反比。链路带宽越高，路径开销越小，表示 OSPF 协议到达目标网络的距离越近。例如，100Mbit/s 以太网的 Cost 值为 1，2Mbit/s 串行链路的 Cost 值为 48，10Mbit/s 以太网的 Cost 值为 10。

到达目标网络的路径开销，是该接口到目标网络沿途所有链路的开销之和，并作为各种路径开销比较依据，以决定到达目标网络的最佳路径，开销越小，路径越佳。

需要注意的是，路径开销是一个衡量链路状态的值，并不一定是固定的，在实际应用中，网络管理员可以通过命令修改，重新分配计算方式。

3. 路由表计算方法

运行 OSPF 协议的路由器之间需要同步 LSDB，保证同一区域内部的所有路由器之间的 LSDB 完全相同，以此构建区域内部的 OSPF 协议网络拓扑。此后，才能通过 SPF 算法计算出路由表，其过程如图 3-15 所示。

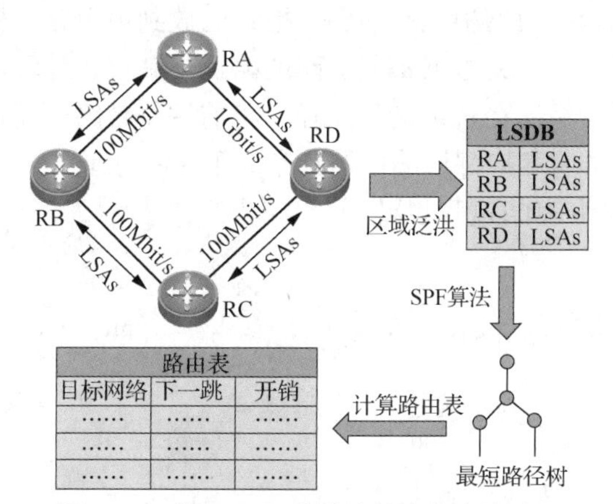

图 3-15 使用 SPF 算法计算路由表的过程

4. 使用 SPF 算法计算路由的过程

OSPF 协议路由的计算过程可简单描述为建立邻接关系和路由计算两个阶段。

（1）建立邻接关系阶段。

激活 OSPF 协议的路由器之间建立邻接关系的过程如下。

首先，本地路由器设备通过接口向外发送 Hello 报文，与对端设备建立邻居关系。其次，两端设备进行主/从关系协商和 DD 报文交换；两端设备通过更新 LSA 完成 LSDB 的同步。最后，完成邻接关系的建立。

（2）路由计算阶段。

OSPF 协议采用 SPF 算法计算路由，可以达到快速收敛路由的目的。

首先，路由器 RA 向路由器 RB、RC 发出通告，以表明自己的存在。

其次，路由器 RC 将路由器 RA、RB 和自己的 LSA 泛洪给邻居路由器 RD。需要注意的是，LSA 遵守水平分割规则，即路由器不将 LSA 泛洪给发出该 LSA 的路由器。

最后，OSPF 协议使用 LSA 描述网络拓扑，即有向图。路由器 LSA 描述路由器之间的链接和链路的属性。路由器将 LSDB 转换成一张带权的有向图，这张图是对整个网络拓扑结构的真实反映，各台路由器得到的有向图完全相同，如图 3-16 所示。

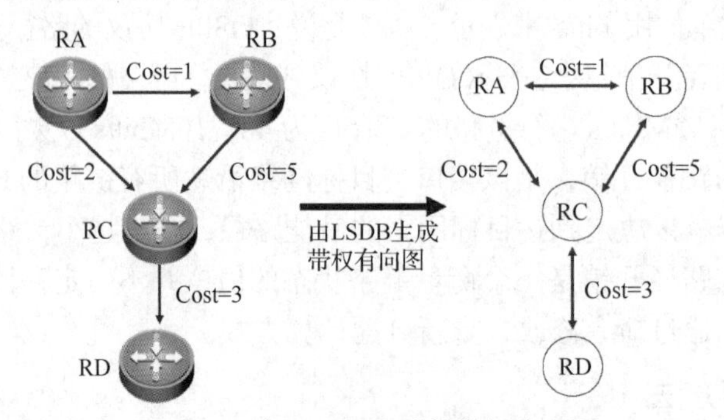

图 3-16　由 LSDB 生成的带权有向图

由图 3-16 可知，由 LSDB 生成带权有向图的转换过程如下。

首先，在 OSPF 协议网络收敛完成后，区域内的所有路由器拥有相同的 LSDB。根据链路的路径开销值，每台路由器根据有向图，把自己放到最短路径树中，并以自己为根，构建全网的最短路径树。其次，根据每条链路的路径开销值，计算出到达目标网络的最短路径。最后，根据这些最短路径选出最佳路径，将前往每台路由器连接的目标网络的路由加入到路由选择表中，并将相应邻居路由器指定为下一跳地址。

其他路由器计算路由表的过程以此类推。图 3-17 所示为使用 SPF 算法计算路由的过程。

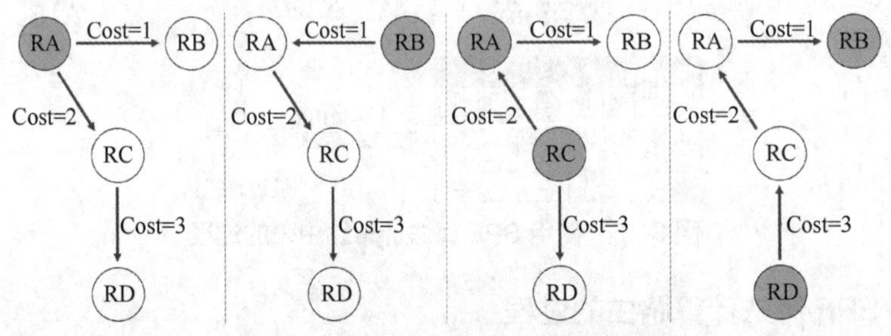

图 3-17　使用 SPF 算法计算路由的过程

当 OSPF 协议的 LSDB 发生改变时，需要重新计算路由。如果每次改变都需立即计算路由，则将占用大量资源，并会影响路由器的效率。通过调节 SPF 算法的计算时间间隔，可以抑制由于网络频繁变化带来的占用过多资源的问题。默认情况下，SPF 算法的计算时间间隔为 5s。

3.3　熟悉 OSPF 协议报文类型

连接在 OSPF 协议网络中的路由器，如果需要获得区域内完整的 LSDB，则需要经过“主/从协商”→“交换 DD”→“请求 LSA”→“传播 LSA”→“LSA 应答”等多个步骤。区域内的 OSPF 协议路由器之间，通过使用 5 种不同类型的 OSPF 协议报文，同步网络中的链路状态信息。

下面分别介绍这 5 种不同类型的 OSPF 协议报文。

3.3.1　OSPF 协议报头格式

1. 了解 5 种不同类型 OSPF 协议报文

OSPF 协议通过 5 种不同类型的报文交换链路消息，这 5 种不同的报文分别是 Hello 报文、DD 报文、LSR 报文、LSU 报文和 LSAck 报文，其描述分别如表 3-3 所示。

表 3-3　5 种不同类型 OSPF 协议报文

序号	名称	描述
1	Hello 报文	发现邻居，并在它们之间建立邻居关系
2	DD（数据库描述）报文	向邻居发送摘要信息，检查路由器的数据库之间是否同步
3	LSR（链路状态请求）报文	向另一台路由器请求特定的链路状态信息
4	LSU（链路状态更新）报文	收到 LSR 报文后，发送请求链路状态信息
5	LSAck（链路状态确认）报文	确认已经收到的 LSU 报文，每一个 LSA 需要分别进行确认

2. 统一报头格式

OSPF 协议使用 IP 报文封装 OSPF 协议报文，协议号为 89。这 5 种不同类型的 OSPF 协议报文使用多重信息封装，但每一种报文都由一个 OSPF 协议报头开始。这 5 种 OSPF 协议报文都使用相同的 OSPF 协议报头格式，长度为 24 字节，图 3-18 所示为 OSPF 协议报头中包含的字段内容。

<table>
<tr><td>Version</td><td colspan="2">Type</td><td>Packet length</td></tr>
<tr><td colspan="4">Router ID（RID）</td></tr>
<tr><td colspan="4">Area ID</td></tr>
<tr><td colspan="2">Checksum</td><td colspan="2">Authentication type</td></tr>
<tr><td colspan="4">Authentication</td></tr>
<tr><td colspan="4">Authentication</td></tr>
<tr><td colspan="4">Data</td></tr>
</table>

图 3-18　OSPF 协议报头中包含的字段内容

其中，报头中的参数说明如下。

（1）Version：版本号。OSPF 协议版本 2 适用于 IPv4，OSPF 协议版本 3 适用于 IPv6。

（2）Type：OSPF 协议报文类型。

（3）Packet length：数据包长度，单位为字节。

（4）Router ID（RID）：发送路由器 RID，默认以 IP 地址表示。

（5）Area ID：区域号，所有 OSPF 协议数据包都属于一个特定 OSPF 协议区域。

（6）Checksum：校验位，标记数据包在传递时有无误码。

（7）Authentication type：认证模式。

（8）Authentication：报文认证必要信息。

（9）Data：包含信息随 OSPF 协议报文类型而异，表示的内容分别是 Hello 报文、DBD（DD）报文、LSR 报文、LSU 报文。

3.3.2 邻居关系报文——Hello 报文

1. 关于 Hello 报文

OSPF 协议使用 Hello 报文建立和维护邻居路由器的链路关系。Hello 报文内容包括定时器数值、DR、BDR 以及邻居 RID。激活 OSPF 协议接口，采用组播地址 224.0.0.5，周期性地发送 Hello 报文，可以确保邻居之间建立通信，维护邻居关系。

接入 OSPF 协议网络中的路由器时，首先需要建立邻居关系，向邻居路由器证明自己的存在，就像人与人之间打招呼一样。可通过彼此“看到”对方 RID 建立邻居关系，共享链路状态信息。

一台路由器在收到邻居发送过来的 Hello 报文中“看到”自己的 RID 后，便进入双向通信状态，如图 3-19 所示。

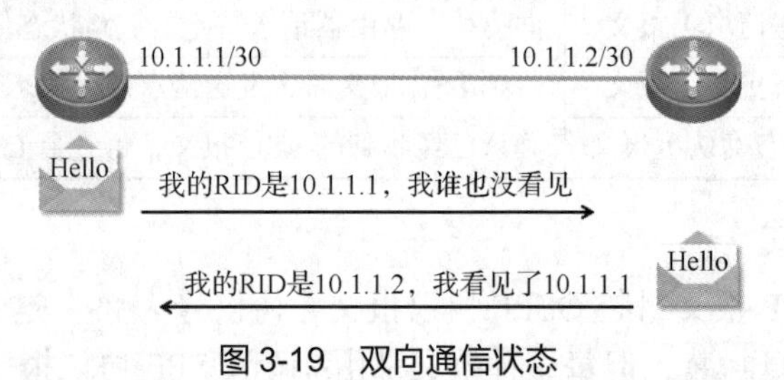

图 3-19 双向通信状态

2. Hello 报文格式

OSPF 协议网络中的邻居路由器之间通过接口周期性（默认周期为 10s）地发送 Hello 报文。如果在规定的时间（默认为 40s）内，没有收到对方路由器发送来的 Hello 报文，则本地路由器会认为邻居路由器已经下线。

图 3-20 所示为 Hello 报文格式。Hello 报文中的部分参数说明如下。

<table>
<tr><td colspan="2">Version V2</td><td colspan="2">Type=1</td><td colspan="2">Packet length</td></tr>
<tr><td colspan="6">Router ID（RID）</td></tr>
<tr><td colspan="6">Area ID</td></tr>
<tr><td colspan="3">Checksum</td><td colspan="3">Authentication type</td></tr>
<tr><td colspan="6">Authentication</td></tr>
<tr><td colspan="6">Authentication</td></tr>
<tr><td colspan="2">Hello intervals</td><td colspan="2">Options</td><td colspan="2">Router priority</td></tr>
<tr><td colspan="6">Dead intervals</td></tr>
<tr><td colspan="6">DR IP Address</td></tr>
<tr><td colspan="6">BDR IP Address</td></tr>
<tr><td colspan="6">Neighbors</td></tr>
</table>

图 3-20 Hello 报文格式

（1）Router ID（RID）：路由器的 ID。

（2）Hello/Dead intervals：Hello 间隔和 Dead 间隔，定义了发送 Hello 报文的频率（默认为 10s），Dead 间隔是 Hello 间隔的 4 倍。

（3）Neighbors：邻居列表，包含已建立双向通信关系的邻居路由器。

（4）Area ID：区域 ID，OSPF 协议路由器的接口必须属于一个区域（Area），以共享子网及子网掩码信息，路由器拥有的链路状态信息相同。

（5）Router priority：路由器优先级，选举 DR 和 BDR 时使用，优先级默认值为 1。

（6）DR/BDR 的 IP Address：DR 和 BDR 的 IP 地址。

3.3.3 数据库描述报文

1. 关于数据库描述报文

数据库描述（Database Description，DD）报文描述的是本地路由器上链路状态数据库信息。两台互联的 OSPF 协议路由器之间建立邻居关系并完成初始化连接之后，要交换 DD 报文，完成链路状态数据库的同步。

DD 报文简单描述而非实际地传送链路状态数据库的内容。由于链路状态数据库的内容可能相当长，需要多个 DD 报文来描述整个链路状态数据库。

图 3-21 所示为邻居路由器之间交换 DD 报文的过程。

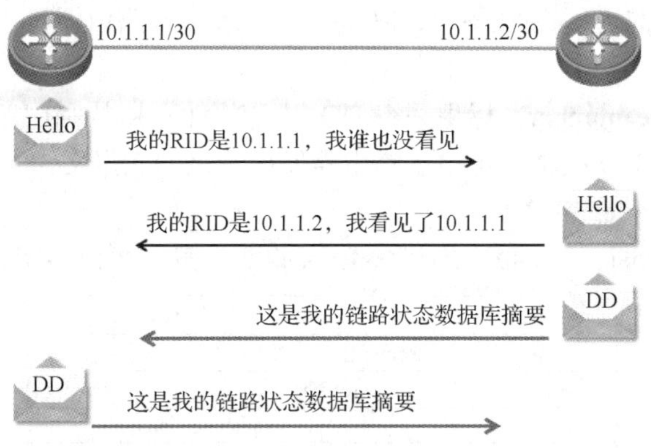

图 3-21 邻居路由器之间交换 DD 报文的过程

2. 数据库描述报文内容

两台路由器建立邻居关系，进入双向通信状态后，使用 DD 报文描述各自的链路状态数据库，包括 DD 报文序列号和链路状态数据库中每一条 LSA 头部信息，进行链路状态数据库同步。

邻居路由器根据收到的 DD 报文中的 OSPF 协议报头，判断是否已有这条 LSA。因为链路状态数据库中信息很多，需要多个 DD 报文描述整个链路状态数据库，所以在 DD 报文中使用 I、M 和 M/S 这 3 个专门的比特位，标识来描述不同 DD 报文类型，如图 3-22 所示。

DD 报文在交换过程中按询问/应答方式进行。在 DD 报文交换过程中，需要选举路由器的主（Master，M）/从（Slave，S）角色（或从广播型多路访问网络中选举 DR/BDR 角色）。其中，第一个 DD 报文用于主/从关系选举，拥有最大 ID 的路由器称为主路由器，并对 LSDB 同步进行初始化。主路由器发送序列号，从路由器确认。在后续的 DBD 报文中，主路由器向从路由器发送它的链路状态信息，并规定起始序列号，每发送一个 DD 报文，序列号加 1；从路由器使用主路由器序列号确定应答。

主/从之间的关系因每个 DD 报文的不同而不同。此外，DD 报文没有发送周期，LSDB 同步还需要通过 LSR、LSU 和 LSAck 报文协助完成。

3. DD 报文格式

图 3-22 所示为 DD 报文格式。DD 报文中的部分参数说明如下。

（1）Interface MTU：该字段检查两端路由器接口 MTU 是否匹配。在不分片的情况下，此接口发出整个 IP 报文。

（2）Options：可选项。其中，E 表示允许泛洪 AS-External-LSAs；MC 表示转发 IP 组播报文；N/P 表示处理 Type-7 LSAs；DC 表示处理按需链路。

（3）I：连续发送多个 DD 报文，如果是第一个 DD 报文，则将其置为 1，否则将其置为 0。

（4）M（More）：发送多个 DD 报文时，如果是最后一个 DD 报文，则将其置为 0；否则将其置为 1，表示后面还有其他的 DD 报文。

（5）M/S（Master/Slave）：两台路由器交换 DD 报文确定主/从关系，比较 RID，小的为主路由器。M/S 位描述了主/从角色，M 为 1 时，表示该路由器为主路由器，反之为从路由器。

（6）DD sequence number：标识一组 DD 报文序列。主/从利用序列号保证 DD 报文传输的可靠性。第一个 DD 报文一定由主路由器发出（该 DD 报文中 I 置为 1），后续 DD 报文中 DD sequence number 递增 1。

（7）An LSA Header：DD 报文中包含 LSA 报头信息，可以指定多个 LSA 报头。

<table>
<tr><td>Version V2</td><td colspan="2">Type=2</td><td colspan="8">Packet length</td></tr>
<tr><td colspan="11">Router ID（RID）</td></tr>
<tr><td colspan="11">Area ID</td></tr>
<tr><td colspan="2">Checksum</td><td colspan="9">Authentication type</td></tr>
<tr><td colspan="11">Authentication</td></tr>
<tr><td colspan="11">Authentication</td></tr>
<tr><td>Interface MTU</td><td colspan="2">Options</td><td>0</td><td>0</td><td>0</td><td>0</td><td>0</td><td>I</td><td>M</td><td>M/S</td></tr>
<tr><td colspan="11">DD sequence number</td></tr>
<tr><td colspan="11">An LSA Header</td></tr>
</table>

图 3-22　DD 报文格式

3.3.4　链路状态请求报文

1. 关于链路状态请求报文

链路状态请求（Link State Request，LSR）报文用于请求邻居路由器上 LSDB 中的一部分数据信息。

当两台邻居路由器完成交换 DD 报文摘要后，一台路由器还希望了解邻居路由器上更多的 LSA 信息，如邻居路由器上还有哪些 LSA 是本地 LSDB 中缺少的，哪些 LSA 已经失效，等等。

此时，该路由器会发送几个 LSR 报文给邻居路由器，向对方请求所需要的 LSA，期望了解更多 LSA 信息。图 3-23 所示为使用 LSR 报文请求链路状态的过程。

2. LSR 报文格式

图 3-24 所示为 LSR 报文格式。LSR 报文中的部分参数说明如下。

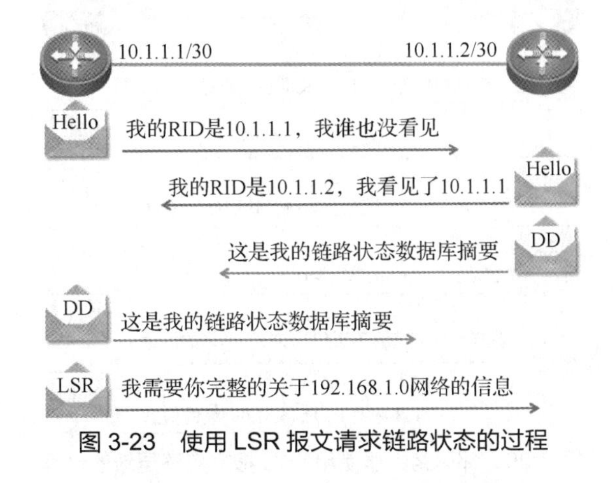

图 3-23　使用 LSR 报文请求链路状态的过程

Version V2	Type=3	Packet length
Router ID（RID）		
Area ID		
Checksum	Authentication type	
Authentication		
Authentication		
LS type		
Link State ID		
Advertising Router		

图 3-24　LSR 报文格式

（1）LS type：LSA 的类型号。

（2）Link State ID：指定 OSPF 协议描述部分区域。

（3）Advertising Router：通告路由器，产生此 LSA 路由器的 RID。

邻居路由器之间收到的两条 LSA 一样时，根据 LSA 报文中的 LS sequence number、LS checksum 和 LS age 判断所需要的 LSA 版本的新旧，决定是否更新。

3.3.5　链路状态更新报文

1. 关于链路状态更新报文

LSU 报文是应答邻居路由器 LSR 报文的报文，向邻居路由器发送所需 LSA 信息。LSU 报文中包含多条 LSA 完整内容的集合、累计发送的 LSA 数量，以及每条 LSA 的完整内容。

在支持组播和广播的链路上，LSU 报文以组播方式泛洪出去。为了实现泛洪可靠传输，每收到一个 LSU 报文都使用 LSAck 报文确认。如果没有收到 LSAck 报文，则需要重传。重传时，LSU 报文直接发送到没有收到应答确认的路由器上，不再泛洪。

LSU 报文不仅可以用于对 LSA 请求进行应答，还可以泛洪更新的 LSA。一个 LSU 报文中可以包括多条 LSA 条目。图 3-25 所示为一台路由器发起 LSR 请求，邻居路由器使用 LSU 报文应答更新的过程。

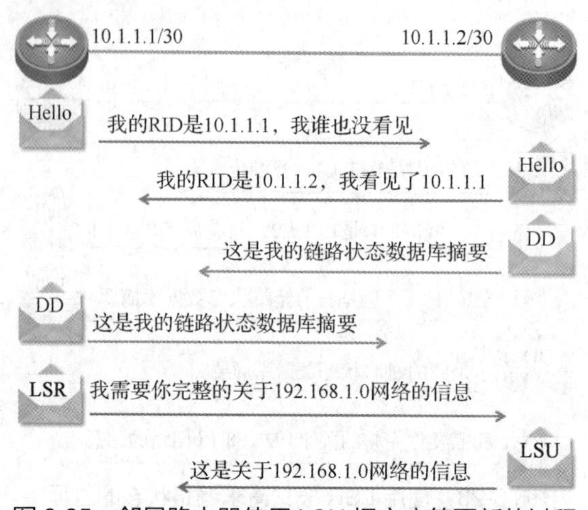

图 3-25　邻居路由器使用 LSU 报文应答更新的过程

2. LSU 报文格式

图 3-26 所示为 LSU 报文格式。其前面的报头信息和之前介绍各报文的信息相同，其他参数说明如下。

（1）第 1 条 LSAs：表示 Number of LSA，指定了此报文中发送 LSA 的数量。

（2）第 2 条 LSAs：表示具体的 LSA 的完整信息，后面的省略号表示多条 LSA。

<table>
<tr><td>Version V2</td><td colspan="2">Type=4</td><td>Packet length</td></tr>
<tr><td colspan="4">Router ID（RID）</td></tr>
<tr><td colspan="4">Area ID</td></tr>
<tr><td colspan="2">Checksum</td><td colspan="2">Authentication type</td></tr>
<tr><td colspan="4">Authentication</td></tr>
<tr><td colspan="4">Authentication</td></tr>
<tr><td colspan="4">LSAs</td></tr>
<tr><td colspan="4">LSAs</td></tr>
<tr><td colspan="4">……</td></tr>
</table>

图 3-26　LSU 报文格式

3.3.6　链路状态确认报文

1. 关于链路状态确认报文

LSAck 报文是路由器收到邻居发来的 LSU 报文后，针对该报文发出的确认应答报文，包括需要确认的 LSA 报头（LSA Header）等。一个 LSAck 报文可对多条 LSA 进行确认。

OSPF 协议路由消息传播的特点如下：可靠地泛洪 LSA 报文。可靠意味着接收方必须应答，否则，邻居路由器无法知道 LSA 是否被准确接收。因此，LSAck 报文会对接收到的每一个 LSU 报文进行确认。

图 3-27 所示为邻居路由器使用 LSAck 报文对收到的 LSU 报文进行确认的过程。

其中，LSAck 报文以组播形式发送：如果接收接口处于 DR/BDR 状态，则 LSAck 报文使用组播地址 224.0.0.5 发送；如果接收接口不处于 DR/DBR 状态，则 LSAck 报文使用组播地址 224.0.0.6 发送。

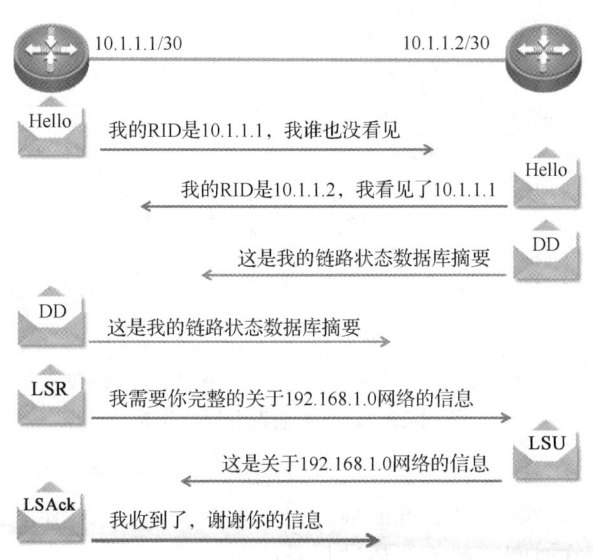

图 3-27　邻居路由器使用 LSAck 报文对收到的 LSU 报文进行确认的过程

2. LSAck 报文格式

图 3-28 所示为 LSAck 报文格式。需要注意的是，LSA 与 LSAck 之间无须使用一对一对应关系，多条 LSA 可以由一个 LSAck 报文应答，使用多个 LSA 报头标识即可。

Version V2	Type=5	Packet length
Router ID（RID）		
Area ID		
Checksum	Authentication type	
Authentication		
Authentication		
An LSA Header		

图 3-28　LSAck 报文格式

3.4 了解 OSPF 协议邻居状态机

在 OSPF 协议网络中，为了交换路由信息，邻居设备之间首先要建立邻接关系。需要注意的是，邻居（Neighbors）关系和邻接（Adjacencies）关系是两个不同的概念。

OSPF 协议设备在启动后，会通过 OSPF 协议接口向外发送 Hello 报文，收到 Hello 报文的 OSPF 协议设备会检查报文中所定义的参数，只要双方一致就会形成邻居关系，两端设备互为邻居。在形成邻居关系后，如果两端设备成功交换 DD 报文和 LSA 报文，则建立邻接关系。

邻居关系和邻接关系通过 OSPF 协议邻居状态机表现，OSPF 协议共有 8 种邻居状态机，分别是 Down 状态、Attempt 状态、Init 状态、2-way 状态、Exstart 状态、Exchange 状态、Loading 状态、Full 状态，如图 3-29 所示。

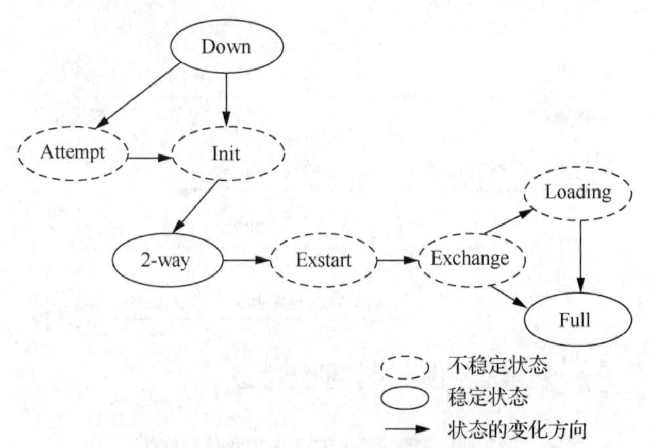

图 3-29　OSPF 协议邻居状态机

其中，Down 状态、2-way 状态、Full 状态是稳定状态，而 Attempt 状态、Init 状态、Exstart 状态、Exchange 状态、Loading 状态是不稳定状态。不稳定状态指在转换过程中瞬间存在的状态，其存在时间一般不会超过几分钟。

在图 3-29 所示的邻居状态机变化中，有两处决定了是否建立邻接关系：一是当与邻居的双向通信初次建立时；二是网段中的 DR 和 BDR 发生变化时。

其中，OSPF 协议在不同网络（广播型网络、NBMA 网络、点到点/点到多点网络）中邻接关系建立的过程不同。

在广播型网络中，DR、BDR 和网段中的每一台路由器都可形成邻接关系，但 DRothers 之间只形成邻居关系。

3.4.1　建立邻居关系

图 3-30 所示为两台互联路由器在广播型网络中建立双向通信的过程。

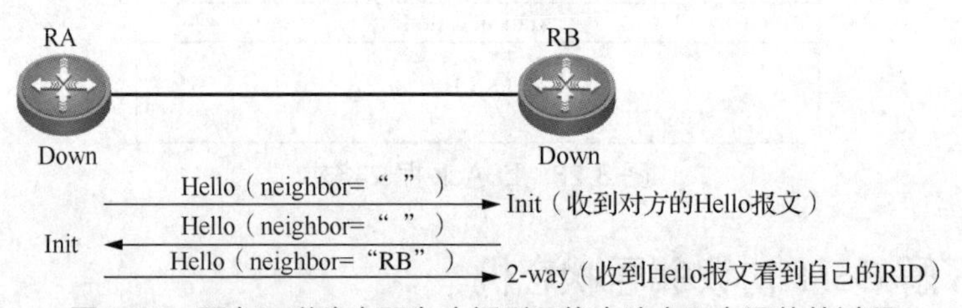

图 3-30　两台互联路由器在广播型网络中建立双向通信的过程

首先，运行 OSPF 协议的路由器 RA 处于 Down 状态。激活 OSPF 协议后，路由器 RA 从 OSPF 协议接口使用组播地址 224.0.0.5，开始向外周期性（默认周期为 10s）发送 Hello 报文，保证邻居之间信息交换正常。此时，RA 认为自己是 DR（DR=1.1.1.1），但不确定邻居是哪台路由器（Neighbors Seen=0）。

RB 收到 Hello 报文后，发现 Hello 报文中的 RID，发送一个 Hello 报文回应 RA。在报文的 Neighbors Seen 字段中填入 RA 的 RID（Neighbors Seen=1.1.1.1），表示已收到 RA 的 Hello 报文，并宣告 DR 是 RB（DR=2.2.2.2），再将 RB 的邻居状态机置为 Init。

路由器 RB 把 RA 的 RID 添加到自己的邻居表中。接下来，以单播形式发送自己的 Hello 报文，对路由器 RA 做出应答。因此，路由器 RA 能发现对方的 RID。

邻居路由器之间通过 Hello 报文建立邻居关系，它们从 Hello 报文中查找对方的 RID，并将其加入自己的邻居表。两台互相连接的路由器都将邻居状态机置为 2-way 状态，下一步双方开始发送各自的链路状态数据库，实现同步。

3.4.2 建立邻接关系

两台互联路由器进入 2-way 状态后，如果连接链路是广播型网络，通过以太网接口连接，则需要进行 DR 和 BDR 选举。

如果邻居路由器之间通过点对点的串行接口建立邻居关系，则需要进行主/从（M/S）关系选举，进入 Exstart 状态。在 Exstart 状态中，OSPF 协议路由器需要完成 DR/BDR 选举，或主/从关系选举，两个选举都遵循以 RID 值最高为主、次高为辅的选举机制。

1. 主/从关系协商

图 3-31 所示为两台邻居路由器之间进行主/从关系选举、开启 DD 报文交换的过程。其中，用于 DD 报文交换的第一个序列号也在 Exstart 状态中决定。

首先，路由器 RA 发送一个 DD 报文，宣称自己是主路由器（MS=1），并规定序列号 Seq=X。其中，I=1 表示这是第一个 DD 报文，报文中并不包含 LSA 摘要，只是为了协商主从关系。M=1 说明这不是最后一个报文。

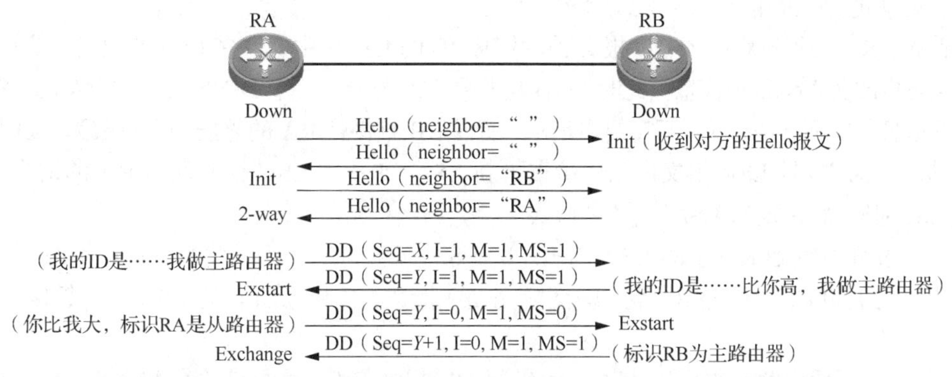

图 3-31 两台邻居路由器之间进行主/从选举，开启 DD 报文交换的过程

路由器 RB 在收到 RA 的 DD 报文后，将 RA 的邻居状态机改为 Exstart 状态，并回应一个 DD 报文（该报文中同样不包含 LSA 摘要信息）。由于 RB 的 RID 较大，所以在报文中 RB 认为自己是主路由器，并重新规定了序列号 Seq=Y。

RA 收到报文后，同意 RB 为主路由器，并将 RB 的邻居状态机改为 Exchange 状态。RA 使用 RB 的序列号 Seq=Y 来发送新 DD 报文，该报文开始正式传送 LSA 摘要。在 DD 报文中 RA 修改 MS=0，说明自己是从路由器。

RB 收到报文后，将 RA 的邻居状态机改为 Exchange 状态，并发送新的 DD 报文来描述自己的 LSA 摘要，此时，RB 将 DD 报文的序列号改为 Seq=Y+1。

2. DD 报文交换

上述过程持续进行，RA 通过重复 RB 的序列号，确认已收到 RB 发送的 DD 报文。RB 通过将序列号 Seq 加 1，确认已收到 RA 发送的 DD 报文。当 RB 发送最后一个 DD 报文时，在报文中写上 M=0。

其中，邻居路由器之间交换DD摘要报文，内容为LSDB中的LSA报头信息（该LSA信息可以为一条链路或者一个网络），每个LSA报头信息包括链路状态类型、宣告路由器的地址、路径开销和序列号（版本号）。

图3-32所示为两台邻居路由器进行DD报文交互的过程。

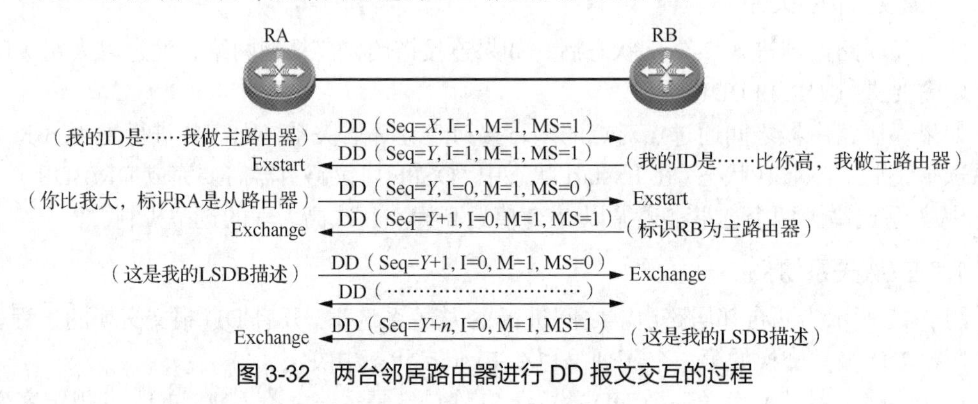

图3-32 两台邻居路由器进行DD报文交互的过程

3. LSDB同步（LSA请求、LSA传输、LSA应答）

主/从设备之间完成DD报文摘要交换后，路由器进入Exchange状态。接下来，需要发现、更新链路状态信息，创建LSDB。

首先，RA收到最后一个DD报文后，发现RB的LSDB中有许多LSA是自己没有的，将邻居状态机改为Loading状态。此时，RB也收到RA的最后一个DD报文。但RA的LSA中的全部信息RB都已经有了，不需要再请求，所以RB直接将RA的邻居状态机改为Full状态。

其次，RA发送LSR报文向RB请求更新LSA，RB用LSU报文回应RA的请求。RA收到LSU报文后，发送LSAck报文确认。

上述过程持续到RA中的LSA与RB的LSA完全同步为止，此时，RA将RB的邻居状态机改为Full状态。当路由器之间交换完DD报文，并更新所有的LSA后，邻接关系建立完成。

图3-33所示为两台邻居路由器之间进行DD报文交互，建立完全邻接关系（Full状态）的过程。

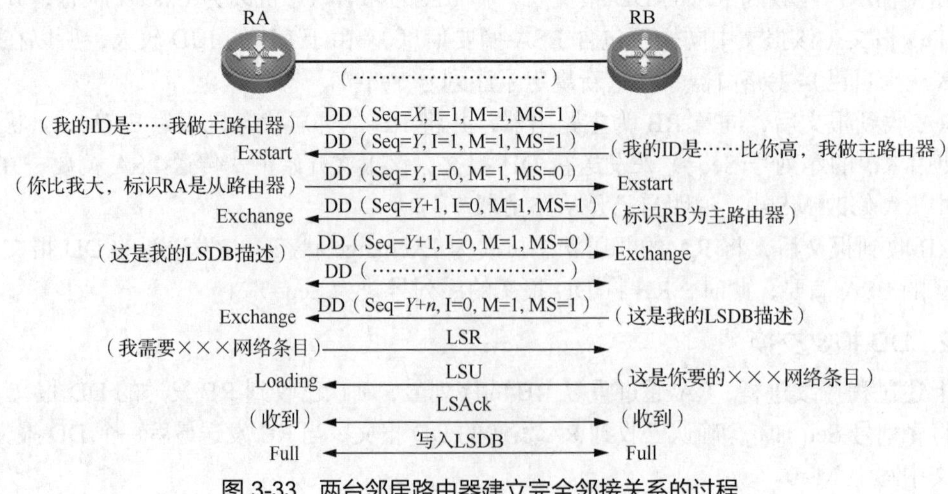

图3-33 两台邻居路由器建立完全邻接关系的过程

互为邻居的路由器之间在收到 DD 报文以后，都使用 LSAck 报文进行确认。同时，将其和自己现有的 DD 报文进行比较。如果 DD 报文中有链路状态更新条目，则马上发送 LSR 报文给邻居路由器，从而进入 Loading 状态。

邻居路由器收到 LSR 报文后，以 LSU 报文作为应答，包含 LSR 报文请求需要的完整信息。收到 LSU 报文后，再次发送 LSAck 报文做出确认。

最后，两台路由器都添加新的条目到各自的 LSDB 中，生成完全相同的 LSDB，进入 Full 状态，也即邻接状态。

4. 在 NBMA 网络中建立 OSPF 协议邻接关系

在 NBMA 网络中，建立 OSPF 协议邻接关系的过程和在广播型网络中的稍有不同。

图 3-30 中连接的两台路由器是 NBMA 网络连接场景。其中，RB 向 RA 的一个状态为 Down 的接口发送 Hello 报文后，RB 的邻居状态机置为 Attempt 状态。此时，RB 认为自己是 DR（DR=2.2.2.2），但不确定其邻居是哪台路由器（Neighbors Seen=0）。

RA 收到 Hello 报文后将邻居状态机置为 Init 状态，并回复一个 Hello 报文。此时，RA 同意 RB 是 DR（DR=2.2.2.2），并在 Neighbors Seen 字段中填入邻居路由器的 RID（Neighbors Seen=2.2.2.2）。

其他主/从关系协商、DD 报文交换过程，以及 LSDB 同步（LSA 请求、LSA 传输、LSA 应答）过程与广播型网络的邻接关系建立的过程类似。

5. 在点到点/点到多点网络中建立 OSPF 协议邻接关系

在点到点或点到多点网络中，邻接关系的建立过程和广播型网络的类似，唯一的不同在于不需要选举 DR 和 BDR，DD 报文是组播方式发送的。

3.4.3 OSPF 协议邻居状态机

图 3-34 所示为两台 OSPF 协议路由器从初始化（Init 状态）到建立完全邻接关系（Full 状态）各阶段状态机。其中，涉及各个阶段的状态机信息解释如下。

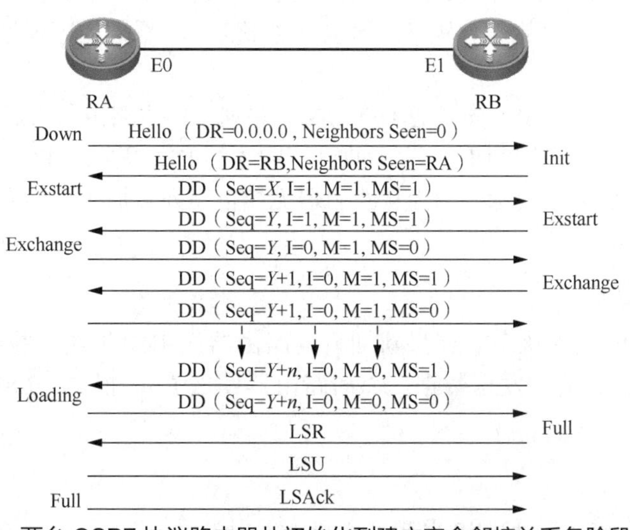

图 3-34 两台 OSPF 协议路由器从初始化到建立完全邻接关系各阶段状态机

1. Down 状态

Down 状态指两台路由器的 OSPF 协议都处于关闭状态。

2. Init 状态

在 Init 状态下，两台路由器激活 OSPF 协议后，在接口上使用组播地址（即 IP 地址为 224.0.0.5）发送 Hello 报文。其中，DR 信息为全零状态（注：在广播型网络场景中）。

3. Exstart 状态

Exstart 状态即预启动状态，两台互联的 OSPF 协议路由器建立主/从（M/S）关系（或者在广播型网络中选举 DR/BDR），并协商一个序列号准备传送（需要采用确认机制保证可靠性），前两个 DD 报文为空，不包含 LSA 的数据。其中，涉及的 DD 报文字段摘要信息如下。

路由器 RA 中标识的信息：DD(Seq=X，I=1，M=1，MS=1)。其中，I 是第一个报文；M 即 More，表示还有后续报文；MS 表示路由器 RA 是主路由器。

路由器 RB 中标识的信息：DD(Seq=Y，I=1，M=1，MS=1)。其中，I 是第一个报文；M 即 More，表示还有后续报文；MS 表示路由器 RB 是主路由器。

两台激活了 OSPF 协议的路由器在选举开启时都认为自己是主路由器，主导选举过程。但它们通过比较选举了一个 RID 值大的路由器作为主路由器，由主路由器的序列号生成该数。图 3-34 中选举路由器 RB，因为路由器 RB 可能拥有更大的 RID 值。因此，路由器 RA 首先修改自己的标识信息：DD(Seq=Y，I=0，M=1，MS=0)，向主路由器请求更多的链路状态信息。

4. Exchange 状态

在 Exchange 状态下，从路由器向主路由器（或 DR）请求链路状态信息，开始交换数据。其中，主路由器收到请求更新报文后，首先发送 DBD 报文，此报文只是一个索引（Index），不包含实际路由数据。从路由器也发送报文，查看谁的序列号大，序列号大的数据就是新信息。

在图 3-34 中，路由器 RA 先发送 DD 报文，序列号由主路由器生成，且 MS 字段为 0。路由器 RB 回应报文把序列号加 1，表示收到了刚才的 DD 报文，并包含自己的 DD 报文。下一个 DD 报文还用 Y+1 表示，因为从路由器无权把序列号加 1。如果 DD 报文中 M=0，则表示 DD 报文发送结束。

5. Loading 状态

Loading 状态即载入状态。如果新加入的路由器从 DD 报文中找到了自己需要的信息，则发送 LSR 报文请求发送数据。邻居路由器发送 LSU 报文，LSU 报文包含所需的全部数据。

6. Full 状态

收到 LSU 报文后，发送 LSAck 报文，进入 Full 状态。

3.5 优化 OSPF 协议传输的区域

在大型企业网络中，网络结构的变化时常发生，OSPF 协议路由器会经常运行 SPF 算法重新计算全网的路由信息，大量消耗路由器的 CPU 和内存资源。

为了解决这个问题，OSPF 协议允许把大型区域划分成多个更易管理的小型区域，生成 OSPF 协议多区域路由，可以改善网络的可扩展性，实现网络快速收敛。

3.5.1 了解 OSPF 协议区域

1. 为什么要划分多区域

如图 3-35 所示，在使用 OSPF 协议构建的多园区网中，由多台路由器互联构成复杂的多园区网。如果每台路由器都维持全网路由信息，则需要独立维护全网庞大的路由表。这样会给每台路由器都带来路由表庞大、路由运算效率低等问题，突出表现在以下几点。

（1）同一个区域内所有路由器上的 LSDB 都完全相同。

（2）同一个区域内所有路由器收到的 LSA 太多。

（3）OSPF 协议内部网络的动荡会引起全网路由器的 SPF 计算消耗。

（4）区域内路由无法汇总，路由表越来越大，资源消耗过多，会影响数据转发。

（5）OSPF 协议路由器维持的每一条路由都需要经过频繁的 SPF 计算，这会大量消耗路由器硬件资源，造成网络中转发数据缓慢。

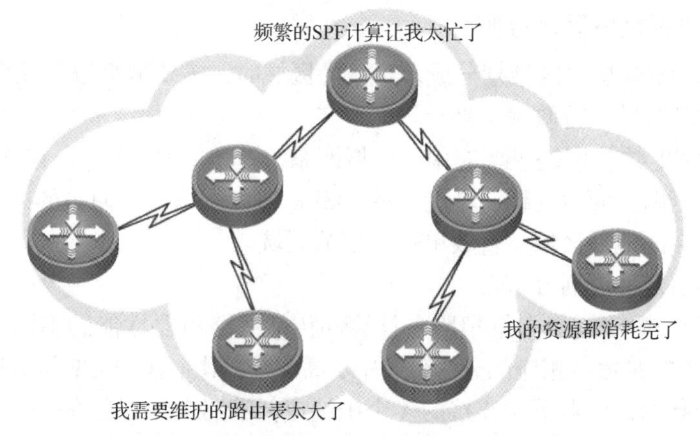

图 3-35 单区域的 OSPF 协议影响路由运算效率

划分区域是解决 OSPF 协议网络中资源消耗问题的最好的方法之一。通常将大的区域划分为小的区域。每个区域都使用各自的 LSDB 来描述，只维护本区域内的 LSDB。

2. 划分多区域的好处

把大的 OSPF 协议区域划分为小区域后，区域内 OSPF 协议路由器扩散的 LSA 数量大大减少，区域内的链路状态数据库也变小，SPF 算法的计算量减小，收敛时间变短。

通过区域控制 LSA 只在区域内泛洪，拓扑变化仅在本区域内收敛，在区域边界进行路由汇总，从而大大地减小了路由表的规模，提高了网络的稳定性和扩展性，有利于组建大规模网络。

图 3-36 所示为把一个 OSPF 协议区域划分为 3 个独立区域：Area 0、Area 1、Area 2。

如果 Area 1 内的链路状态发生了变化，则只会把该链路状态的变化在 Area 1 内收敛，而不会传播到 Area 0、Area 2 内。这样，Area 0 和 Area 2 中的路由器不必关心 Area 1 中具体哪条链路状态发生了变化，从而减少了 LSA 信息的传播，提高了路由的计算效率。

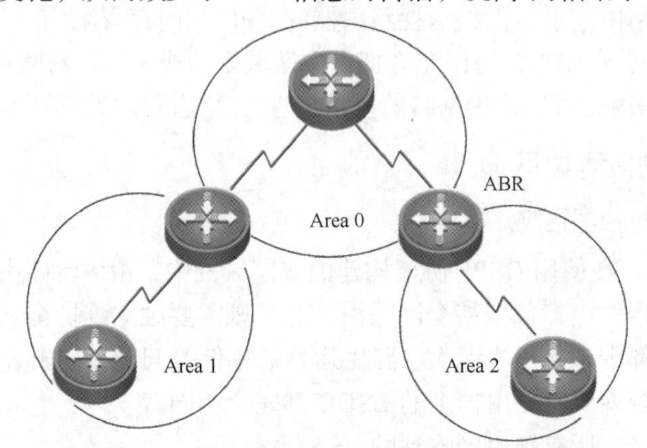

图 3-36 OSPF 协议网络中的区域划分场景

划分多区域不仅使区域中每一台路由器资源消耗变少，还会减小每台路由器上路由表的规模、限制 LSA 信息的扩散、加快收敛，增强了 OSPF 协议网络的稳定性。

3.5.2 划分 OSPF 协议区域方法

1. OSPF 协议划分区域原则

把一个大的 OSPF 协议区域划分成多个小的区域时，需要遵循以下几个原则。

（1）按照地理区域、行政单位划分。

多区域的 OSPF 协议网络主要应用于广域网系统覆盖的网络场景，网络建设需要跨市、跨省，甚至遍布全国。面对这样一个庞大的 OSPF 协议网络，较简单的区域划分原则是根据各台路由器所在的地理区域、行政单位来划分区域。

（2）按照路由器性能划分。

按照在 OSPF 协议网络中承担路由计算和传播的路由器性能的不同，可将一台接入 OSPF 协议网络中的路由器相应的分为低、中、高 3 个档次。在 OSPF 协议网络的区域划分中，通常将一台高端路由器下面连接的多个中端或低端路由器划分在一个区域中，并合理选择区域边界路由器（Area Border Router，ABR）。

（3）按照 IP 网段划分。

在 OSPF 协议网络规划中，按照网络规划的 IP 网段将网络划分成多个不同子网，再根据子网段来划分 OSPF 协议区域。例如，将同一标准网络下的各个子网（如 172.16.0.0/18）划分为一个区域。这样划分的好处是便于在 ABR 上配置路由汇总，减少网络中路由信息数量。

（4）按区域中路由器数量划分。

在 OSPF 协议的网络规划中，一个区域中最好不要超过 50 台路由器，可按照这样的数量要求进行区域划分。随着路由器 CPU 处理速度的加快及内存容量的增大，有测试表明，一个区域即使容纳多达 200 台路由器，也可以实现非常快速的收敛。

2. 层次化网络区域设计方法

默认情况下，OSPF 协议网络都连接在骨干区域。在实际规划中，OSPF 协议的网络设计要求层次化，通常采用两层结构：骨干区域（Transit Area/Backbone Area）和常规区域（Regular Areas/Nonbackbone Areas）。如图 3-37 所示，Area 0 为骨干区域，Area 1、Area 2 和 Area 3 为常规区域。

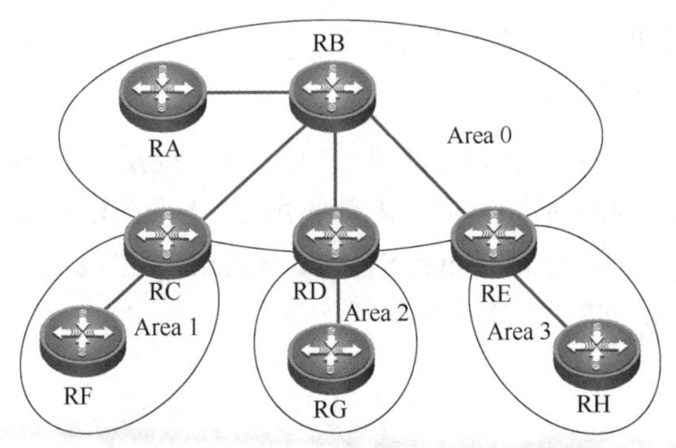

图 3-37 OSPF 协议区域呈现两层结构

常规区域的主要功能就是连接用户网络，常规区域必须与骨干区域相连，通过骨干区域连接其他区域。骨干区域负责 OSPF 协议网络中所有常规区域之间的链路信息的传递。

当一个区域内的路由信息需要对外广播时，必须先传递给 Area 0（骨干区域），再由 Area 0 向其余区域转发。一个常规区域不允许直接和另外一个常规区域通信，必须通过 Area 0 进行中转，因此，Area 0 也称为中转区域。

在 OSPF 协议区域设计上，常规区域必须与骨干区域直接相连，如果一个常规区域和骨干区域不相连，则需要使用虚链路技术实现通信。

3. 层次化 OSPF 协议区域的特征

图 3-38 所示的 OSPF 协议层次化的网络区域设计中，所有常规区域都与骨干区域（Area 0）相连，表现出如下优点。

（1）减少了路由选择表条目。

（2）将区域内拓扑变化的影响限制在本地。

（3）将 LSA 扩散限制在区域内，隔离了 LSA 泛洪的区域。

在 OSPF 协议网络规划中，建议每个区域中部署的路由器的数量为 50 台到 100 台。

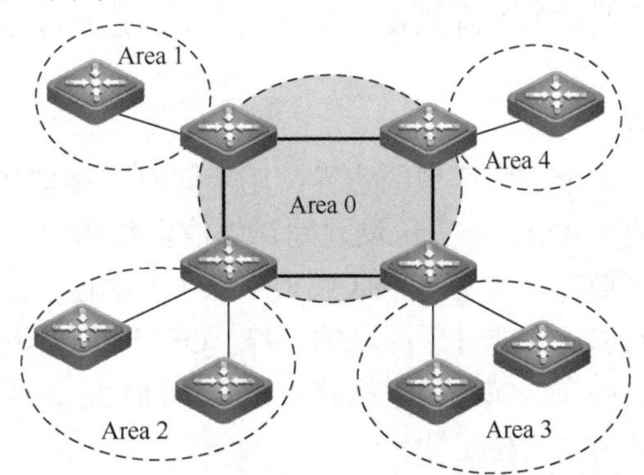

图 3-38 OSPF 协议层次化的网络区域设计

4. OSPF 协议区域的标识方法

OSPF 协议区域通过一个 32 位的区域 ID（Area ID）标识不同区域。区域 ID 可以表示成一个十进制数字，也可以表示成一个点分十进制数字。通常使用十进制方式表示区域 ID。例如，区域 0 和区域 0.0.0.0 等同，区域 16 和区域 0.0.0.16 等同。

3.5.3 OSPF 协议区域以及路由器类型

1. OSPF 协议中的路由器类型

在 OSPF 协议的层次化网络区域规划中，工作在不同层中的不同类型的路由器实现的功能不同，通常路由器有 4 种不同类型：内部路由器（Internal Router，IR）、区域边界路由器、自治系统边界路由器（Autonomous System Boundary Router，ASBR）和骨干路由器（Backbone Router，BR），如图 3-39 所示。

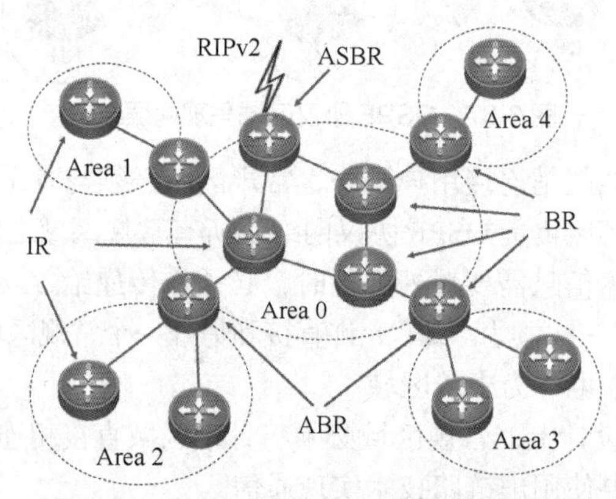

图 3-39 OSPF 协议区域中的路由器类型

（1）内部路由器。

内部路由器中的所有接口都属于同一个区域。这些路由器不与其他区域相连，会维护所在区域内部的 LSDB。内部路由器不与其他区域内的路由器交换 LSA，如果需要，只能通过区域边界路由器转发。

同一区域内部的 OSPF 协议路由器共享 LSA 信息，把 LSA 报文泛洪到区域内每一台路由器上，可使用任意可用链路转发 LSA。OSPF 协议区域内部拓扑信息不会被传输到区域边界之外，网络内路由收敛的过程只发生在区域内部，这种收敛方式既能加速收敛，又能增加网络的稳定性。

（2）区域边界路由器。

区域边界路由器位于两个互联区域的边界，用于同时连接多个不同区域。区域边界路由器可以维护多个区域的 LSDB，作为区域之间路由信息共享的"中间人"。在 OSPF 协议的区域规划中，所有的区域都必须与骨干区域（Area 0）相连，因此，区域边界路由器至少有一个连接到骨干区域和一个非骨干区域的接口。OSPF 协议支持在 ABR 上对常规区域内中的多条特征相同的路由在区域边界进行路由汇总，路由汇总不但可以减小区域内的路由表规模，而且可以提高网络的稳定性。

（3）骨干路由器。

骨干路由器指在骨干区域（Area 0）内的路由器，至少有一个接口和骨干区域相连，这些路由器只维护骨干区域（Area 0）中的 LSDB 信息。按照 OSPF 协议区域规划要求，所有非骨干区域之间的 LSA 信息都通过骨干区域（Area 0）中转。

（4）自治系统边界路由器。

自治系统边界路由器指与其他外部路由域相连的路由器，可在这些路由器上运行多种路由协议，如同时运行 OSPF 协议和 RIP。自治系统边界路由器在 OSPF 协议路由自治域的边界，能将其他路由协议（如 RIP）路由通过路由重发布方式引入到 OSPF 协议路由中，也能将 OSPF 协议路由域通过路由重发布方式，传输给其他不同的路由自治系统，实现不同自治系统路由域之间的连通。

表 3-4 所示为 OSPF 协议中的路由器类型。

表 3-4 OSPF 协议中的路由器类型

路由器类型	含义
IR	该类路由器的所有接口都属于同一个 OSPF 协议区域
ABR	该类路由器可以同时属于两个以上的区域，但其中一个必须是骨干区域。ABR 用来连接骨干区域和非骨干区域，它与骨干区域之间既可以是物理连接，又可以是逻辑连接
BR	该类路由器至少有一个接口属于骨干区域。所有的 ABR 和位于骨干区域的内部路由器都是骨干路由器
ASBR	与其他 AS 交换路由信息的路由器称为 ASBR。ASBR 并不一定位于自治系统的边界，它可能是区域内的路由器，也可能是 ABR

2. OSPF 协议中的区域类型

OSPF 协议通过将自治系统划分成不同的区域解决了 LSDB 频繁更新的问题，提高了网络的利用率。区域是从逻辑上将路由器划分为不同的组，每个组用区域号（Area ID）来标识。区域的边界是路由器，而不是链路。一个链路（网段）只能属于一个区域，或者说每个运行 OSPF 协议的接口必须指明属于哪一个区域。

OSPF 协议的区域类型包括骨干区域、常规区域、Stub 区域、NSSA，如表 3-5 所示。

表 3-5 OSPF 协议的区域类型

区域类型	作用
骨干区域	连接所有其他 OSPF 协议区域的中央区域，通常用 Area 0 表示。骨干区域负责区域之间的路由
常规区域	所有的非骨干区域都默认为常规区域。默认情况下，所有非骨干区域必须与骨干区域保持连通

续表

区域类型	作用
Stub 区域	Stub 区域是特定的常规区域，Stub 区域的 ABR 不传播它们接收到自治系统外部路由，这些区域中路由器的路由表规模以及路由信息传递数量会大大减少。一般情况下，Stub 区域位于自治系统边界，是只有一台 ABR 的非骨干区域。其中，骨干区域不能配置为 Stub 区域。Stub 区域内不能存在 ASBR，自治系统外部路由不能在本区域内传播。虚连接不能穿过 Stub 区域
NSSA	NSSA 是 Stub 区域的一个变形。NSSA 允许引入自治系统外部路由，携带外部路由信息的 Type 7 LSA 由 NSSA 的 ASBR 产生，仅在本 NSSA 内传播

3.6 OSPF 协议网络类型

OSPF 协议是基于接口的动态路由协议，因此，OSPF 协议的网络类型实际上指的是接口类型。如果二层接口上封装以太网数据链路层协议，则该接口上的 OSPF 协议网络类型就是 Broadcast。如果二层接口上封装 HDLC 或 PPP 数据链路层协议，则该接口上的 OSPF 协议网络是点到点网络。

在不同接口、不同网络类型下，OSPF 协议学习路由方式不尽相同。下面使用“show ip ospf interface”命令查看接口的网络类型。

```
Router#show ip ospf interface Serial 0/0 // 查看串行接口 Serial 0/0 的网络类型
Serial0/0 is up, line protocol is up
Internet Address 10.1.24. 4/24, Area 1
Process ID 1. Router ID 4.4.4.4, Network Type POINT-TO_POINT, Cost 64
Transmit Delay is 1 sec, State POINT_TO_POINT,
Timer intervals configured, Hello 10, Dead 40, Wait 40, Retransmit 5
oob-resync timeout 40
Hello due in 00: 00: 03
```

在 OSPF 协议学习路由的过程中，共有 4 种网络类型：广播型多路访问网络、非广播型多路访问网络、点到点网络和点到多点网络。根据网络类型的不同，OSPF 协议的工作方式也不同，熟悉 OSPF 协议在各种网络环境下如何工作，对优化 OSPF 协议路由很重要，下面分别进行介绍。

3.6.1 广播型多路访问网络

广播型多路访问（Broadcast Multi-Access，BMA）网络出现在以太网场景中，由于采用以太网广播通信机制，OSPF 协议网络需要进行 DR/BDR 选举，以减少邻居关系计算。所有 DRothers 路由器和 DR/BDR 之间形成完全邻接关系，如图 3-40 所示。

在广播型多路访问网络中，如果每台路由器之间都建立邻居关系，则不仅网络干扰多，还会产生 LSA 的冗余扩散问题。因此，在广播型多路访问网络中，通常需要选举 DR 和 BDR 角色，一来能减少网络中的路由更新数据流，二来能快速实现网络中的链路状态同步。

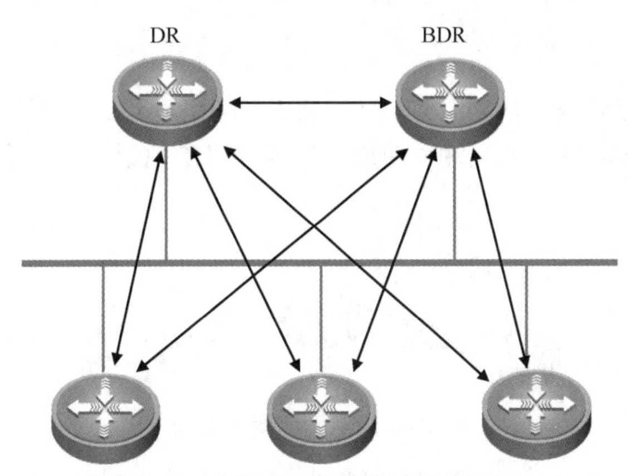

图 3-40 广播型多路访问网络邻接关系

在部署 OSPF 协议网络中新加入一台优先级更高的路由器，不会影响现有 DR/BDR 的身份。只有 DR 出现故障，BDR 升级为 DR 后，才需要重新选举 BDR。

在路由器的接口模式下，可使用如下命令设置 OSPF 协议的优先级，以影响 DR 选举。

```
Router(config-if)#ip ospf priority number
```

其中，*number* 的取值为 0～255，表示接口的 OSPF 协议优先级，默认的优先级为 1。

3.6.2 非广播型多路访问网络

非广播型多路访问网络也广泛应用 OSPF 协议，如帧中继网络、ATM 网络和 X.25 网络。这些类型的网络中也可实现多台设备连接，虽不具备广播功能，但具有多路访问的特点。因此，OSPF 协议在非广播型多路访问网络中也要选举 DR 和 BDR，其选举的过程和机制与广播型多路访问网络相同。图 3-41 所示为 ATM 网络中的非广播型多路访问。在非广播型多路访问网络中，为了顺利建立邻居关系，一般用单播方式发送 Hello 报文。默认情况下，非广播型多路访问网络中 Hello 报文的发送时间间隔和 Dead 时间间隔分别是 30s 和 120s。但非广播型多路访问网络中的邻居之间不能自动发现，需要手动建立一张邻居列表。

在非广播型多路访问网络中使用“peer *x.x.x.x*”命令，采用单播方式来建立邻居关系。

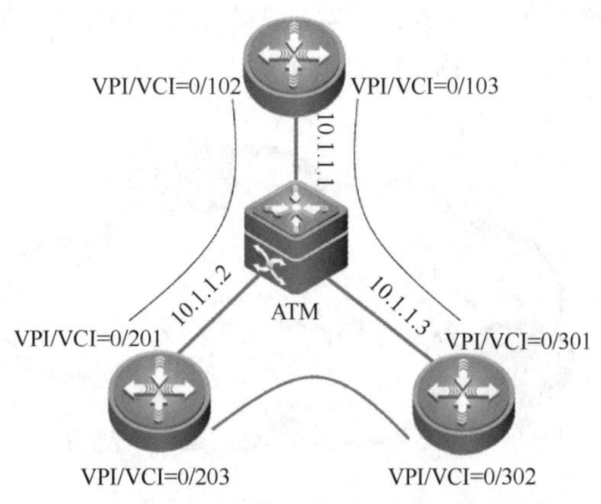

图 3-41 ATM 网络中的非广播型多路访问

3.6.3 点到点网络

OSPF 协议中的点到点（Point-to-Point，P2P）网络场景，一般指一条网络链路上只连接两台设备，使用 WAN 口实现互联，使用 PPP 或者 HDLC 协议进行封装。图 3-42 所示为点到点网络场景。

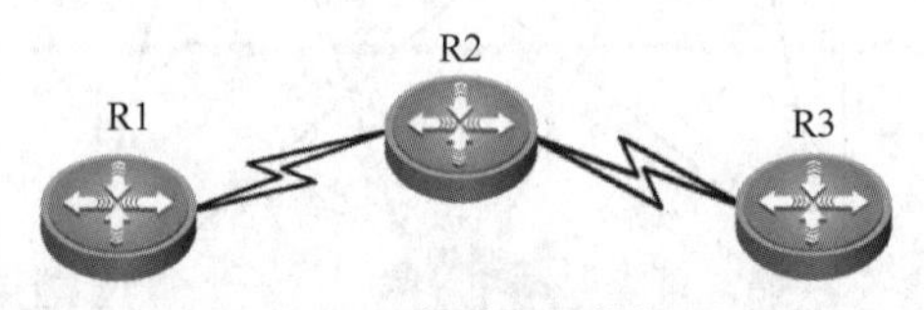

图 3-42 点到点网络场景

在点到点网络的连接中，OSPF 协议将自动检测接口类型。如果两台设备采用点对点的链路连接，则二层接口上采用的封装协议为 PPP、HDLC 等，其相应 OSPF 协议网络类型为 P2P。需要注意的是，在 OSPF 协议中，将帧中继（或 ATM）的点对点子接口也看作点到点网络。如果封装的帧中继子接口类型为 P2P，则 OSPF 协议网络类型也为 P2P。

在点到点网络中，OSPF 协议不需要进行 DR/BDR 选举。邻居通过使用组播地址（224.0.0.5）发送 Hello 报文动态发现邻居。在点到点网络中，Hello 报文默认的发送时间间隔是 10s，Dead 时间间隔是 40s。

3.6.4 点到多点网络

没有一种数据链路层协议会被默认为点到多点（Point-to-Multipoint，P2MP）类型。点到多点必须是由其他的网络类型强制更改的，常用做法是将非全连通的 NBMA 网络改为点到多点网络。

通常，点到多点网络类型根据接口封装自动识别，并需要网络管理员手动配置接口。在这种 OSPF 协议网络场景中，也无须选举 DR 和 BDR 角色，邻居路由器能自动发现。

在点到多点网络类型中，OSPF 协议以组播方式发送 Hello 报文，以单播方式发送其他报文。事实上，没有哪一种网络真正属于点到多点网络，但可以在接口上使用“ip ospf network point-to-multipoint”命令，将接口配置为点到多点网络类型。

图 3-43 所示为点到多点网络场景，不需要选举 DR 和 BDR。在点到多点网络中，Hello 报文默认的发送时间间隔是 30s，Dead 时间间隔是 120s。

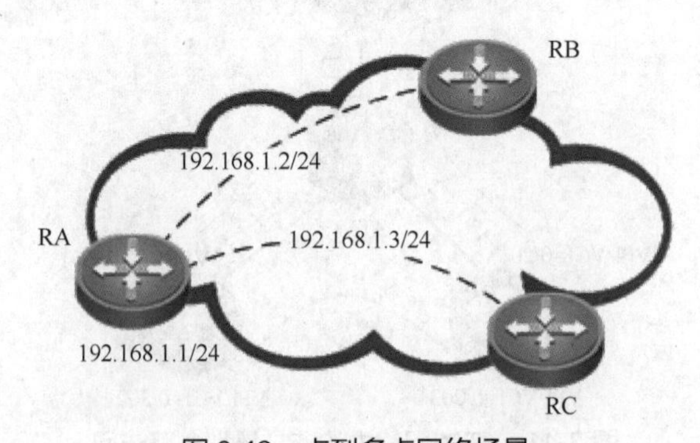

图 3-43 点到多点网络场景

3.6.5 配置 OSPF 协议网络类型

1. 定义 OSPF 协议网络类型

在接口模式下，使用如下命令定义 OSPF 协议网络类型。

```
Router(config-if)#ip ospf network {broadcast|nonbroadcast| point-to-point | point-to-multipoint [ nonbroadcast ] }
```

其中，各参数含义说明如下。

（1）broadcast：将接口配置为广播类型。广播型网络中使用多播 Hello 报文自动发现邻居，并选举 DR/BDR，通常广播网络需要使用全互联的拓扑。

（2）nonbroadcast（NBMA）：将接口配置为 NBMA 类型。NBMA 网络中不支持自动邻居发现，但是需要选举 DR/BDR，并手动配置邻居。

（3）point-to-multipoint：将接口配置为点到多点类型。点到多点是多个点到点链路，支持自动发现邻居，不需要选举 DR/BDR。该网络类型的配置工作简单。

（4）point-to-multipoint nonbroadcast：如果多播和广播没有启用，则不能使用 point-to-multipoint 模式，无法多播 Hello 报文。邻居必须人工指定，不需要选举 DR/BDR。

（5）point-to-point：将接口配置为点到点类型。当只有 2 台路由器的接口要形成邻接关系的时候才使用点到点网络，不需要选举 DR/BDR。

2. 定义 OSPF 协议邻居

在 NBMA 网络类型中，使用如下命令手动指定邻居。

```
Router(config-router)#neighbor ip-address [priority number] [ poll-interval number ]
```

其中，各参数含义说明如下。

（1）*ip-address*：邻居的 IP 地址。

（2）priority *number*：邻居优先级，如果设置为 0，则不参与 DR/BDR 选举。

（3）poll-interval *number*：轮询间隔时间，单位为秒。NBMA 接口发送 Hello 报文给邻居之前等待的时间。

在 NBMA 网络中，需在 DR/BDR 上使用“neighbor”命令。如果是星形拓扑，则“neighbor”命令使用在中心路由器上。在全互联的 NBMA 网络中，应该在所有路由器上都使用“neighbor”命令，除非是手动指定 DR/BDR。

图 3-44 所示为 NBMA 配置示例，在该示例中，把邻居路由器的优先级设置为 0，保证路由器 RA 为 DR。可以使用如下命令完成关键配置。

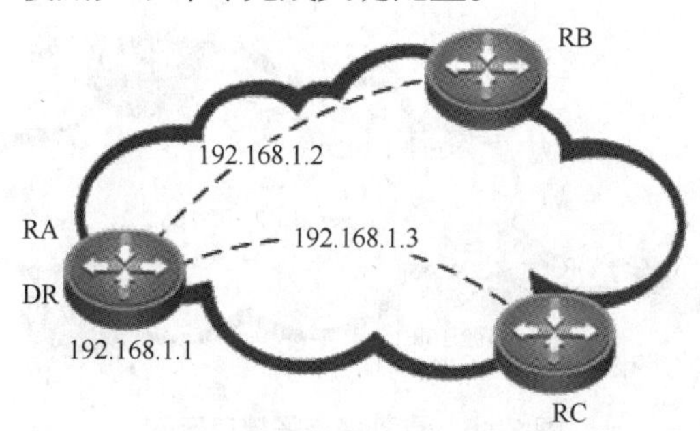

图 3-44 NBMA 配置示例

```
RA(config)#router ospf 10
RA(config-router)#network 192.168.1.0 0.0.0.255 area 0
RA(config-router)#neighbor 192.168.1.2 priority 0
RA(config-router)#neighbor 192.168.1.3 priority 0
```

使用如下命令查看 OSPF 协议邻居信息。

```
RA#show ip ospf neighbor [ type number ] [ neighbor-id ] [ detail ]
```

图 3-45 所示为点到多点网络场景，使用“point-to-multipoint”命令可完成配置。

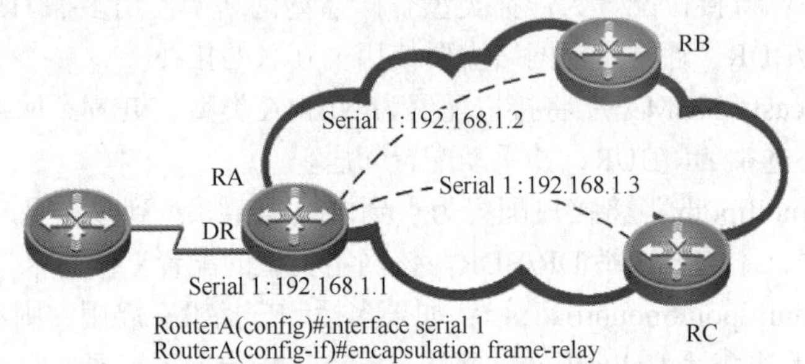

图 3-45　点到多点网络场景

非广播型点到多点（Point-to-Multipoint Nonbroadcast）模式是点到多点模式的扩展，邻居必须手动指定，不选举 DR/BDR。

在某些邻居不能自动发现的场合下，使用如下命令定义子接口（Subinterface）操作。

```
 Router(config)#interface serial number.subinterface-number ] { point-to-point | multipoint }
```

帧中继模式出现在骨干传输网络中，用于完成骨干网络传输，通常有两种帧中继场景。

一种是在点到点的帧中继网络场景中，其子接口的 OSPF 协议模式是点到点。

另一种是在多点的帧中继网络场景中，其子接口的 OSPF 协议模式是 NBMA，帧中继物理接口的 OSPF 协议模式也是 NBMA。

图 3-46 所示为帧中继网络出现在一个点到多点子接口示例，其每条虚拟连接的子接口 VC 都要求配置一个单独的子网。

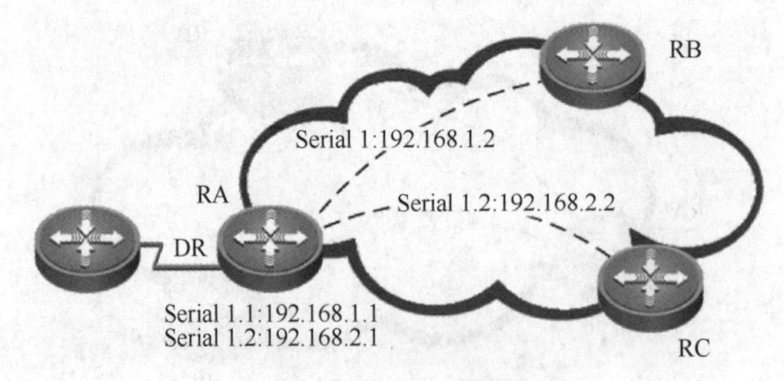

图 3-46　点到多点子接口示例

图 3-47 所示为一个多点子接口网络示例，需要配置第一个子接口 S1.1 为点到点模式。OSPF 协议会把第二个多点子接口 S1.2 当作 NBMA 模式。

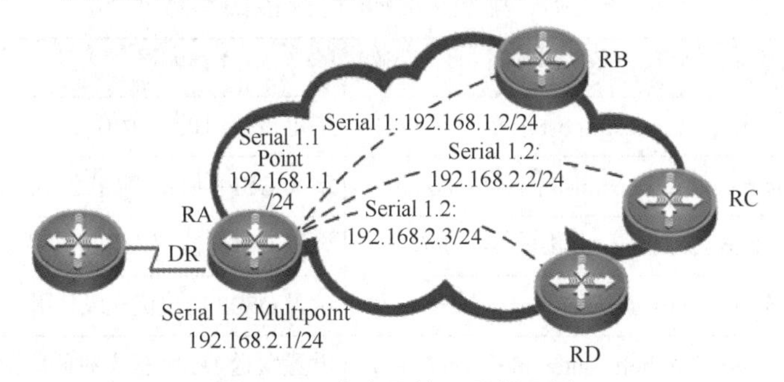

图 3-47　多点子接口网络示例

表 3-6 所示为 OSPF 协议在 NBMA 网络中的拓扑小结。

表 3-6　OSPF 协议在 NBMA 网络中的拓扑小结

OSPF 协议模式	NBMA 拓扑	子网地址	Hello 定时器	邻接关系	范例
NBMA	全互联	相同	30s	手动配置，选举 DR/BDR	配置了帧中继的串行接口
广播	全互联	相同	10s	自动发现，选举 DR/BDR	LAN 接口，如以太网
点到多点	部分互联或星形	相同	30s	自动发现，不需要 DR/BDR	无须 DR 的帧中继 OSPF 协议模式
点到多点非广播	部分互联或星形	相同	30s	手动配置，不需要 DR/BDR	无须 DR 的帧中继 OSPF 协议模式
点到点	部分互联或使用星形子接口	每个子接口各不相同	10s	自动发现，不需要 DR/BDR	T1 串行接口

3.7　OSPF 协议基本配置

1. 配置 OSPF 协议进程

在全局配置模式下，执行以下命令创建 OSPF 协议路由进程，如表 3-7 所示。

表 3-7　创建 OSPF 协议路由进程

步骤	命令	作用
第一步	Router(config)#router ospf *process-id*	创建 OSPF 协议路由进程
第二步	Router(config-router)#network *network wildcard* area *area-id*	定义接口所属区域

2. 配置 OSPF 协议接口参数

OSPF 协议允许更改特定接口参数，并根据实际应用需要设置接口参数。需要注意的是，参数设置必须与该接口相邻路由器的相应参数一致。

在配置接口时，执行以下命令配置 OSPF 协议接口参数，如表 3-8 所示。

表 3-8　配置 OSPF 协议接口参数

命令	作用
Router(config-if)#ip ospf cost *cost*	指定该接口的开销值
Router(config-if)#ip ospf retransmit-interval *seconds*	定义 OSPF 协议链路状态通告重传时间间隔
Router(config-if)#ip ospf transmit-delay *seconds*	设置 OSPF 协议发送一个更新报文的时间
Router(config-if)#ip ospf priority *priority*	设置 OSPF 协议优先级，用于指定路由器的选举
Router(config-if)#ip ospf hello-interval *seconds*	设置发送 Hello 报文时间间隔
Router(config-if)#ip ospf dead-interval *seconds*	设置无效时间间隔，在该时间内如果没有接收到邻居的 Hello 报文，则宣告邻居无效
Router(config-if)#ip ospf authentication-key *key*	设置 OSPF 协议明文认证密钥
Router(config-if)#ip ospf message-digest-key *key-id* md5 *key*	设置 OSPF 协议 MD5 认证密钥

3. 配置 OSPF 协议适应不同物理网络

在配置接口模式下执行以下命令，配置 OSPF 协议网络类型，如表 3-9 所示。

表 3-9　配置 OSPF 协议网络类型

命令	作用
Router(config-if)#ip ospf network {broadcast | non-broadcast | point-to-multipoint[non-broadcast] | point-to-point }	配置 OSPF 协议网络类型

对于不同的网络类型介绍如下。

（1）点到点网络类型：PPP、SLIP、帧中继点到点子接口、X.25 点到点子接口封装。

（2）NBMA 网络类型：帧中继、X.25 封装主接口和点到多点子接口。

（3）广播型网络类型：以太网封装。

（4）默认类型为点到多点网络类型。

4. 配置 RID

OSPF 协议路由器的 RID 唯一标识了网络中的每一台路由器，RID 不能重复，否则可能导致路由计算错误。一旦设置了 RID，就不能更改其值，即使设置 RID 的接口下线，RID 也不会改变，除非重新启动路由器，或者重启 OSPF 协议进程。

使用如下命令配置 RID。

```
Router(config)#router ospf process-id
Router(config-router)#router-id ip-address
```

设置的新 RID 只在下次 OSPF 协议进程中生效，重启路由器或使用“clear ip ospf process”命令重启 OSPF 协议进程，使新配置的 RID 生效。

【技术实践】配置多区域 OSPF 协议网络

【任务描述】

某校园在校区的网络规划中，使用多区域的 OSPF 协议网络实现全校园网络的互联互通。通过配置 OSPF 协议多区域的路由协议，能够实现多区域的路由部署，使不同时间建设的校园网络之间互联互通。

【网络拓扑】

图 3-48 所示为 OSPF 协议多区域连接场景的网络拓扑，通过多路由、多区域实现园区网互联互通。

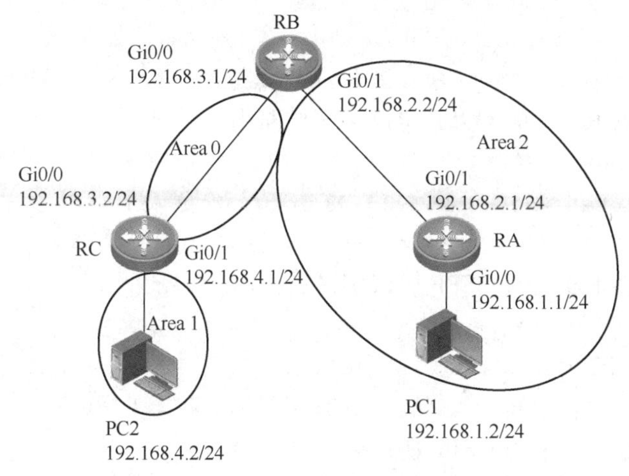

图 3-48 OSPF 协议多区域连接场景的网络拓扑

【设备清单】

路由器（或三层交换机，若干）、网线（若干）、测试计算机（若干）。

【实施步骤】

（1）按照图 3-48 连接设备，搭建园区网多区域 OSPF 协议连接场景。

（2）配置路由器 RA 的地址信息。

```
Ruijie#configure terminal
Ruijie(config)#hostname RA
RA(config)#interface GigabitEthernet 0/1
RA(config-if-GigabitEthernet 0/1)#ip address 192.168.2.1 255.255.255.0
RA(config-if-GigabitEthernet 0/1)#exit
RA(config)#interface GigabitEthernet 0/0
RA(config-if-GigabitEthernet 0/0)#ip address 192.168.1.1 255.255.255.0
RA(config-if-GigabitEthernet 0/0)#exit
```

（3）配置路由器 RB 的地址信息。

```
Ruijie#configure terminal
Ruijie(config)#hostname RB
RB(config)#interface GigabitEthernet 0/1
RB(config-if-GigabitEthernet 0/1)#ip address 192.168.2.2 255.255.255.0
RB(config-if-GigabitEthernet 0/1)#exit
```

```
RB(config)#interface GigabitEthernet 0/0
RB(config-if-GigabitEthernet 0/0)#ip address 192.168.3.1 255.255.255.0
RB(config-if-GigabitEthernet 0/0)#exit
```

（4）配置路由器 RC 的地址信息。

```
Ruijie#configure terminal
Ruijie(config)#hostname RC
RC(config)#interface GigabitEthernet 0/0
RC(config-if-GigabitEthernet 0/0)#ip address 192.168.3.2 255.255.255.0
RC(config-if-GigabitEthernet 0/0)#exit
RC(config)#interface GigabitEthernet 0/1
RC(config-if-GigabitEthernet 0/1)#ip address 192.168.4.1 255.255.255.0
RC(config-if-GigabitEthernet 0/1)#exit
```

（5）配置路由器 RA 上的 OSPF 协议多区域路由。

```
RA(config)#route ospf
RA(config-router)#network 192.168.2.0 0.0.0.255 area 2
RA(config-router)#network 192.168.1.0 0.0.0.255 area 2
```

（6）配置路由器 RB 上的 OSPF 协议多区域路由。

```
RB(config)#route ospf
RB(config-router)#network 192.168.3.0 0.0.0.255 area 0
RB(config-router)#network 192.168.2.0 0.0.0.255 area 2
```

（7）配置路由器 RC 上的 OSPF 协议多区域路由。

```
RC(config)#route ospf
RC(config-router)#network 192.168.4.0 0.0.0.255 area 1
RC(config-router)#network 192.168.3.0 0.0.0.255 area 0
```

（8）查看路由器 RA、RB 和 RC 的路由表。

```
RA#show ip route
……
RB#show ip route
……
RC#show ip route
……
```

【认证测试】

1. 以下属于距离矢量协议的是（　　）。【选 3 项】

   A. RIPv1　　B. OSPF 协议　　C. RIPv2　　D. IGP　　E. BGP

2. 路由协议根据路由条目计算方式可分为（　　）。【选 2 项】

   A. 距离矢量协议　　B. 有类路由协议

   C. 链路状态路由协议　　D. 外部网关协议

   E. 无类路由协议

3. 下列关于 OSPF 协议的说法正确的是（　　）。【选 3 项】
   A. OSPF 协议使用组播方式发送 Hello 报文
   B. OSPF 协议支持到同一目的地址的多条等价路径
   C. OSPF 协议是一种基于链路状态算法的外部网关路由协议
   D. OSPF 协议在 LAN 环境中需要选举 DR 和 BDR
4. 下列选项中属于 OSPF 协议优点的是（　　）。【选 2 项】
   A. 收敛快　　B. 不占用链路带宽
   C. SPF 算法保证无环路　　D. 最多支持 15 个路由器的网络
5. 下列选项中属于 OSPF 协议报文的是（　　）。【选 2 项】
   A. Hello　　B. DBD　　C. LSA　　D. LSAck　　E. LSDB

单元 4 优化 OSPF 动态路由技术

【技术背景】

随着园区网的规划扩大，接入网络中的设备增多，使用基于链路状态路由算法的 OSPF 协议的系统开销较大，运行 OSPF 协议的设备上的路由计算开销也会增加，会严重地影响网络传输效率。

OSPF 协议配置是否合理决定了园区网运行的稳定性，在使用 OSPF 协议构建的园区网中，可通过划分 OSPF 协议区域、路由汇总、更改网络类型等多种 OSPF 协议路由优化技术来缩小 LSA 泛洪的范围，优化路由表，构建一个稳定、可靠的园区网。

图 4-1 所示为 OSPF 协议路由优化场景。

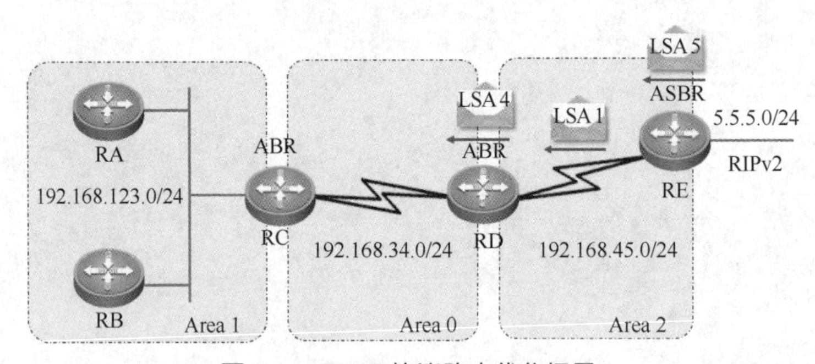

图 4-1 OSPF 协议路由优化场景

【学习目标】

1. 了解 OSPF 协议路由传输中 LSA 的类型。
2. 会配置 OSPF 协议路由汇总。
3. 理解 OSPF 协议特殊区域的应用。
4. 会配置 OSPF 协议虚链路。
5. 会配置 OSPF 协议安全认证。

【技术要点】

在 OSPF 协议网络中，链路状态信息由不同类型的 LSA 传播，实现在不同的 OSPF 协议网络区域中泛洪。随着 OSPF 协议网络规模的扩大，在网络中泛洪的 LSA 越来越多，严重影响了 OSPF 协议链路的传输效率，故应综合考虑各种 LSA 类型在不同的 OSPF 区域中的传播特征和传播范围，实现 OSPF 路由协议传输效率的优化。

4.1 LSA 类型

为了优化 OSPF 协议路由的工作效率，可通过划分区域的方式优化 OSPF 协议。区域中有多种不同的路由器类型，不同路由器传播 LSA 的类型不同，LSA 的集合形成 LSDB。

1. LSA 类型介绍

OSPF 协议中共有 11 种类型的 LSA，常见的有 1 类 LSA、2 类 LSA、3 类 LSA、4 类 LSA、5 类 LSA、7 类 LSA。其功能如表 4-1 所示。

表 4-1 OSPF 协议网络中常见的 LSA 类型

类型	描述
1 类 LSA 路由器 LSA	1 类 LSA 是任何一台 OSPF 协议路由器都会产生的，只在区域内传播，包括路由器自身拓扑信息和路由信息。每一个 OSPF 协议接口都有自己的链路状态，但每台 OSPF 协议路由器只能产生一条 1 类 LSA，即使有多个 OSPF 协议接口，也只有一条 1 类 LSA，因为所有 OSPF 协议接口的链路状态都被打包成一条 1 类 LSA 进行发送
2 类 LSA 网络 LSA	2 类 LSA 只有在需要选举 DR/BDR 的网络中才会产生，且只由 DR 产生，其包括 DR 的相连的所有网络信息，只在区域内传播。BDR 没有权利产生 2 类 LSA，2 类 LSA 与 1 类 LSA 没有任何关联，没有任何依存关系，是相互独立的
3 类 LSA 网络汇总 LSA	3 类 LSA 是将一个区域的 LSA 发向另一个区域时的汇总。ABR 就用于对 1 类 LSA 进行汇总，通告区域内路由器来自区域外的路由条目。1 类 LSA 被 ABR 汇总后再发到另一个区域中就变成 3 类 LSA。3 类 LSA 是 1 类 LSA 的缩略版
4 类 LSA ASBR 汇总 LSA	4 类 LSA 由 ABR 产生，用来广播 ASBR 的位置。其包含 ASBR 的 RID，只要不是 ASBR 所在的区域，都需要 ABR 发送 4 类 LSA 来告知如何去往 ASBR
5 类 LSA AS 外部 LSA	5 类 LSA 是外部重发布路由信息到 OSPF 协议中时由 ASBR 产生的，通告来自外部的路由信息到 OSPF 协议中，使用 Stub 区域可限制此类 LSA 传播
7 类 LSA NSSA 外部 LSA	NSSA 可以将外部路由信息重发布到 OSPF 协议中，NSSA 不是一般的常规区域，在 NSSA 将外部路由信息重发布到 OSPF 协议中时，链路通告的 LSA 使用类型 7 来表示。7 类 LSA 由 NSSA ASBR 产生，7 类 LSA 只能在 NSSA 内传递。如果要传递到 NSSA 之外的区域，则需要同时连接 NSSA 与其他区域的 ABR，将 7 类 LSA 转变成 5 类 LSA 后再转发

2. LSA 报头格式

所有 LSA 类型都使用通用的头部封装格式，通过 LSA 报头唯一标识。其中，每个 LSA 报头长度为 20 字节，内容包括 LSA 类型、链路状态 ID 及通告路由器 ID 等信息。每个 LSA 报头都附加在标准的 24 字节 OSPF 协议报头后面。

图 4-2 所示为标准的 LSA 报头格式。

LS age	Options	LS type
Link state ID		
Advertising router		
LS sequence number		
LS checksum	Length	

图 4-2　标准的 LSA 报头格式

LSA 报头格式中包含的各项参数如下。

（1）LS age：老化时间，指从发出 LSA 后所经历的时间，以秒为单位。

（2）Options：标志位，标识 OSPF 协议网络提供的各种可选服务。

（3）LS type：LS 类型，指出此 LAS 是 5 种 LSA 类型中的哪一种。

（4）Link state ID：链路状态 ID，指明 LSA 描述的特定网络区域。

（5）Advertising router：通告路由器。

（6）LS sequence number：LSA 序列号，当 LSA 有新报文产生时，这个序列号会加 1。路由器通过比对序列号识别最新 LSA 报文信息。序列号越大，报文越新。

（7）LS checksum：LS 校验和检查 LSA 在传输到目的地的过程中是否受到破坏。

（8）Length：通知接收方 LSA 长度（字节）。

每条 LSA 都具有 3 个共同特征：LSA 传播范围、LSA 由谁通告、LSA 包含内容。

4.1.1　1 类 LSA：路由器 LSA

1 类 LSA 是路由器 LSA，描述了每台路由器的连接区域、接口状态和开销，如图 4-3 所示。

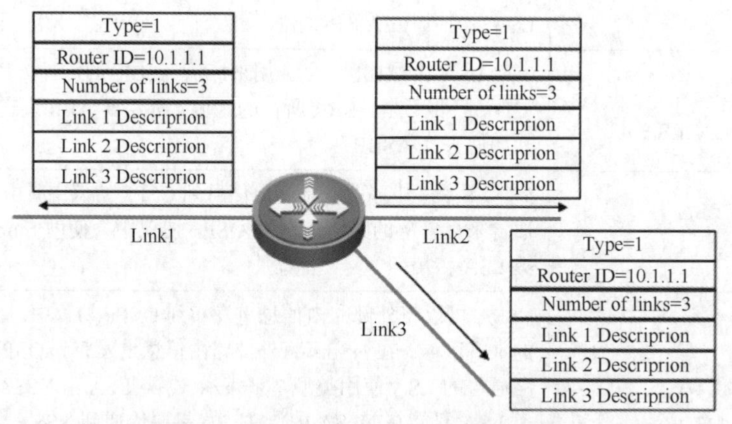

图 4-3　1 类 LSA 在区域内发布链路状态

每台路由器都可产生一个 1 类 LSA 通告，以列出路由器的所有链路或接口，指明它们的状态、每条链路的代价、该链路上的所有 OSPF 邻居。另外，1 类 LSA 也会指出路由器是 ABR 还是 ASBR。

图 4-4 所示为 1 类 LSA 通告只在区域内发布。1 类 LSA 只在一个特定区域内部传播，不会穿越 ABR。其中，1 类 LSA 报文中的关键信息参数如下。

（1）LSA 传播范围：本域内传递，不穿越 ABR。

（2）LSA 路由器：本路由器的 RID。

（3）LSA 链路状态 ID：本路由器的 RID。

（4）LSA 包含的内容：本路由器的直连邻居，以及直连接口的信息。

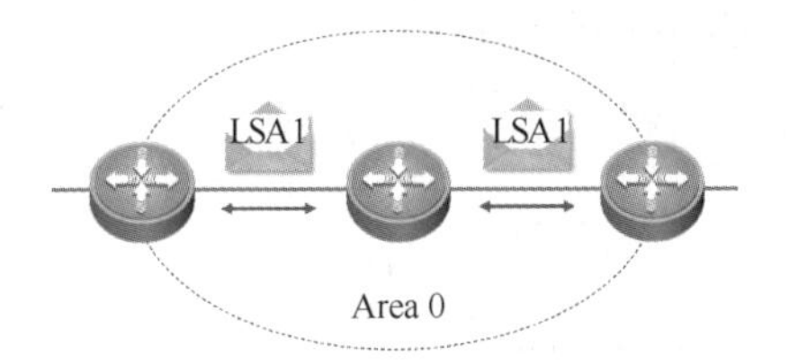

图 4-4　1 类 LSA 通告只在区域内发布

每台 OSPF 协议路由器都会生成 1 类 LSA，可使用“show ip ospf database router”命令查看 LSDB 中 1 类 LSA 的详细信息。

```
Router#show ip ospf database router 20.1.2.1
            OSPF Router with ID (20.1.2.1) (Process ID 10)
            Router Link States (Area 0.0.0.0)
  LS age: 1004       // 老化时间
  Options: 0x2 (*|-|-|-|-|-|E|-)
  Flags: 0x1 : ABR
  LS Type: router-LSA     // 1类路由 LSA
  Link State ID: 20.1.2.1         // 产生该链路通告的 RID
  Advertising Router: 20.1.2.1   // 通告路由器 RID
  LS Seq Number: 8000000a    // 序列号，每次更新即加 1
  Checksum: 0x03d2
  Length: 48
   Number of Links: 2        // 连接本区域的接口，存在 2 条链路信息
   Link connected to: a Transit Network
   (Link ID) Designated Router address: 10.1.1.1    // DR 的接口 IP 地址
   (Link Data) Router Interface address: 10.1.1.2
              // 连接到这个多路访问网络的本地接口 IP 地址
   Number of TOS metrics: 0
TOS 0 Metric: 1   // 接口的 Cost=1
……
```

4.1.2　2 类 LSA：网络 LSA

在广播型多路访问网络环境中，为减少网络中路由器之间的广播，会选举 DR/BDR，所有 DRothers 路由器只能和 DR 及 BDR 建立邻接关系。

2 类 LSA 仅存在多路访问网络中，由 DR 发送，以描述多路访问网络中的一组路由器，包括链接的链路状态 ID 等，如图 4-5 所示。

2 类 LSA 是网络 LSA，只有 DR 才会生成。因此，只在广播型多路访问网络和非广播型多路访问网络中才会出现 2 类 LSA。如图 4-6 所示，2 类 LSA 也仅仅在区域内传播，不会穿越 ABR。

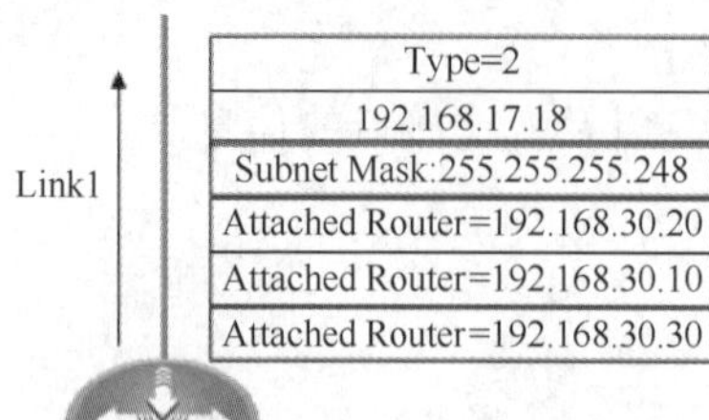

图 4-5　多路访问网络中的 DR 通告 2 类 LSA

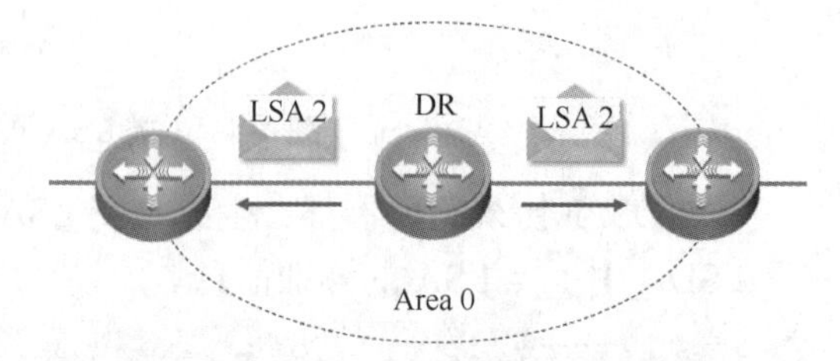

图 4-6　2 类 LSA 由 DR 在区域内通告的范围

其中，2 类 LSA 报文中的关键信息参数如下。

（1）LSA 传播范围：本域（以太网络连接域）内传递，不穿越 ABR。

（2）LSA 路由器：DR 的 RID。

（3）LSA 链路状态 ID：DR 的接口 IP 地址。

（4）LSA 包含的内容：多路访问网络中路由器以及本网掩码信息和 DR 本身的 RID。

使用“show ip ospf database network”命令查看 2 类 LSA 的详细信息。

```
Router#show ip ospf database network   // 显示本区域中网络的 LSA 信息
            OSPF Router with ID (20.1.2.1) (Process ID 10)
            Network Link States (Area 0.0.0.0)
LS age: 1078
Options: 0x2 (*|-|-|-|-|-|E|-)
LS Type: network-LSA
Link State ID: 10.1.1.1 (address of Designated Router)
// DR 接口 IP 地址为链路状态 ID
Attached Router: 10.1.1.1
Attached Router: 20.1.2.1
              Network Link States (Area 0.0.0.10)
LS age: 1627
Options: 0x2 (*|-|-|-|-|-|E|-)
LS Type: network-LSA
Link State ID: 10.1.2.2 (address of Designated Router)
Advertising Router: 20.1.3.1    // 本区域通告路由器 ID
LS Seq Number: 80000006
Checksum: 0xb14a
Length: 32
Network Mask: /24     // 本网的子网掩码信息
Attached Router: 20.1.3.1
Attached Router: 20.1.2.1
```

4.1.3 3 类 LSA：网络汇总 LSA

在 OSPF 多区域的网络部署中，从一个非骨干区域到一个骨干区域时，需要通过 ABR 连接。其中，1 类 LSA、2 类 LSA 解决了区域内路由的计算问题，如果路由器需要访问其他的 OSPF 区域，则可以借助 3 类 LSA 进行 OSPF 区域之间的路由计算。

图 4-7 所示的 3 类 LSA 是网络汇总 LSA，由 ABR 生成。3 类 LSA 描述了区域外部路由信息。某一区域内收到的 3 类 LSA 都由该区域的 ABR 生成。这里的汇总和路由汇总是完全不同的概念。

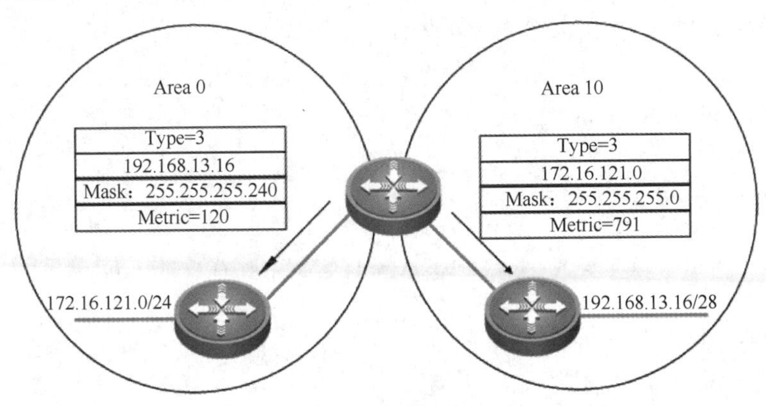

图 4-7 3 类 LSA

ABR 在 OSPF 协议网络中发送 3 类 LSA，将一个区域内的链路信息通告给其他区域。之所以把 3 类 LSA 称为网络汇总 LSA，是因为 OSPF 协议支持在 ABR 上进行路由归纳，对某一区域进行路由汇总后，再通告到其他区域中。

ABR 可同时连接两个以上区域（其中必须有骨干区域），知晓不同区域内的 1 类 LSA、2 类 LSA。ABR 将某个区域内的 1 类 LSA 或 2 类 LSA 归纳生成 3 类 LSA，并将其泛洪到其他区域，解决了区域之间的路由计算问题。

图 4-8 所示为 ABR 在区域之间传播 3 类 LSA 的场景。区域内路由器收到 ABR 泛洪过来的 3 类 LSA 后，不再使用 SPF 算法重新计算路由，只加上到达 ABR 的开销和 3 类 LSA 中的通告开销，即可生成外部路由表条目。

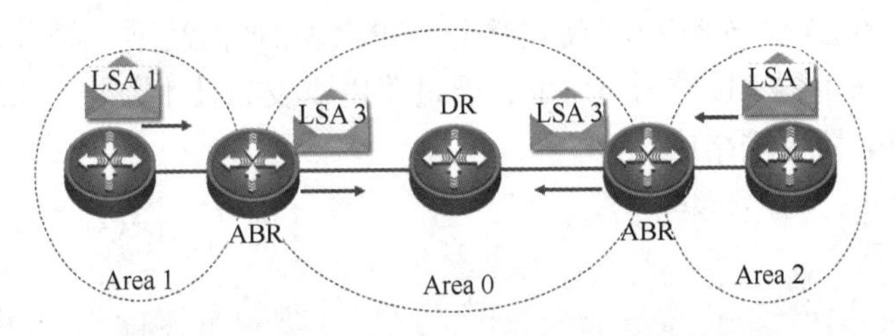

图 4-8 ABR 在区域之间传播 3 类 LSA 的场景

其中，3 类 LSA 报文中的关键信息参数如下。

（1）LSA 传播范围：域间路由，能泛洪到整个 AS 中，始发路由器除外。

（2）LSA 路由器：ABR 的 RID（经过一个 ABR，就会改为这个 ABR 的 RID）。

（3）LSA 链路状态 ID：网络号。

（4）LSA 包含的内容：本区域中的路由信息，包括网络号和子网掩码。

使用“show ip ospf database summary”命令查看 3 类 LSA 信息。

```
Router#show ip ospf database summary
            OSPF Router with ID (20.1.2.1) (Process ID 10)
                Summary Link States (Area 0.0.0.0)
  LS age: 1449
  Options: 0x2 (*|-|-|-|-|-|E|-)
  LS Type: summary-LSA
  Link State ID: 10.1.2.0 (summary Network Number)
// 传递到该区域中，网络号作为链路状态 ID
  Advertising Router: 20.1.2.1          // ABR 的 Router ID
  LS Seq Number: 80000007
  Checksum: 0xf33d
  Length: 28
  Network Mask: /24
  TOS: 0  Metric: 1
                Summary Link States (Area 0.0.0.10)
  LS age: 489
  Options: 0x2 (*|-|-|-|-|-|E|-)
  LS Type: summary-LSA
  Link State ID: 10.1.1.0 (summary Network Number)
  Advertising Router: 20.1.2.1
  LS Seq Number: 8000000d
  Checksum: 0xf239
  Length: 28
  Network Mask: /24
  TOS: 0  Metric: 1
```

4.1.4 5 类 LSA：AS 外部 LSA

如果需要学习到 AS 的外部路由，则 OSPF 协议路由使用路由重发布技术，将外部路由注入 OSPF 协议网络中。自治域外部路由通告通过 ASBR 路由器，使用路由重发布到 OSPF 协议网络中，产生 5 类 LSA。5 类 LSA 将在整个 OSPF 协议域内泛洪（除 Stub 区域外）。

图 4-9 所示的路由器 RE 作为 ASBR，通过路由重发布技术，将 5.5.5.0/24 这条 RIPv2 路由重发布到 OSPF 协议网络中。

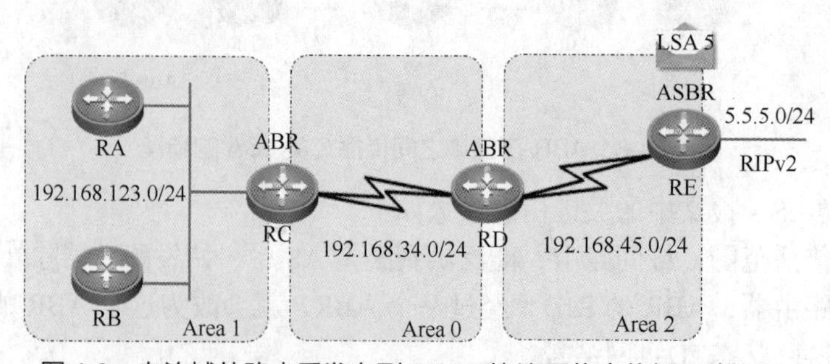

图 4-9 自治域外路由重发布到 OSPF 协议网络中传播 5 类 LSA

作为 ASBR 的路由器 RE 会产生一个描述外部路由的 5 类 LSA，描述外部路由 5.5.5.0/24 信息，其链路状态 ID 为外部网络地址。

5 类 LSA 由 ASBR 产生，是描述 AS 外部路由信息 LSA，描述了前往 OSPF 协议路由的自治域外部网络中的路由，它们通告 OSPF 协议 AS 外部网络，包括到达外部网络的默认路由。

AS 外部 LSA 可以泛洪到 OSPF 协议域中的所有非末节区域中。

其中，5 类 LSA 报文中的关键信息参数如下。

（1）LSA 传播范围：域外路由，不属于某个区域，一个 LSA 即一条路由信息。

（2）LSA 路由器：ASBR 的 RID，通告路由器不会发生改变。

（3）LSA 链路状态 ID：网络号。

（4）LSA 包含的内容：将外部 AS 传递进来，包含域外的路由信息。

在 ABR 上使用“show ip ospf database external”命令查看 5 类 LSA 的详细信息。

```
RD#show ip ospf database external
OSPF Router with ID (4.4. 4. 4)(Process ID 1)
Type-5 As External Link States
Routing Bit Set on this LSA
LS age: 584
Options: (No Tos-capability, DC)
LS Type: AS External Link
Link State D: 5.5.5.0 ( External Network Number )   // OSPF 协议 AS 外部网络号
Advertising Router 5.5.5.5
// ASBR 的 RID，通告路由器不会发生改变
LS Seg Number: 80000002
Checksum: OX9AE1
Length: 36
Network Mask: /24    // 外部路由掩码
Metric Type: 2 ( Larger than any link state path )
// 即 O E2，外部路由 Metric Type
TOS: 0
Metric: 20    // Metric 在重发布的时候确定
Forward Address: 0.0.0.0/* 转发地址是指到达所通告的目的地的数据包应该被转发到的地
址。如果转发地址为 0.0.0.0，那么数据包将被转发到始发的 ASBR 上*/
External Router Tag : 0
```

需要注意的是，OSPF 协议其他区域中的路由器仅通过 5 类 LSA 并不能正确转发数据包，因为它们并不知道到达 ASBR 的路径。

此时，4 类 LSA 能辅助 5 类 LSA，使其他区域中的路由器知道如何到达 ASBR，即先把数据包转发给下一跳即可。4 类 LSA 的作用即在此：把 ASBR 的 RID 传播到其他区域中，让其他区域中的路由器得知 ASBR 的位置。

4.1.5 4 类 LSA：ASBR 汇总 LSA

4 类 LSA 是 ASBR 汇总 LSA，仅当区域中有 ASBR 时，ABR 才会生成 4 类 LSA，并

提供一条前往该 ASBR 的路由。

图 4-10 所示为在 ABR 上生成的 4 类 LSA，并在 OSPF 协议域中泛洪。

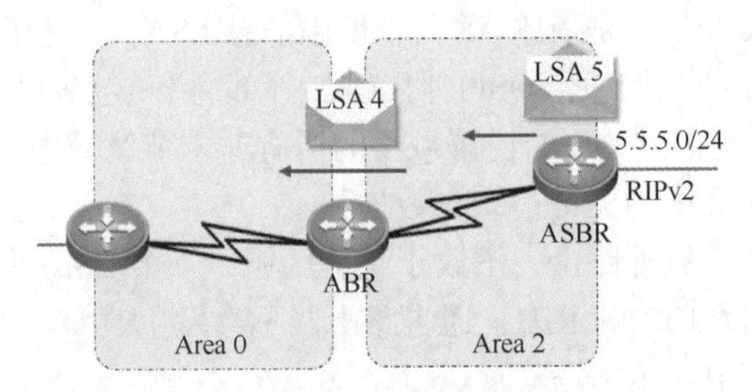

图 4-10　ABR 生成的 4 类 LSA

ASBR 作为域边界路由器，可将外部路由信息通过路由重发布方式，注入 OSPF 协议域中。4 类 LSA 描述了 ASBR 的位置，即告诉其他路由器，当要将数据发送到 OSPF 协议网络以外的目的地时，需要使用哪个出口。

需要注意的是，在 ASBR 直连的区域内，不会产生 4 类 LSA。因为 ASBR 会发出 1 类 LSA，其中会指明自己是 ASBR。如果需要生成 4 类 LSA，则需要同时具备以下 3 个条件，才能使 OSPF 协议内部的路由器了解外部非 OSPF 协议路由。

① 外部网络中路由在 OSPF 协议网络中传递，ASBR 实施路由重发布。

② 外部路由通过重发布注入，且都采用 O E2 形式，外部路由以 5 类 LSA 方式传播。

③ 同一区域内部路由器通过 1 类 LSA 互相学习。

4 类 LSA 是一个指向 ASBR 的 LSA，由和 ASBR 处于同一区域中的 ABR 产生。其中，ASBR 和 ABR 在同一区域内，通过 ASBR 产生 1 类 LSA，以知道该 ASBR 的位置。但是 1 类 LSA 泛洪范围为本区域内，该区域外的路由器如何得知这台 ASBR 的位置呢？这需要借助 4 类 LSA。

图 4-11 所示为多区域 OSPF 协议网络场景，路由器 RE 作为 ASBR，使用路由重发布方式将 RIPv2 路由条目（5.5.5.0/24）重发布到 OSPF 协议网络中。

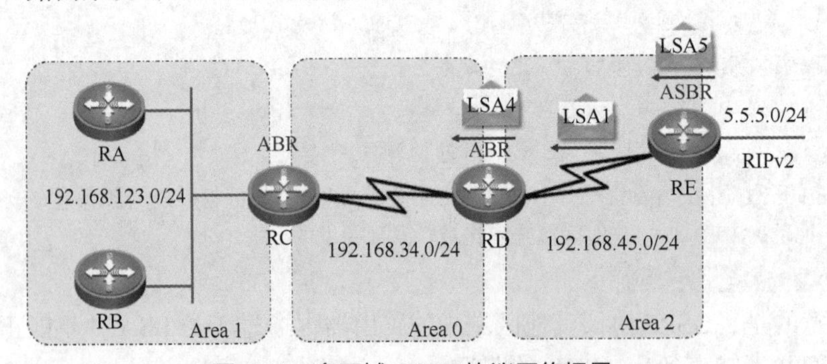

图 4-11　多区域 OSPF 协议网络场景

OSPF 协议网络中的路由器 RA、RB、RC 和 RD 该如何获取 5.5.5.0/24 路由信息呢？

首先，外部 RIPv2 网络中的路由（5.5.5.0/24），在 ASBR 上通过路由重发布技术注入 OSPF 协议网络。

其次，Area 2 中的路由器 RE（作为 ASBR）和路由器 RD（作为 ABR）互相学习路由。路由器 RE 在域内泛洪 1 类 LSA（其中，LSA 报文中的标志 E 位置 1，表示其为 ASBR），同一区域中路由器 RD 学习到路由器 RE（ASBR）的信息。

最后，作为 Area 2 的边界路由器 RD，向 Area 0 传播一条 4 类 LSA（4 类 LSA 链路状态 ID 为 ASBR ID）。该 4 类 LSA 进一步泛洪到其他区域中，其他区域中的路由器 RA、RB、RC 接收该 4 类 LSA，即可了解路由器 RE 的信息。

实际上，4 类 LSA 由 ABR 产生，并告诉与 ASBR 不在同一个区域的其他路由器关于 ASBR 的路由信息。在 ABR 上使用“show ip ospf database asbr-summary”命令查看 4 类 LSA 的详细信息。

```
RD#show ip ospf database asbr-summary
OSPF Router with ID(4.4 4. 4)(Process ID 1)
Summary ASB Link States(Area 0)
LS age. 448
Options: (No Tos-capability, DC, Upward)
LS Type: Summary Links(AS Boundary Router)
Link State ID: 5.5.5.5(AS Boundary Router address)
 // ASBR(连接外部网络的路由器)的 RID
Advertising Router 4.4.4.4      // ABR 的 RID
LS Seg Number 80000002
Checksum: OX9C3A
Length: 28
Network Mask: /0       // 没有实际意义，被设置为 0.0.0.0
TOS: 0 Metric. 64      // 到达 ASBR 的开销
```

需要注意的是，外部路由重发布到 OSPF 协议网络中有以下两种类型。

（1）重发布到 OSPF 协议中的路由默认为 E2 类型，其开销值固定为 20，且传递过程中不会改变。

（2）如果改为 E1 类型，则在传输过程中累加每个入接口上的路径开销。

如果有去往同一目标网络的多条路由，则需要重发布到 OSPF 协议网络中。OSPF 协议在选择外部路由的时候，遵循以下原则：首先，E1 类型优于 E2 类型；其次，在同样的情况下，开销越小越优先；最后，在开销相同的情况下，选择到达 ASBR 的最优路径。

4.1.6 7 类 LSA：NSSA 外部 LSA

7 类 LSA 是一种描述外部路由的 LSA，它是一种特殊的 LSA，只能在配置为 NSSA 的特殊区域中泛洪，不能跨越 NSSA 进入 OSPF 协议的常规区域。

此外，在特殊区域 NSSA 中，能阻挡 5 类 LSA 进入骨干区域（Area 0）。同时，允许 NSSA 中本地始发的外部路由，以 7 类 LSA 形式在本地 NSSA 中泛洪。当 7 类的 LSA 到达 NSSA 区域中的 ABR 时，由 ABR 将 7 类 LSA 转换成 5 类 LSA，并传播到骨干区域（Area 0）中。

图 4-12 所示为将 Area 2 配置为 NSSA，区域外部路由以 7 类 LSA 形态在区域内传播。其到达路由器 RD 时，由路由器 RD 将 7 类 LSA 转换为 5 类 LSA，并传播到骨干区域（Area 0）中。

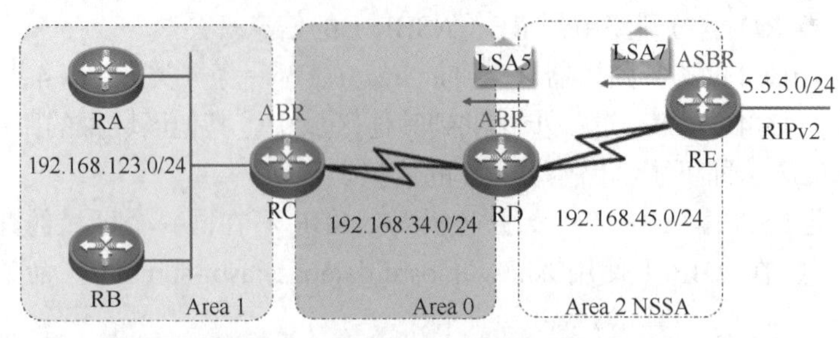

图 4-12　NSSA 内 7 类 LSA 在边界转换为 5 类 LSA

使用“show ip ospf database”命令在 ASBR 上查询 LSDB，如图 4-13 所示，通过路由重发布技术注入到 OSPF 协议网络中的 5.5.5.0/24 外部路由呈现 7 类 LSA 形态。

OSPF Router with ID (5.5.5.5) (Process ID 1)

Router Link States (Area 2)

Link ID	ADV Router	Age	Seq#	Checksum	Link count
4.4.4.4	4.4.4.4	73	0x80000006	0x0048E8	2
5.5.5.5	5.5.5.5	71	0x80000007	0x00E249	2

Summary Net Link States (Area 2)

Link ID	ADV Router	Age	Seq#	Checksum
192.168.34.0	4.4.4.4	83	0x80000004	0x000A4E
192.168.123.0	4.4.4.4	83	0x80000004	0x003DC0

Type-7 AS External Link States (Area 2)

Link ID	ADV Router	Age	Seq#	Checksum	Tag
5.5.5.0	5.5.5.5	75	0x80000001	0x00C90E	0

图 4-13　在 ASBR 上查询 LSDB

在 ASBR 上使用“show ip ospf database nssa-external”命令查看 7 类 LSA 信息。

```
RE#show ip ospf database nssa-external
OSPF Router with ID(5.5.5.5)(Process D 1)
Type-7 AS External Link States(Area 2)
LS age : 144
Options: (No Tos-capability, Type 7/5 translation, DC)
LS Type: AS External Link
Link State ID: 5.5.5.0(External Network Number)
Advertising Router 5.555
LS Seg Number: 80000001
Checksum: 0XC90E
Length: 36
Network Mask: /24
Metric Type: 2(Larger than any link state path)
TOS: 0
Metric: 20
Forward Address: 192.168.45.5
External Route Tag: 0
```

4.1.7 路由表中 OSPF 协议路由类型

表 4-2 所示为 OSPF 协议在路由表中显示的各种路由类型，以及其在路由表中的表示方法。

表 4-2 OSPF 协议在路由表中显示的各种路由类型

提示符	路由类型	描述
O	OSPF 协议区域内路由	路由器所在区域内网络，以路由器 LSA 和网络 LSA 方式通告
O IA	OSPF 协议区域间路由	位于路由器所在区域之外，但在 OSPF 协议自治系统内的网络，以汇总 LSA（3 类、4 类）方式通告
O E1	外部类型 1	位于当前自治系统之外的网络，以外部 LSA 方式被通告，开销为路径累加和
O E2	外部类型 2	位于当前自治系统之外的网络，以外部 LSA 方式被通告，固定开销为 20

其中，OSPF 协议将外部路由分为两类：外部类型 1（O E1）和外部类型 2（O E2）。这两种类型路由的差别是计算路由开销的方法不同。

1. 外部类型 1

外部类型 1 也称为 O E1。O E1 外部路由的路径开销值为外部成本，加上报文经过每条链路的内部成本，如图 4-14 所示。

在 OSPF 协议部署的网络中，当多台 ASBR 将其连接的外部路由通告到 OSPF 协议区域中时，应该使用这种类型，以避免 OSPF 协议网络中发送的次优路径选择。

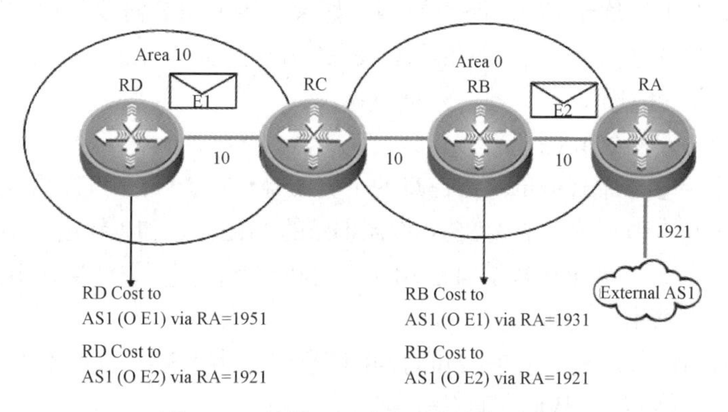

图 4-14 计算 O E1 和 O E2 路由成本

2. 外部类型 2

外部类型 2 也称为 O E2。O E2 外部路由的路径开销值只包含其外部成本。在 OSPF 协议部署的网络中，当只有一台 ASBR，该路由器需要将外部路由通告到 OSPF 协议区域中时，应该使用这种类型，O E2 为默认的 OSPF 协议网络外部路由类型。

在如下示例中，使用 O E2 表示一条外部类型 2 的外部路由。方括号内标识的两个数字[110/20]分别是前往目标网络的管理距离（默认管理距离是 110）和总成本。

```
Router#show ip route
```

```
Codes:  C - connected, S - static,  R - RIP B - BGP
       O - OSPF, IA - OSPF inter area
       N1 - OSPF NSSA external type 1, N2 - OSPF NSSA external type 2
E1 - OSPF external type 1, E2 - OSPF external type 2
       i - IS-IS, L1 - IS-IS level-1, L2 - IS-IS level-2, ia - IS-IS inter
area
       * - candidate default
Gateway of last resort is no set
O IA  10.1.1.0/24 [110/2] via 10.1.2.1, 04:42:44, FastEthernet 0/0
C   10.1.2.0/24 is directly connected, FastEthernet 0/0
C   10.1.2.2/32 is local host.
C   10.1.4.0/24 is directly connected, Loopback 1
C   10.1.4.1/32 is local host.
O IA  20.1.1.1/32 [110/2] via 10.1.2.1, 04:42:44, FastEthernet 0/0
O IA  20.1.2.0/24 [110/1] via 10.1.2.1, 04:42:44, FastEthernet 0/0
C   20.1.3.0/24 is directly connected, Loopback 0
C   20.1.3.1/32 is local host.
O E2 192.168.10.0/24 [110/20] via 10.1.2.1, 00:56:35, FastEthernet 0/0
```

在 OSPF 协议网络中规划外部路由 O E1 或者 O E2 时，需要注意以下几点。

（1）关于 O E1 或者 O E2 路由优选。

O E1 路由类型永远优于 O E2 路由类型。如果一台 OSPF 协议路由器同时学习到去往同一目标网络中的两条外部路由，一条为 O E1，另一条为 O E2，则无论其各自的 Metric 如何，O E1 路由永远优选。

（2）关于 O E1 路由之间的比较。

当本地网络收到多条描述外部路由信息的 1 类 LSA（都是 O E1）时，需要比较每条该 LSA 中携带的 Metric，与本地到达产生该 LSA 的 ASBR 的 Metric 之和（路由表中显示的 Metric），且优选值小的 1 类 LSA。如果比较结果是 Metric 之和相等，则可以产生路由负载均衡。

（3）关于 O E2 路由的比较。

当本地网络接收到多条描述同一外部路由信息的 2 类 LSA（都是 O E2）时，按照如下顺序，比较不同 Metric 值，从而实现优选。

首先，比较外部 LSA 本身携带的 Metric，优选值小的外部 LSA。

其次，如果外部 LSA 携带的 Metric 值相同，则比较本地到达通告每条 LSA 的 ASBR/FA 地址的 Metric，优选值小的。

最后，如果本地通告每条 LSA 中的 Metric 值相同，则产生路由负载均衡。

4.2 OSPF 协议路由汇总

随着 OSPF 协议网络规模越来越大，路由表的规模也会逐渐变大，需要占用设备的内存空间更大，路由的查询也需要消耗设备资源。因此，需要在保证路由畅通的同时，减小路由表规模，路由汇总就是一种有效手段。

4.2.1 了解 OSPF 协议路由汇总

当大规模部署 OSPF 协议网络时，为了避免 OSPF 协议路由表中条目过多导致路由查找速度降低的现象出现，可以配置路由聚合，减小路由表的规模。

此外，如果被聚合的 IP 地址范围内的某条链路频繁在 Up 和 Down 之间切换，则该变化并不会通告到被聚合的 IP 地址范围外的设备，这样可以避免网络中的路由振荡，在一定程度上提高了网络的稳定性。

1. 什么是路由汇总

路由汇总又称为路由聚合（Route Aggregation），路由汇总将具有相同前缀的路由信息汇聚成一条路由条目，只发布一条路由到其他区域中。

通过路由汇总可以减少路由信息，从而减小路由表的规模，提高设备的性能。其中，汇总前的路由称为明细路由。OSPF 协议的路由汇总场景如图 4-15 所示。

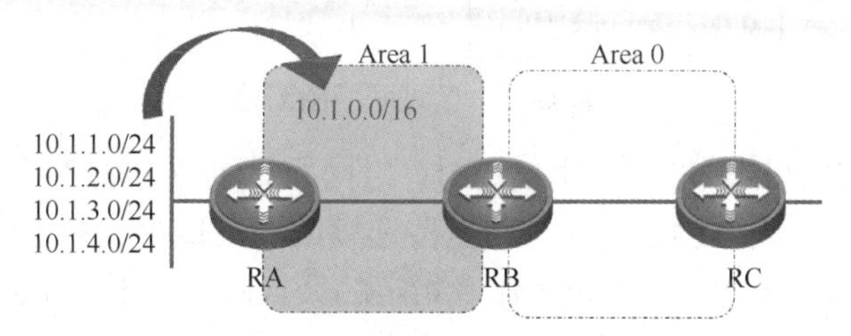

图 4-15 OSPF 协议的路由汇总场景

路由汇总可以减少路由 LSA 的数量，增强网络稳定性。如果不进行路由汇总，则网络中的每条明细路由都传播到 OSPF 协议的骨干区域中，会导致不必要的数据流量和系统开销。在 OSPF 协议网络中，使用路由汇总具有以下突出优点。

首先，使用路由汇总可以减少 SPF 算法计算次数，提高网络的稳定性。

其次，使用路由汇总可以减少 LSA 扩散，节省网络带宽。特别是当 OSPF 协议网络出现故障时，使用路由汇总可以将拓扑变化的信息屏蔽在骨干区域之外。

2. 路由汇总类型

所有路由协议都支持路由汇总，而 OSPF 协议只支持手动路由汇总。OSPF 协议支持两种形式的手动路由汇总：一种是在 ABR 上部署区域间路由汇总；另一种是在 ASBR 上部署外部路由汇总。图 4-16 所示为 OSPF 协议路由汇总的类型。

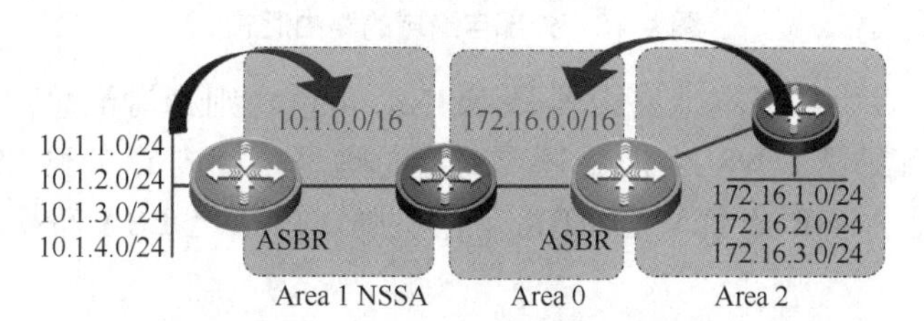

图 4-16 OSPF 协议路由汇总的类型

（1）在 ABR 上部署区域间路由汇总。

区域间路由汇总在 ABR 上进行，针对每个区域内路由进行汇总。这种汇总不能使用路由重发布技术，不能把外部区域中的路由重发布到 OSPF 协议网络中。

实现 OSPF 协议区域间路由汇总，还需要保证区域内的网络号是连续的，这样可以最大限度地减少汇总后的路由条目的数量，如图 4-17 所示。

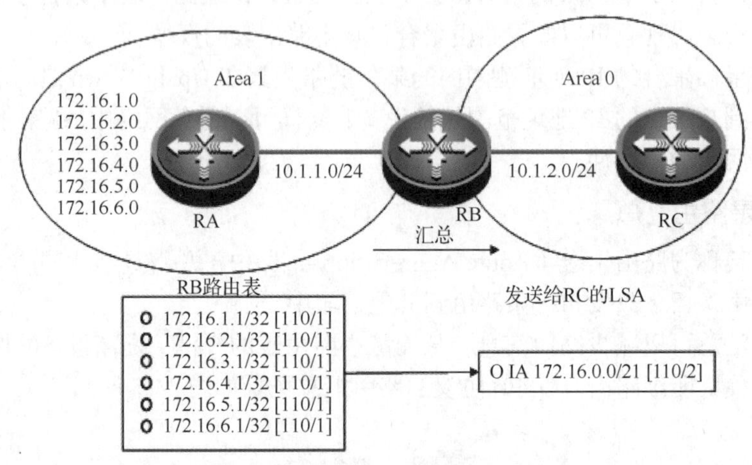

图 4-17　区域间路由汇总

其中，ABR 向其他区域发送路由信息时，以网段为单位生成 3 类 LSA。如果该区域中存在一些连续的网段，则可以通过命令将这些连续的网段聚合成一个网段。这样，ABR 只需要发送一条聚合后的 LSA，所有属于命令指定的聚合网段范围的 LSA 将不再被单独发送出去。

（2）在 ASBR 上部署外部路由汇总。

外部路由汇总通过路由重发布技术，把外部自治域中的路由重发布到 OSPF 协议路由中。外部自治域中的路由汇总只能在 ASBR 上进行，同样，其要确保被汇总的自治域外部的路由条目中的地址范围连续，如图 4-18 所示。

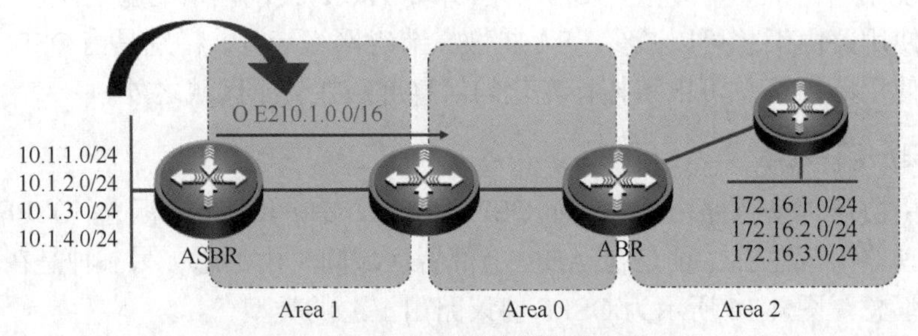

图 4-18　外部自治域的路由汇总

配置路由汇总后，如果本地路由器是 ASBR 角色，则将对汇总地址范围内的 5 类 LSA 进行汇总。当配置了 NSSA 时，还要对汇总地址范围内的 7 类 LSA 进行汇总。如果本地路由器既是 ASBR 角色又是 ABR 角色，则对由 7 类 LSA 转换成的 5 类 LSA 进行汇总处理。

4.2.2　配置 OSPF 协议路由汇总

OSPF 协议是一种无类路由协议，默认不支持自动汇总，要实现路由汇总必须进行手动配置。

1. 配置区域间路由汇总

在 ABR 上，配置区域间路由汇总的命令为“area range”，命令格式如下，其各项参数如表 4-3 所示。

```
    Router(config-router)#area area-id range ip-address mask [ advertise |
not-advertise ]
```

表 4-3 area range 命令的参数

参数	描述
area-id	区域号
ip-address	汇总后的 IP 地址
mask	汇总后的子网掩码
advertise	设置该选项将为其产生一个 3 类 LSA
not-advertise	设置该选项将不会为其产生 3 类 LSA

2. 配置外部路由汇总

在 ASBR 上，配置外部路由汇总的命令为“summary-address”，命令格式如下，其各项参数如表 4-4 所示。

```
    Router(config-router)#summary-address address mask [ advertise | not-
advertise ]
```

表 4-4 summary-address 命令的参数

参数	描述
address	汇总后的地址
mask	汇总后的子网掩码
advertise	通告该汇总路由
not-advertise	不通告该汇总路由

4.3 OSPF 协议特殊区域

为了优化 OSPF 协议网络中的路由传输，OSPF 协议在工作过程中使用了两种区域类型——骨干区域（或中转区域，Area 0）和非骨干区域（常规区域），以减小路由表的规模，并要求在 OSPF 协议网络部署和设计上，所有非骨干区域必须与骨干区域（Area 0）相连。

为了进一步优化网络传输，OSPF 协议通常又会对非骨干区域进行进一步划分，将非骨干区域划分为传输数据的标准区域和禁用外部区域路由的末节区域（Stub Area），如图 4-19 所示。

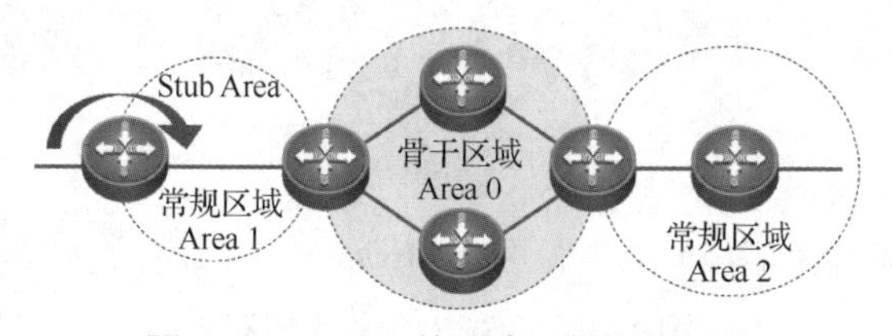

图 4-19 OSPF 协议多区域类型划分

图 4-20 所示为某金融多区域业务网络场景，其日常业务范围涉及 3 个 OSPF 协议区域。其中，骨干区域 Area 0 为一级总行网络范围，Area 1、Area 2 为二级分支行网络区域。

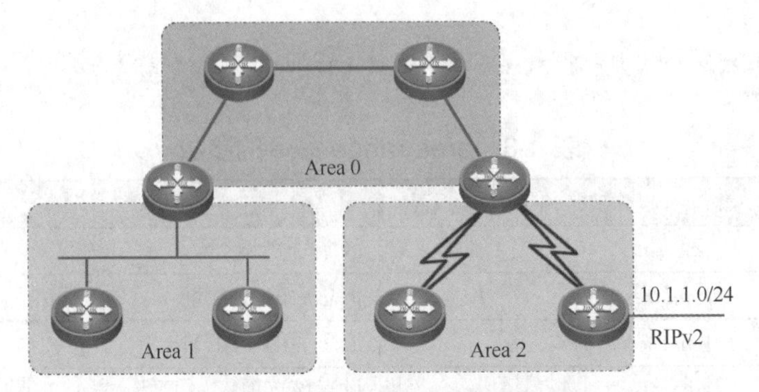

图 4-20　某金融多区域业务网络场景

那么，在 OSPF 协议网络常规路由区域的 Area 1 中，有多少种 LSA 在泛洪？

首先，Area 1 中有 1 类 LSA。由于 Area 1 中存在多路访问网络，该区域中也存在 2 类 LSA。

其次，其他区域的 3 类 LSA 也会通过 ABR 注入本区域。此外，Area 2 的 ASBR 引入的外部路由（5 类 LSA）也会被泛洪到 Area 1 中，当然，4 类 LSA 也会被泛洪进来。因此，在二级分支行网络的区域 Area 1 中，有 1 类 LSA、2 类 LSA、3 类 LSA、4 类 LSA、5 类 LSA 共计 5 种类型的 LSA。

但 Area 1 作为二级分支行网络，是整个金融网络的末梢网络，没必要知道其他分支行外部路由的详细情况，有一条路由可以到达域外即可。

为了优化非骨干区域的 OSPF 协议路由传输效率，一种特殊末节区域技术应运而生。可把 Area 1 配置为 OSPF 协议网络的末梢网络，以优化 OSPF 协议网络部署。

4.3.1　了解 OSPF 协议特殊区域

1. OSPF 协议特殊区域的概念

为了过滤掉某些特殊类型的 LSA，减少区域内不必要的路由查询（减少区域内路由表的负担），特别是针对非骨干区域，OSPF 协议路由规划了多种特殊的区域，分别是末节区域、完全末节区域和次末节区域，如图 4-21 所示。

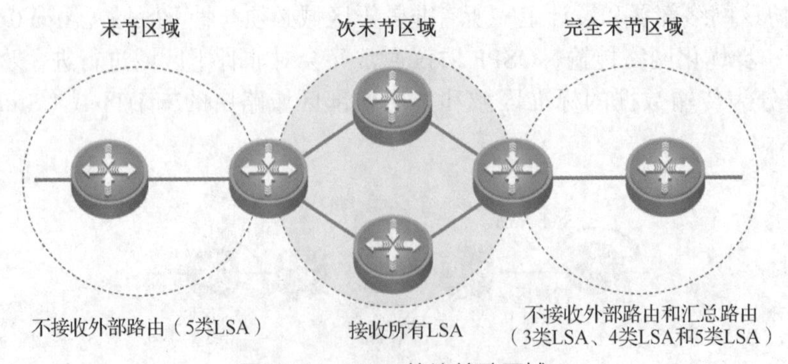

图 4-21　OSPF 协议特殊区域

2. OSPF 协议特殊区域类型

在 OSPF 协议的区域规划上，通过划分末节区域可以禁止外部区域中的 LSA 进入。在末节区域中，外部 LSA 不允许传播。

为了标识 OSPF 协议中的多区域计算类型，在 OSPF 协议的 Hello 报文选项字段中，有一个专门的比特位是 E 位。在定义末节区域时，比特位为空，表明该区域不能引入任何外部 LSA。

（1）末节区域。

该区域中不会存在 ASBR，不接收外部路由（5 类 LSA）。对于末节区域，如果要到达外部 AS 区域，则需使用到达末节区域中的 ABR 默认路由。

在 OSPF 协议网络部署中，规划末节区域的好处是可以减小链路状态数据库和路由表的规模。

（2）完全末节区域。

完全末节区域能更加严格地限制某些类型的 LSA 进入。完全末节区域不接收外部路由信息（5 类 LSA），也不接收路由汇总（3 类 LSA、4 类 LSA）。

划分完全末节区域的好处是，可以更进一步地最小化链路状态数据库和路由表的规模。

（3）次末节区域。

在 OSPF 协议网络部署中，划分 NSSA 可实现末节区域和完全末节区域的路由优化效果，禁止某些 LSA 进入。

NSSA 中可以包含 ASBR，即存在外部路由，但外部路由在 NSSA 中以一种特殊 LSA 类型（7 类 LSA）进行通告。

3. OSPF 协议特殊区域特征

在 OSPF 协议路由优化技术中，通过划分 3 种类型的末节区域，将默认路由注入区域，防止外部的 LSA 和汇总的 LSA 扩散到本区域中。末节区域和完全末节区域不接收任何外部路由，以优化常规区域的 OSPF 协议路由计算。

3 类末节区域具有以下共同特征。

（1）只有一个出口或者有多个出口，但不要求选择最佳路径。

（2）必须将末节区域中所有的 OSPF 协议路由器都配置为末节路由器。

（3）区域不会被用于虚链路的中转区域。

（4）不是骨干区域（Area 0）。

4. 实现末节区域传输的默认路由

在 OSPF 协议路由规划的区域网络部署中，通过划分末节区域，可以禁用外部区域中的 LSA 进入，即禁用 4 类 LSA、5 类 LSA（5 类 LSA 通告禁用，4 类 LSA 与 ASBR 无效）。

在末节区域内，不接收外部路由（External Routes，即 5 类、7 类 LSA），但会接收区域间路由（ABR 发出的 3 类 LSA），这样，末节区域中的路由器就学不到外部路由（标识为 O E2 或 O E1 的路由）。

如果末节区域中的路由器学不到外部路由，也就无法去往外部网络，那么该如何进行通信呢？

为了解决这个问题，ABR 会自动给末节区域发布一条通往自身的默认路由（由 3 类

LSA 传输，标识为 O IA）。这样，末节区域内的路由器去往外部路由的计算全部交给 ABR 处理，以通告默认路由的方式实现，但需要将区域内的路由器配置为末节区域类型。

4.3.2 配置末节区域

1. 了解末节区域功能

在多区域 OSPF 协议网络部署中，非骨干区域中的路由器到达其他区域的路由信息一定要通过 ABR 转发。对于常规区域内的路由器来说，ABR 是通往外部区域中路由的必经之路。因此，对于常规区域内的路由器来说，没有必要知道通往其他外部区域的详细路由，只由 ABR 向该区域发布一条默认路由，“指导”该区域内的报文发送即可。这样就可以把数据都指向 ABR，通过 ABR 实现转发。

在 OSPF 协议网络中设计末节区域时，末节区域内的路由器只需拥有区域内路由，以及一条指向 ABR 的默认路由即可。这样不但可以简化区域内的路由表，而且无论区域外路由如何变化，都不会影响末节区域内路由器上的路由表，这就是 OSPF 协议中末节区域的设计理念。

将部分常规区域配置为末节区域，来自外部网络中的 LSA 将不会扩散到末节区域中，这样可以缩小区域内的 LSDB，降低路由器的内存消耗。

此外，在末节区域中，可使用默认路由（0.0.0.0）来指引数据包，前往 OSPF 协议路由域以外的网络，该默认路由通过连接末节区域的 ABR 生成。

2. 了解末节区域特性

如图 4-22 所示，把某些常规区域配置为末节区域后，该常规区域就可以增加很多常规区域不具有的路由功能，列举如下。

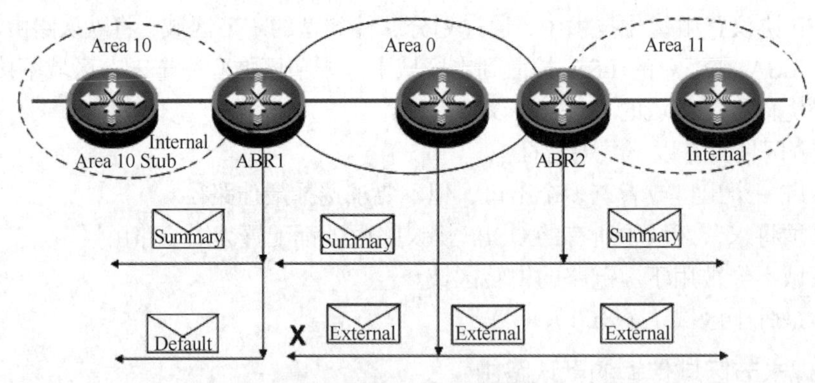

图 4-22　末节区域特性

（1）末节区域过滤外部路由，不接收外部自治域 LSA（5 类 LSA）。

（2）在末节区域中，3 类 LSA 正常通行。

（3）在末节区域中，其他区域的路由通过汇总引入，通过默认路由方式传输。ABR 可自动向末节区域发送一条指向自己的默认路由，但需要在 ABR 上配置默认度量值，这些可使用如下命令配置完成。

```
Router(config)#router ospf      // 启用 OSPF 协议
Router(config-router)#area area-id default-metric metric  // 默认值为 1
```

（4）在末节区域中，最好规划一台 ABR，多台 ABR 会导致次优路由产生。

3. 配置末节区域

将常规区域中的部分路由器配置为末节区域，可以节省内存并提升路由器的计算性能。使用以下命令将常规区域配置为末节区域，可使用 no 选项删除末节区域配置。

```
Router(config)#router ospf          // 启用 OSPF 协议
Router(config-route)#area area-id  stub   // 配置该区域为末节区域
```

需要注意的是，该命令需要配置在末节区域内的所有路由器上。如果末节区域中的某台路由器没有配置该命令，则无法和末节区域的其他路由器建立邻接关系。

配置完成后，ABR 自动为末节区域生成一条默认路由并将其通告到区域中。末节区域没有外部 LSA（末节区域会过滤掉 5 类 LSA 和 4 类 LSA），由末节区域的 ABR 下发一条默认路由（默认路由通过 3 类 LSA 传送），实现全网联通。

4.3.3 配置完全末节区域

1. 了解完全末节区域功能

将部分常规区域规划为末节区域，可以对 OSPF 协议的末节网络起到优化作用。但这样优化还不彻底，除了外部路由外，其他区域的路由也没必要知道太多细节，完全可以用一条默认路由替代，可以将这种区域配置为完全末节区域。

当某个常规区域被配置为完全末节区域时，它将阻挡 3 类 LSA、4 类 LSA 和 5 类 LSA 进入本区域，同时，该区域的 ABR 将自动下发一条 3 类 LSA 的默认路由指向本区域。

2. 了解完全末节区域特性

完全末节区域内的路由器收到的 LSA 将进一步减少，大大减少了链路状态数据库和路由选择表条目。区域内部进行 LSA 及 SPF 运算耗费的资源也会减少，这能大大提高 OSPF 协议网络的稳定性，增强网络的可扩展性。另外，当区域外拓扑出现变更时，对本区域的影响也将最小。

外部 LSA 和 3 类 LSA 以及 4 类 LSA 都不能传播到完全末节区域中，如图 4-23 所示。因此，在完全末节区域中只有区域内路由和默认路由，可通过 ABR 将默认路由 0.0.0.0 通告到区域中。

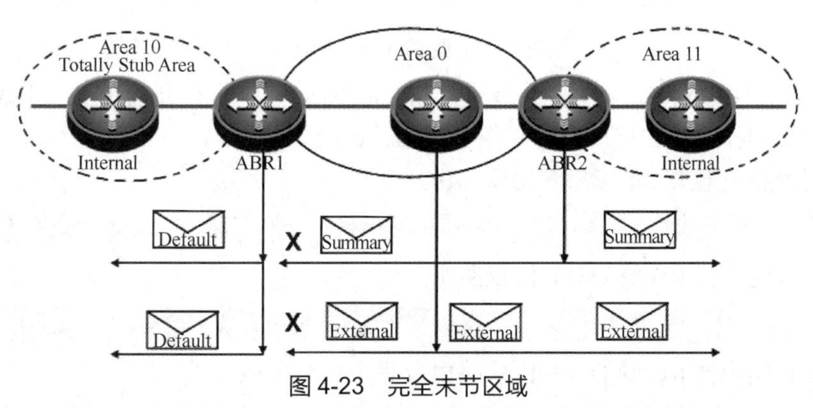

图 4-23　完全末节区域

配置为完全末节区域的路由器具有如下路由特征。

（1）在完全末节区域中，隔离3类LSA和5类LSA，既不接收AS外部路由，又不接收同AS内部的其他区域的路由汇总。

（2）在完全末节区域中，ABR会自动向完全末节区域发送一条指向自己的默认路由。

（3）和末节区域一样，在完全末节区域中建议只部署一个出口，最好只有一台ABR，无虚链路通过，无ASBR。

（4）不允许把骨干区域部署为完全末节区域。

3. 配置完全末节区域

与配置末节区域类似，不可以将骨干区域Area 0配置为完全末节区域。此外，如果配置一个常规区域为完全末节区域，则不能在区域的路由器上进行路由重发布操作。

完全末节区域是所有的区域类型中最受限制、最特殊的区域。在这种区域类型的路由器上，仅仅依靠从ABR上生成一条默认路由实现全网络的互通。

使用如下命令配置完全末节区域，该命令需要在该区域中所有路由器上都配置。

```
Router(config)#router ospf          // 启用 OSPF 协议
Router(config-route)#area area-id  stub [ no-summary ]/* 配置为完全末节区域，关键字 no-summary 是没有汇总的意思，指没有 3 类 LSA*/
```

需要注意的是，如果不指定no-summary关键字，则该区域将成为末节区域；如果指定no-summary关键字，则该区域将成为完全末节区域。该命令需要在末节区域中的所有路由器上都配置，但no-summary关键字只在ABR上配置即可。

4. 完全末节区域应用

图4-24所示的4台路由器通过OSPF协议路由实现互通，为了优化网络，需要把Area 10配置为完全末节区域。

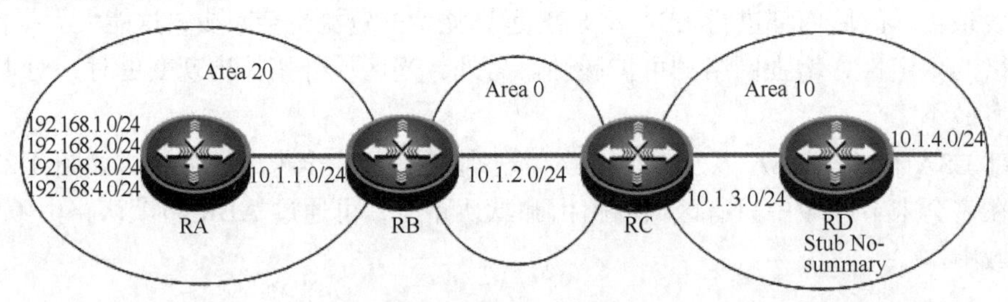

图 4-24　配置完全末节区域

（1）完成全网中所有路由器的物理接口和Loopback接口的IP地址配置，生成直连路由。按照实际完成拓扑连接和接口配置，限于篇幅，此处省略。

（2）配置路由器RA的OSPF协议路由。

```
......                                // 限于篇幅，此处省略
```

（3）配置路由器RB的OSPF协议路由。

```
......                                // 限于篇幅，此处省略
```

（4）配置路由器RC的OSPF协议路由及完全末节区域。

```
RC(config)#router ospf
```

```
RC(config-router)#network 10.1.2.0 0.0.0.255 area 0
RC(config-router)#network 10.1.3.0 0.0.0.255 area 10
RC(config-router)#area 10 stub no-summary
  // 配置该区域为完全末节区域，需要在 ABR 上配置 no-summary 关键字
```

（5）配置路由器 RD 的 OSPF 协议路由及完全末节区域。

```
RD(config)#router ospf
RD(config-router)#network 10.1.3.0 0.0.0.255 area 10
RD(config-router)#network 10.1.4.0 0.0.0.255 area 10
RD(config-router)#area 10 stub
// 配置该区域为完全末节区域，区域内的路由器配置和配置末节区域一样
```

（6）在路由器 RD 上查看路由表。

```
RD#show ip route
Codes:  C - connected, S - static,  R - RIP B - BGP
        O - OSPF, IA - OSPF inter area
        N1 - OSPF NSSA external type 1, N2 - OSPF NSSA external type 2
        E1 - OSPF external type 1, E2 - OSPF external type 2
        i - IS-IS, L1 - IS-IS level-1, L2 - IS-IS level-2, ia - IS-IS inter
area
        * - candidate default
Gateway of last resort is 10.1.3.1 to network 0.0.0.0
O *IA  0.0.0.0/0 [110/2] via 10.1.3.1, 00:08:35, FastEthernet 0/0
C     10.1.3.0/24 is directly connected, FastEthernet 0/0
C     10.1.3.2/32 is local host.
C     10.1.4.0/24 is directly connected, Loopback 0
C     10.1.4.1/32 is local host.
```

此时，路由表变得更加精简，原来的 3 类 LSA 路由都没有了，只剩下一条 3 类 LSA 的默认路由连接外网。链路状态数据库中的 4 类 LSA 和 5 类 LSA 摘要信息也不存在，只剩下 1 类 LSA 和 3 类 LSA 默认路由链路状态信息。因此，配置某一个区域为末节区域，还不如直接将其配置为完全末节区域。

（7）在路由器 RC 上查看路由表。

```
RC#show ip route   // 常规区域内的 OSPF 协议路由表
Codes:  C - connected, S - static,  R - RIP B - BGP
        O - OSPF, IA - OSPF inter area
        N1 - OSPF NSSA external type 1, N2 - OSPF NSSA external type 2
 Gateway of last resort is no set
O  IA  10.1.1.0/24 [110/2] via 10.1.2.1, 00:19:09, FastEthernet 0/0
C      10.1.2.0/24 is directly connected, FastEthernet 0/0
C      10.1.2.2/32 is local host.
```

```
C     10.1.3.0/24 is directly connected, FastEthernet 0/1
C     10.1.3.1/32 is local host.
O     10.1.4.1/32 [110/1] via 10.1.3.2, 00:08:28, FastEthernet 0/1
O E2  172.16.1.0/24 [110/20] via 10.1.2.1, 00:05:59, FastEthernet 0/0
O E2  172.16.2.0/24 [110/20] via 10.1.2.1, 00:05:59, FastEthernet 0/0
O E2  172.16.3.0/24 [110/20] via 10.1.2.1, 00:05:59, FastEthernet 0/0
O IA  192.168.1.1/32 [110/2] via 10.1.2.1, 00:10:08, FastEthernet 0/0
O IA  192.168.2.1/32 [110/2] via 10.1.2.1, 00:10:08, FastEthernet 0/0
O IA  192.168.3.1/32 [110/2] via 10.1.2.1, 00:10:08, FastEthernet 0/0
O IA  192.168.4.1/32 [110/2] via 10.1.2.1, 00:10:08, FastEthernet 0/0
O IA  192.168.10.0/24 [110/1] via 10.1.2.1, 00:19:09, FastEthernet 0/0
```

从以上示例可以看出，完全末节区域内部的路由器 RD 没有收到任何外部路由和区域间路由，但是收到一条指向区域边界路由器 RC 的默认路由，该默认路由使用“O IA”标识，表示区域间默认路由。

需要再次说明的是，配置完全末节区域时，只需要在区域边界路由器 RC 上配置完全末节区域，并增加“no-summary”关键字。在完全末节区域的内部路由器 RD 上，使用“area 10 stub”命令即可启动该区域的完全末节区域功能，无须指定关键字“no-summary”。可通过在 ABR 上使用关键字“no-summary”，禁止汇总 LSA（3 类 LSA 和 4 类 LSA）传播到另一个区域。

4.3.4 配置 NSSA

1. 了解 NSSA 应用背景

在保证 OSPF 协议网络联通的情况下，通过将某一个常规区域配置为末节区域或完全末节区域，可以减少 LSA 的泛洪，达到精简路由表的目标。

将某些区域配置为末节区域后，该区域将阻挡来自其他区域的 4 类 LSA 和 5 类 LSA 的传播，同时，区域内的路由器将禁止重发布外部路由。如果还期望该区域保留“阻挡其他区域的 4 类 LSA 和 5 类 LSA”的特性，同时允许在区域本地发布路由，则应该如何实现呢？

在实际 OSPF 协议网络部署中，可将某些特殊的常规区域配置为末节区域，但如果还有外部网络中的路由信息需要引入这个网络，为了保证全网路由可达，就必须向这个区域注入外部路由，而这又违反了末节区域的安全规则，应该如何解决这个问题呢？

为了进一步优化末节区域，OSPF 协议规划了 NSSA 技术解决以上问题。

2. 了解 NSSA 功能

可以将 NSSA 理解为次末节区域。将一个常规区域配置为 NSSA，既可阻挡骨干区域中传输过来的 4 类 LSA 和 5 类 LSA，又可允许外部路由以 7 类 LSA 方式在 NSSA 中泛洪。

但由于 7 类 LSA 不允许进入骨干区域，NSSA 区域中的 ABR 负责将 7 类 LSA 转换成 5 类 LSA，并在常规区域中泛洪。

与配置末节区域及完全末节区域不同的是，如果将一个常规区域配置为 NSSA，则默认情况下，NSSA 区域的 ABR 不会自动下发默认路由到 NSSA 中。因此，在配置 NSSA 时，需留意网络连通问题。

在 OSPF 协议网络部署中，规划 NSSA 是对末节区域的一种扩展，以便将外部路由注入到末节区域中。注入 NSSA 的外部路由，通过 7 类 LSA 方式完成泛洪。

如图 4-25 所示，外部 AS 中的 RIP 路由被 ASBR 重发布到 NSSA 中后，NSSA 中的 ASBR 将外部路由放入 7 类 LSA，并在整个 NSSA 中扩散 7 类 LSA。

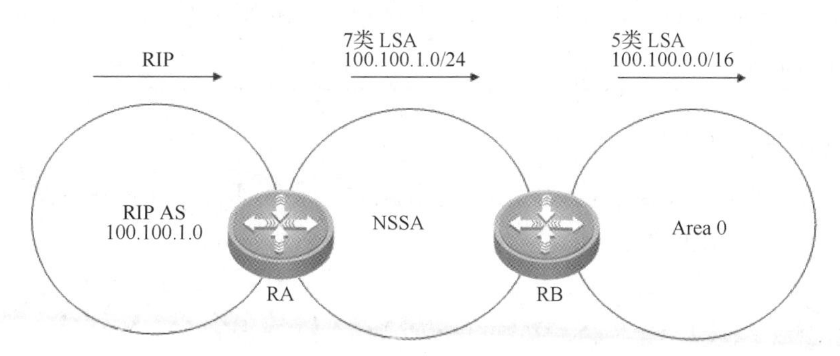

图 4-25　在 OSPF 协议网络中部署 NSSA

当 NSSA 区域的 ABR 收到 7 类 LSA 后，会将其转换为 5 类 LSA，并泛洪到 OSPF 协议其他的路由区域中，实现 OSPF 协议网络的互联互通。

3. NSSA 特性

在 OSPF 协议网络中部署 NSSA，除了可以和末节区域一样减小路由表规模、降低 SPF 计算消耗、优化 OSPF 协议网络传输外，还可以使 ASBR 中外接其他 AS 中（或其他路由协议重发布）的路由信息，进入 OSPF 协议网络。

NSSA 通常具有以下特性。

（1）7 类 LSA 只会出现在 NSSA 特殊的网络规划中。

（2）在 NSSA 内部，外部网络中的路由信息以 7 类 LSA 传播。

（3）7 类 LSA 在 NSSA 的 ASBR 上被转换成 5 类 LSA，并传播到其他区域。

（4）NSSA 与末节区域的最大区别在于，NSSA 允许将外部路由重发布到 OSPF 协议中，而末节区域不允许。

与其他 AS 相接的边界路由器称为 ASBR，该路由器负责将外部网络的路由，重发布到 OSPF 协议中。所以，ABR 不会自动向 NSSA 内发送一条指向自己的默认路由，但可以通过手动的方式向 NSSA 内发送默认路由，实现 OSPF 协议网络连通，且只可在 ABR 上发送默认路由。需要使用如下配置命令。

```
    Router(config-router)#default-information originate [always]
```

4. 配置 NSSA 命令

使用“area nssa”命令将一个区域配置为 NSSA，命令格式如下，其各项参数如表 4-5 所示。

```
    Router(config-route)#area area-id nssa [ no-redistribution ]
[ default-information-originate ] [ no-summary ]
    // 配置区域为 NSSA，关键字 no-summary 的配置与完全末节区域相同
```

表 4-5　area nssa 命令参数

参数	描述
area-id	区域号，可以是一个整数或者 IP 地址
no-redistribution	当该路由器是一个 NSSA 的 ABR 时，如果不想将重发布的路由信息导入 NSSA，则可以使用该选项
default-information-originate	使 NSSA 的 ABR 产生一条默认路由并通告到 NSSA 中
no-summary	阻止汇总 LSA 进入 NSSA

5. NSSA 配置应用

图 4-26 所示的 4 台 OSPF 协议路由器之间需要互联互通，需要优化网络，同时将 RIP 路由注入到 OSPF 协议网络中。

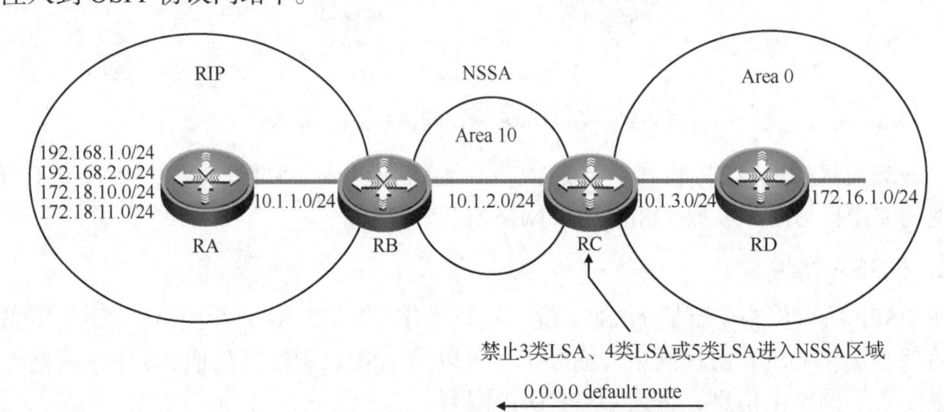

图 4-26　配置 NSSA，实现 OSPF 网络优化

因此，需要在 NSSA 区域的 ABR 上配置“area 10 nssa no-summary”命令，禁止外部 LSA 以汇总 LSA（3 类 LSA、4 类 LSA 和 5 类 LSA）方式进入 NSSA，可用一条默认路由代替。在 NSSA 区域中的其他路由器上使用“area 10 nssa”命令完成配置。

主要配置命令如下。

（1）完成所有路由器物理接口和 Loopback 接口的 IP 地址配置，生成直连路由。按照实际情况连接拓扑和完成接口配置。

```
……                    // 限于篇幅，此处省略
```

（2）完成路由器 RA 上的 OSPF 协议路由配置。

```
……                    // 限于篇幅，此处省略
```

（3）完成路由器 RB 上的 RIP 和 OSPF 协议路由配置。

```
RB(config)#router rip   // 配置 RIPv2 路由
RB(config-router)#version 2
RB(config-router)#network 10.1.1.0
RB(config-router)#no auto-summary
RB(config-router)#redistribute ospf metric 1    // 重发布 OSPF 协议路由
```

```
RB(config-router)#redistribute connected      // 重发布直连路由
RB(config-router)#exit
RB(config)#router ospf    // 配置 OSPF 协议路由
RB(config-router)#network 10.1.2.0 0.0.0.255 area 10
RB(config-router)#redistribute rip metric 50 subnets  // 重发布 RIP 路由
RB(config-router)#redistribute connected subnets      // 重发布直连路由
RB(config-router)#area 10 nssa
// 配置该区域为 NSSA，区域内路由器的配置和末节区域一样
RB(config-router)#default-metric 50
```

（4）配置路由器 RC 的 OSPF 协议路由。

```
RC(config)#router ospf
RC(config-router)#network 10.1.2.0 0.0.0.255 area 10
RC(config-router)#network 10.1.3.0 0.0.0.255 area 0
RC(config-router)#area 10 nssa no-summary
// 配置该区域为 NSSA，需要在 ABR 上配置 no-summary 关键字
```

（5）在路由器 RB 上查看路由表，查看 NSSA 配置。

```
RB#show ip route   // 查看路由表，查看 NSSA 配置
Codes:  C - connected, S - static,  R - RIP B - BGP
        O - OSPF, IA - OSPF inter area
        N1 - OSPF NSSA external type 1, N2 - OSPF NSSA external type 2
        E1 - OSPF external type 1, E2 - OSPF external type 2
        i - IS-IS, L1 - IS-IS level-1, L2 - IS-IS level-2, ia - IS-IS inter
area
        * - candidate default
Gateway of last resort is 10.1.2.2 to network 0.0.0.0
O *IA  0.0.0.0/0 [110/2] via 10.1.2.2, 00:10:26, FastEthernet 0/1
C    10.1.1.0/24 is directly connected, FastEthernet 0/0
C    10.1.1.2/32 is local host.
C    10.1.2.0/24 is directly connected, FastEthernet 0/1
C    10.1.2.1/32 is local host.
R    172.18.10.0/24 [120/1] via 10.1.1.1, 00:00:04, FastEthernet 0/0
R    172.18.11.0/24 [120/1] via 10.1.1.1, 00:00:04, FastEthernet 0/0
R    192.168.1.0/24 [120/1] via 10.1.1.1, 00:00:04, FastEthernet 0/0
R    192.168.2.0/24 [120/1] via 10.1.1.1, 00:00:04, FastEthernet 0/0
```

4.4 配置 OSPF 协议虚链路

在部署 OSPF 协议路由时，要求所有的常规区域与骨干区域相连，否则，会出现有些区域不可达的问题。但在实际应用中，可能会因为各方面条件的限制，无法满足所有非骨

干区域与骨干区域保持连通的要求，此时可以通过配置 OSPF 协议虚链路来解决这个问题。

4.4.1 OSPF 协议虚链路技术

1. 特殊的网络场景

在 OSPF 协议的网络规划中，所有常规区域都必须与骨干区域相连，否则不能通信。因为常规区域只能和骨干区域交换 LSA，常规区域之间即使直连，也无法互换 LSA，这样便无法学习到其他区域的路由，如图 4-27 所示。

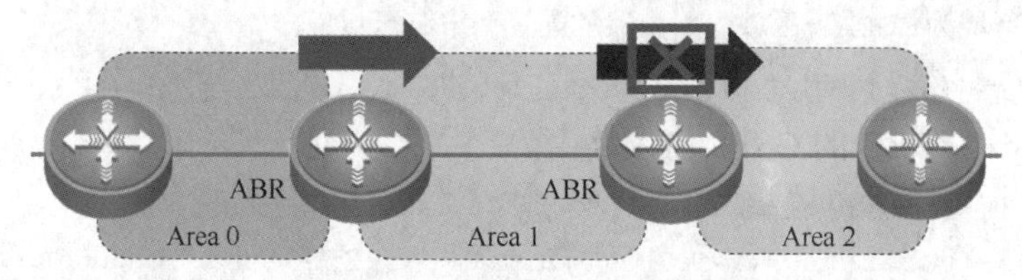

图 4-27　OSPF 协议常规区域之间形成的网络屏障

为解决某些特殊的常规区域不能连接到骨干区域的问题，可通过使用虚拟扩展技术，使不能直接与骨干区域相连的区域，最终能与骨干区域直连。这种技术就是 OSPF 协议的虚链路（Virtual Link）技术，其应用场景如图 4-28 所示。

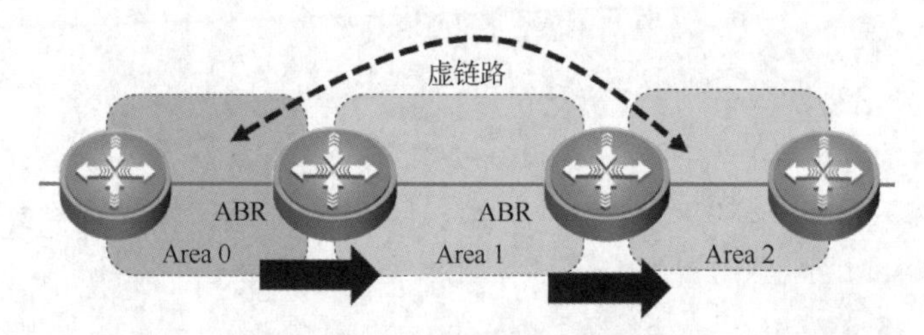

图 4-28　虚链路技术应用场景

2. 什么是虚链路技术

虚链路连接是在两台 ABR 之间创建一个常规区域，通过借助一条虚拟的逻辑通道实现常规区域之间的逻辑连接（常规区域之间不通）。这里的“逻辑通道”指在两台 ABR 之间建立的一个 LSA 报文转发逻辑通道。

图 4-29 所示的虚链路提供了一条从末梢的常规区域到骨干区域的逻辑链路。

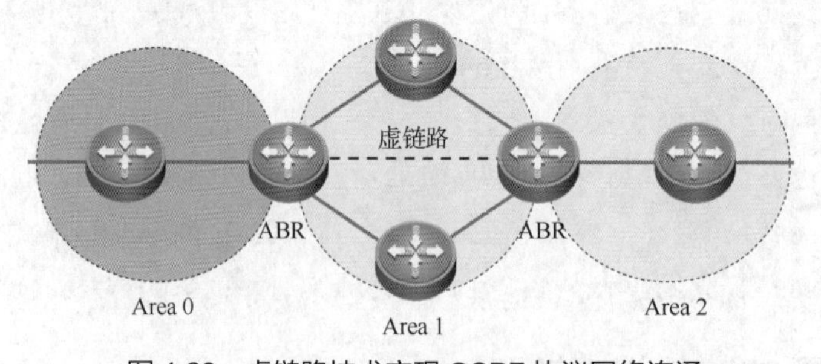

图 4-29　虚链路技术实现 OSPF 协议网络连通

虚链路连接必须在两端同时配置方可生效。为虚链路连接两端提供一条非骨干区域内部路由的区域称为传输区域（Transit Area）。

虚链路连接相当于在两台 ABR 之间形成了一个点到点的连接，因此，虚链路连接的两端和物理接口一样可以配置接口的各项参数，如发送 Hello 报文的时间间隔等。

3. 虚链路原理

虚链路两端连接的两台 ABR 通过一个点到点虚链路连接在一起。虚链路在两台 ABR 之间创建一条无编址的逻辑链路，这些 ABR 之间虽然没有物理链路相连，但是可以通过逻辑链路实现连接，建立虚拟邻居关系。

在 OSPF 协议路由计算中，通过虚链路传输的路由信息作为域内路由来看待，即两台 ABR 之间直接传递路由（ABR 生成 3 类 LSA），区域内路由器同步方式也没有改变。

在每一台 ABR 的路由表中，当发现有到达邻居 ABR 的路由时，虚链路将变为点到点状态。当接口变为点到点状态时，将通过这条虚链路建立一个邻居关系。

如图 4-30 所示，虚链路连接在两台 ABR 之间并直接传递 OSPF 协议报文信息，这两台 ABR 之间的 OSPF 协议设备只起到转发报文的作用。因为 OSPF 协议报文的目的地址不是这些设备，所以这些报文对于这些设备而言是透明的，只是被当作普通的 IP 报文来转发。

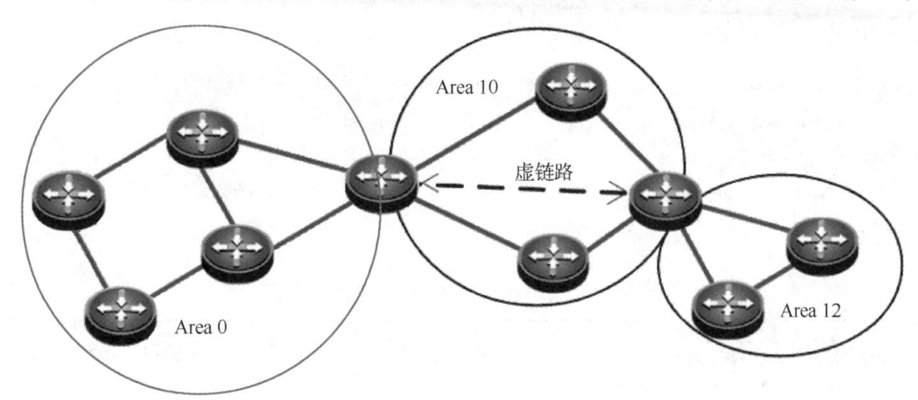

图 4-30 一条虚链路将 Area 12 经由 Area 10 连接到骨干区域中

4. 远离 Area 0 虚链路应用场景

在图 4-31 所示场景中，Area 2 只能与 Area 1 直连，无法与骨干区域直连；常规区域之间无法交换 LSA；路由器 RC 虽然是区域边界路由器，但因为没有连接骨干区域，无法将任何的区域 LSA 传递到 Area 2 中，导致 Area 2 无法与其他区域通信。

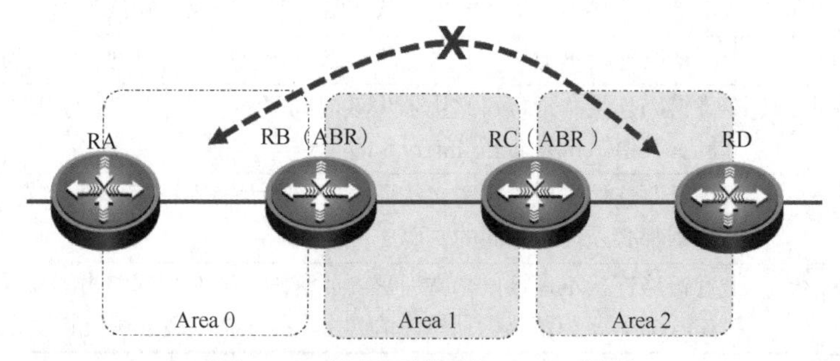

图 4-31 常规区域远离 Area 0 场景

这种常规区域远离 Area 0 的 OSPF 协议网络场景，需要通过 OSPF 协议虚链路，将骨干区域 Area 0 的 LSA 范围扩展到相邻的 Area 1 中，如图 4-32 所示。

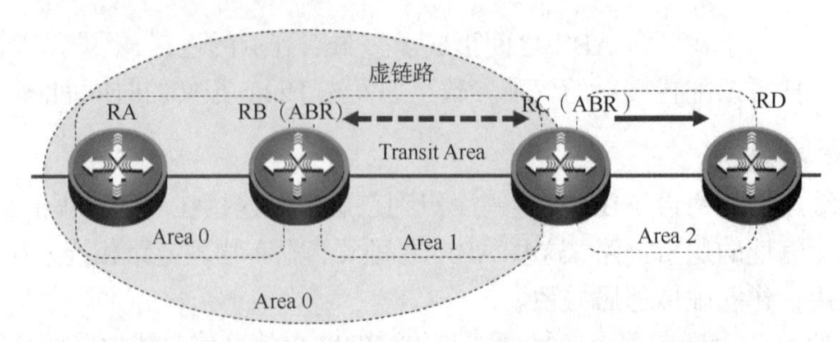

图 4-32　远离 Area 0 的常规区域通过虚链路进行连接

在进行 OSPF 协议虚链路扩展后，Area 1 被虚拟成骨干区域，这时边界路由器 RC 等同于连接骨干区域和 Area 2 的 ABR，可以将自己设备上的 LSA 发送到 Area 2 中。配置 OSPF 协议虚链路，可通过连接路由器 RB（ABR）与路由器 RC（ABR）的 RID 来实现。

4.4.2　OSPF 协议虚链路的配置

在 ABR 上，使用如下命令配置虚链路，使用“no”选项删除一条虚链路。

```
Router(config)#area area-id virtual-link router-id [ authentication
[ message-digest | null ] ]  [ hello-interval seconds ] [ retransmit-interval
seconds ] [ transmit-delay seconds ]  [ dead-interval seconds ]
[ [ authentication-key key ] | [ message-digest-key key-id md5 key ] ]
```

该命令的各项参数如表 4-6 所示。

表 4-6　area virtual-link 命令参数

参数	描述
area-id	区域号，可以是一个整数或者 IP 地址
router-id	虚链路连接另一端的 RID
authentication	设置认证类型，使用明文认证
message-digest	设置认证类型为密文认证
null	取消认证
hello-interval	虚链路连接本地接口的发送 Hello 报文的时间间隔，默认为 10s
retransmit-interval	虚链路连接本地接口的连接状态重传时间间隔，默认为 5s
transmit-delay	虚链路连接本地接口发送链路状态更新包估计的时间，默认为 1s
dead-interval	虚链路连接本地接口路由器失效时间间隔，整个网络节点中的该值都必须相同，其值默认是 hello-interval 的 4 倍
authentication-key	虚链路连接本地接口明文认证密码，最大密码长度为 8 字节；所有相邻的路由器都必须配置相同的密码
message-digest-key *key-id* md5 *key*	虚链路连接本地接口密文加密认证密码。所有相邻路由器配置相同 *key-id* 和 *key*。*key-id* 为密码识别号，值为 1～255；*key* 最大密码长度为 16 字节

4.4.3　OSPF 协议虚链路的应用

在图 4-33 所示场景中，某公司随着业务的增长，公司的网络需要增加一个区域。由于骨干区域的网络没有接口，只能把新增加的网络连接到常规区域中。因此，需要采用虚链路技术，在新扩展区域与骨干区域（Area 0）之间建立逻辑连接，实现全网连通。

（1）按照图 4-33 所示的拓扑连接设备，组建 OSPF 协议网络。

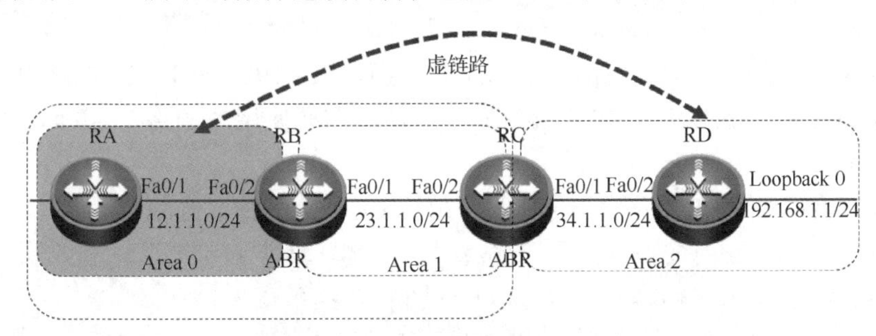

图 4-33 某公司扩充常规网络区域拓扑

（2）按照拓扑信息，为所有路由器配置物理接口地址，生成直连路由。

```
……                                          // 限于篇幅，此处省略
```

（3）配置路由器 RA 上的 OSPF 路由协议，在 Area 0 中发布直连网段。

```
RA(config)#router ospf
RA(config-router)#router-id 1.1.1.1
RA(config-router)#network 12.1.1.0 0.0.0.255 area 0
```

（4）配置路由器 RB 的 OSPF 协议路由，发布 ABR 直连网段。

```
RB(config)#router ospf
RB(config-router)#router-id 2.2.2.2
RB(config-router)#network 12.1.1.0 0.0.0.255 area 0
RB(config-router)#network 23.1.1.0 0.0.0.255 area 1
```

（5）配置路由器 RC 的 OSPF 协议路由，发布 ABR 直连网段。

```
RC(config)#router ospf
RC(config-router)#router-id 3.3.3.3
RC(config-router)#network 23.1.1.0 0.0.0.255 area 1
```

（6）配置路由器 RD 的 OSPF 协议路由，在 Area 2 中发布直连网段。

```
RD(config)#router ospf
RD(config-router)#router-id 4.4.4.4
RD(config-router)#network 34.1.1.0 0.0.0.255 area 2
RD(config-router)#network 192.168.1.0 0.0.0.255 area 2
```

（7）查看路由器 RA 和路由器 RB 的路由表。

```
RA#show ip route
……

C    12.1.1.0/24 is directly connected, FastEthernet 0/0
C    12.1.1.1/32 is local host.
O IA  23.1.1.0/24 [110/2] via 12.1.1.2, 00:03:05, FastEthernet 0/0
RB#show ip route
……
```

```
C    12.1.1.0/24 is directly connected, FastEthernet 0/1
C    12.1.1.2/32 is local host.
C    23.1.1.0/24 is directly connected, FastEthernet 0/0
C    23.1.1.1/32 is local host.
```

路由器 RA 和路由器 RB 的路由表中都没有通往网络 192.168.1.0/24 的路由。因为网络 192.168.1.0/24 所在 Area 2 没有和 Area 0 直连，所以需要使用虚链路在 Area 0 和 Area 2 之间建立一条逻辑链路。

（8）分别在两台 ABR（路由器 RB 和路由器 RC）上配置虚链路。

```
RB(config)#router ospf
RB(config-router)#area 1 virtual-link 3.3.3.3
// 在 Area 1 中创建一条虚链路，指向对端 ABR 的 RID 为 3.3.3.3

RC(config)#router ospf
RC(config-router)#area 2 virtual-link 2.2.2.2
// 在 Area 2 中创建一条虚链路，指向对端 ABR 的 RID 为 2.2.2.2
```

（9）在路由器 RA 上查看 OSPF 协议路由表，可以发现路由器 RA 学习到了通往路由器 RD 的环回接口路由。

```
RA#show ip router
……
C    12.1.1.0/24 is directly connected, FastEthernet 0/0
C    12.1.1.1/32 is local host.
O IA  23.1.1.0/24 [110/2] via 12.1.1.2, 00:25:21, FastEthernet 0/0
O IA  34.1.1.0/24 [110/3] via 12.1.1.2, 00:01:41, FastEthernet 0/0
O IA  192.168.1.1/32 [110/3] via 12.1.1.2, 00:01:41, FastEthernet 0/0
```

（10）在路由器 RB 和路由器 RC 上查看虚链路运行情况。

```
RB#show ip ospf virtual-links
Virtual-Link VLINK0 to router 3.3.3.3 is up
                        // 通往路由器 3.3.3.3 的虚链路已开通
  Transit area 0.0.0.1 via interface FastEthernet 0/0
  Local address 23.1.1.1/32
  Remote address 23.1.1.2/32
  Transmit Delay is 1 sec, State Point-To-Point    // 点到点的连接
  Timer intervals configured, Hello 10, Dead 40, Wait 40, Retransmit 5
    Hello due in 00:00:09
    Adjacency state Full    // 建立完全邻接状态

RB#show ip osp neighbor
OSPF process 100, 3 Neighbors, 3 is Full:
Neighbor ID     Pri   State         Dead Time    Address        Interface
1.1.1.1          1    Full/DR       00:00:33     12.1.1.1       FastEthernet 0/1
```

```
3.3.3.3        1   Full/BDR       00:00:29    23.1.1.2       FastEthernet 0/0
3.3.3.3        1   Full/ -         00:00:33    23.1.1.2        VLINK0
// 路由器 RB 通过虚链路与路由器 RC 建立了邻居关系，状态是 Full

RC#show ip ospf virtual-links
Virtual-Link VLINK0 to router 2.2.2.2 is up
  Transit area 0.0.0.1 via interface FastEthernet 0/1
  Local address 23.1.1.2/32
  Remote address 23.1.1.1/32
  Transmit Delay is 1 sec, State Point-To-Point,
  Timer intervals configured, Hello 10, Dead 40, Wait 40, Retransmit 5
    Hello due in 00:00:05
    Adjacency state Full
```

（11）查看路由器 RA 的链路状态数据库。

```
RA#show ip ospf database
 OSPF Router with ID (1.1.1.1) (Process ID 100)
                Router Link States (Area 0.0.0.0)
Link ID          ADV Router       Age  Seq#        CkSum  Link count
1.1.1.1          1.1.1.1          455  0x80000004 0x9693 1
2.2.2.2          2.2.2.2          934  0x80000007 0x5391 2
3.3.3.3          3.3.3.3          935  0x80000003 0x7d95 1

                Network Link States (Area 0.0.0.0)
Link ID          ADV Router       Age  Seq#        CkSum
12.1.1.1         1.1.1.1          455  0x80000002 0x2a10

                Summary Link States (Area 0.0.0.0)
Link ID          ADV Router       Age  Seq#        CkSum  Route
23.1.1.0         2.2.2.2          466  0x80000002 0xf346 23.1.1.0/24
23.1.1.0         3.3.3.3          950  0x80000001 0xd75f 23.1.1.0/24
34.1.1.0         3.3.3.3          950  0x80000001 0x48e3 34.1.1.0/24
192.168.1.1      3.3.3.3          950  0x80000001 0x5490 192.168.1.1/32
// Link ID : 标志 LSA
// ADV Router : 通告 LSA 的路由器
// Age : 最长寿命计数器，单位为秒，最长寿命为 1h（3600s）
// Seq# : LSA 的序列号，初始值为 0x80000001，每当 LSA 被更新时都加 1
// CkSum : LSA 的校验和，确保 LSA 被可靠地接收
```

在配置 OSPF 协议虚链路的过程中，需要注意以下几点。

① 配置虚链路连接的路由器必须是 ABR。

② 虚链路不能在末节区域中配置。

③ 连接骨干区域和非直连区域中间区域的区域号。

④ 连接骨干区域和非直连区域中间区域邻居的 RID。

4.5 配置 OSPF 协议认证

OSPF 协议认证是基于网络安全要求而采用的一种加密手段，通过在 OSPF 协议报文中增加认证字段对报文进行加密。当本地设备接收到远端设备发送过来的 OSPF 协议报文时，如果发现认证密码不匹配，则会将收到的报文丢弃，以达到自我保护的目的。

4.5.1 了解 OSPF 协议认证

1. 了解 OSPF 协议安全认证

OSPF 邻居身份认证通过在互联的邻居路由器之间，交换身份认证密钥保障网络安全，可借助内嵌在 Hello 报文中的 Authentication 安全认证模块来实现。邻居路由器之间通过判断该部分值是否和自己一致，确定是否建立和维持邻居关系，使得 OSPF 协议报文交互以及邻居关系的建立更加安全。

2. 区分 OSPF 协议认证类型

根据 OSPF 协议报文种类的不同，认证可以分为以下两类。

（1）区域认证：在 OSPF 协议区域视图下配置，对本区域的所有接口下的报文进行认证。

（2）接口认证：在接口视图下配置，对本接口的所有报文进行认证。

3. 了解 OSPF 协议认证方式

根据 OSPF 协议报文认证方式的不同，OSPF 支持 3 种报文认证方式：空认证（Null Authentication）、明文认证（Simple Authentication）及密文认证（Cryptographic Authentication）。

（1）空认证（Type 0）：也就是不进行认证，是 OSPF 协议路由默认模式，报头中不包含身份认证密钥信息。

（2）明文认证（Type 1）：也称简单认证，使用简单明文口令，将配置密码直接加入报文，这种加密方式安全性不高。

（3）密文认证（Type 2）：也称为 MD5（Message Digest 5）认证，使用 MD5 加密口令，通过对配置的密码进行 MD5 等加密运算之后再加入报文，提高密码安全性。

默认情况下，OSPF 协议使用身份认证方法的报文标志为 Null，即不对交换的路由信息进行认证。

为了保障 OSPF 协议网络中的路由安全，可开启邻居安全认证，这样相同网段中所有对等路由器上必须使用相同口令和身份认证方法。部署 OSPF 协议安全认证，可以在链路上进行，也可以在整个区域内进行。另外，虚链路同样可以进行认证。

4. 了解 OSPF 协议认证报头

5 种类型的 OSPF 协议报文都拥有一个相同格式的 OSPF 协议报头。其中，AuType 及 Authentication 字段就是报文认证字段，如图 4-34 所示。

这里 AuType 字段标识了 OSPF 协议认证类型，其中，Type 0 表示空认证；Type 1 表示明文认证；Type 2 表示密文认证。

默认情况下，OSPF 协议不激活报文认证，也就是空认证。此时，AuType 字段值为 0，忽略 Authentication 字段。

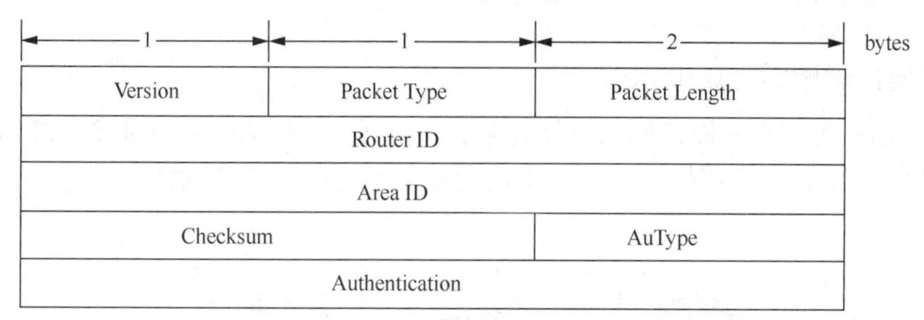

图 4-34 OSPF 协议报头

OSPF 协议通过报文携带认证信息，在报文头部携带认证类型，在报文尾部携带认证内容。

4.5.2 配置 OSPF 协议明文认证

1. 了解明文认证功能

当 OSPF 协议区域中设备不支持密文认证时，可以使用明文认证。明文认证将密码以明文形式包含在 OSPF 协议报头中传输，使 OSPF 协议网络容易受到“嗅探器攻击”。受到这种攻击时，报文会被协议分析程序捕获而读取口令，导致网络安全性不够。

可以在某个接口上启用 OSPF 协议报文的安全认证功能，也可以在一个区域中启用该功能。当在一个区域中启用认证功能时，属于该区域中的 OSPF 协议路由器上的所有接口均相应启用认证功能。无论认证功能在哪里启用，最终都是基于接口运作的。

需要注意的是，在同一网络中的多台设备，只有配置的接口认证完全相同时，才能建立 OSPF 协议邻居关系。如果多台设备在同一区域中，则区域认证配置完全相同。

2. 在接口上开启明文认证

在接口上使用“ip ospf authentication-key”命令配置接口上的明文认证密码，命令格式如下，其各项参数如表 4-7 所示。

```
Router(config-if)#ip ospf authentication-key[ message-digest | null ]
```

表 4-7 ip ospf authentication-key 命令参数

参数	描述
message-digest	表示对区域进行密文认证
null	表示不进行认证

注 1：在配置 OSPF 协议认证过程中，如果安全身份认证配置在同一台路由器的不同接口上，则可以指定不同的密码。但邻居路由器之间的链路必须使用相同的密码。

注 2：如果在命令后面不跟任何参数，则表示进行明文认证。如果将认证方式设置为 null，则表示选择空认证。

使用明文认证，可在配置“ip ospf authentication”命令时不指定任何参数。

```
Router(config-if)#ip ospf authentication-key password
// 配置 password 密钥使用明文认证密码，最长有效密码为 8 字节
Router(config-if)#ip ospf authentication
// 启用区域认证功能，配置接口使用明文认证方式
```

3. 在接口启用明文认证示例

图 4-35 所示为 OSPF 协议网络部署场景，路由器 RA 和 RB 之间通过串口 Serial 0/0 互联，两者建立 OSPF 协议邻接关系，要求启用接口报文明文认证功能。

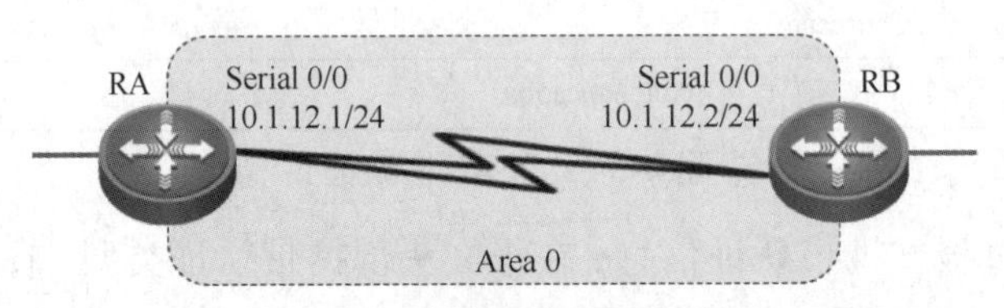

图 4-35　在接口启用明文认证

（1）配置路由器 RA 的 OSPF 协议路由，在物理接口上启用明文认证功能。

```
RA(config)#router ospf
RA(config-router)#router-id 1.1.1.1
RA(config-router)#network 10.1.12.0 0.0.0.255 area 0
RA(config-router)#exit
RA(config)#interface serial 0/0
RA(config-if)#ip ospf authentication-key ruijie123    // 配置明文密码
RA(config-if)#ip ospf authentication       // 激活接口明文认证功能
```

（2）配置路由器 RB 的 OSPF 协议路由，在物理接口上启用明文认证功能。

```
RB(config)#router ospf
RB(config-router)#router-id 2.2.2.2
RB(config-router)#network 10.1.12.0 0.0.0.255 area 0
RB(config-router)#exit
RB(config)#interface serial 0/0
RB(config-if)#ip ospf authentication-key ruijie123     // 配置明文密码
RB(config-if)#ip ospf authentication        // 激活接口明文认证功能
```

4. 配置 OSPF 协议区域明文认证

在接口模式下，使用“ip ospf authentication”命令为接口配置明文认证。还可以为指定区域启用区域明文认证功能，使用“area authentication”命令可为指定区域中的所有路由器接口启用明文认证功能。

```
Router(config-if)#ip ospf authentication-key password // 在接口上配置明文密码
Router(config-router)#area area-id authentication
// 启用区域认证功能，该区域使用明文认证功能
```

在 OSPF 协议路由器上配置“area 0 authentication”命令，将激活区域认证功能，该路由器上的所有接口都会激活明文认证功能。因此，在每个接入该区域的接口上都要配置明文密码。该功能在一个区域中启用，但最终认证还是基于接口操作。例如，在路由器 RA 的 Serial 0/0、路由器 RB 的 Serial 0/0 接口上配置明文密码“ruijie123”。两台路由器直连接口密码相同即可，因为 OSPF 协议报文认证也基于接口操作。

5. 在区域中启用明文认证示例

图 4-36 所示的 RA、RB 及 RC 这 3 台路由器互联，3 台路由器都部署在 Area 0，希望在 Area 0 中开启区域明文认证。

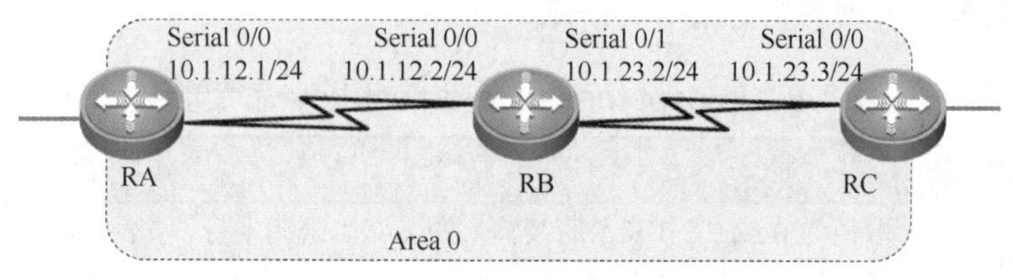

图 4-36 3 台互联路由器启用区域明文认证

其中，在路由器 RA 上启用区域中的明文认证。

```
RA(config)#router ospf
RA(config-router)#router-id 1.1.1.1
RA(config-router)#network 10.1.12.0 0.0.0.255 area 0
RA(config-router)#area 0 authentication        // 启用Area 0认证
RA(config-router)#exit
RA(config)#interface serial 0/0
RA(config-if)#ip ospf authentication-key ruijie123     // 配置明文密码
RA(config-if)#ip ospf authentication     // 激活接口明文认证功能
......
```

在其他路由器上进行和上面一样的配置操作，在接口上启用明文认证功能，互联的接口之间密码保证一致，限于篇幅，此处省略。

4.5.3 配置 OSPF 协议密文认证

在 OSPF 协议网络部署中，启用明文认证，所有的密码以明文的形式内嵌在 OSPF 协议报头中传输，这显然不够安全。为了保障 OSPF 协议路由的传输安全，可以启用密文认证，提升 OSPF 协议路由传输的安全性。OSPF 协议密文认证使用 MD5 身份认证算法，提供更高级的安全保障机制。

1. 深入了解 MD5

MD5 身份认证算法基于每一个 OSPF 协议报文计算出散列值，生成口令（或密钥）。此散列值将与密钥 ID 及非递减序号一起在报文中传输。邻居路由器收到该报文后，依据口令计算出自己的散列值。如果在 OSPF 协议网络中传输的报文消息没有任何更改，则邻居路由器接收到的散列值应该与随消息一起传输的散列值匹配成功。

需要注意的是，OSPF 协议的密文认证会增加序号机制，以防止重放攻击。在 OSPF 协议网络受到重放攻击时，网络中传输 OSPF 协议报文消息将被捕获、修改。与明文认证一样，MD5 身份认证口令不必在整个区域中相同，但在邻居路由器之间必须相同。

2. 在物理接口上配置 MD5 密文认证

在接口模式下，使用如下命令配置 MD5 密文认证密钥。

```
Router(config-if)#ip ospf message-digest-key key-id md5 encryption-type
```

```
key                                          // 配置加密密钥
    Router(config-if)#ip ospf authentication message-digest
    // 激活基于接口的 MD5 密文认证功能
```

其中，该命令的各项参数如表 4-8 所示。

表 4-8　ip ospf message-digest-key 命令参数

参数	描述
encryption-type	取值为 0 或 7，0 表示后续输入的 key 为密钥本身，7 表示后续输入的 key 为加密之后的密钥，默认为 0
key	密钥，最多可以由 16 个字母或数字组成
key-id	密钥标识符，其值为 1～255

备注：在每一台 OSPF 协议路由器上，不同接口密钥可以配置的不一样。但连接在同一条物理网段上的邻居路由器的接口，必须配置一样的密钥，且密钥标识必须一样。

3. 在接口上启用密文认证应用

图 4-37 所示的路由器 RA 和路由器 RB 之间通过串口 Serial 0/0 互联，建立 OSPF 协议邻接关系。要求启用接口密文认证功能，其相关配置如下。

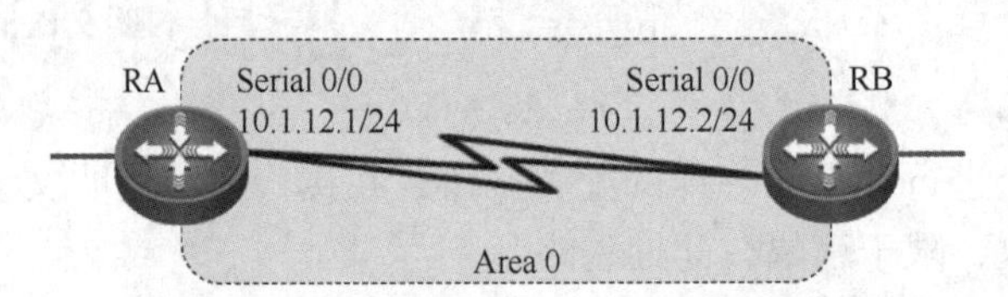

图 4-37　OSPF 协议密文认证（接口）

其中，在路由器 RA 上启用 OSPF 协议，在接口上启用密文认证功能。

```
RA(config)#router ospf            // 启用 OSPF 协议
RA(config-router)#router-id 1.1.1.1
RA(config-router)#network 10.1.12.0 0.0.0.255 area 0
RA(config-router)#exit
RA(config)#interface serial 0/0
RA(config-if)#ip ospf message-digest-key 1 md5 ruijie123
   // 配置接口密文认证密钥
RA(config-if)#ip ospf authentication message-digest // 激活接口密文认证功能
```

在路由器 RB 互联接口上启用密文认证功能，配置同上，限于篇幅，此处省略。

需要注意的是，OSPF 协议的链路两端的接口上所配置的 *key-id* 及密码必须都一样，这样报文的认证才会通过，邻居关系才能够正常建立。

4.5.4　配置 OSPF 协议虚链路认证

1. 配置虚链路认证命令

OSPF 协议的认证功能除了能够在物理接口上直接启用及在区域中激活之外，还可以在虚链路上部署。虚链路也可以配置认证，以确保安全。虚链路上的安全认证同样分为空认证、明文认证、密文认证。

需要注意的是，虚链路被视为 Area 0 的一部分，因此，当网络中的 Area 0 被激活认证功能时，虚链路需要配置认证密码。

2. 在虚链路上配置认证的命令

在虚链路上，启用空认证功能的命令如下。

```
Router(config-router)#area 1 virtual-link X.X.X.X authentication null
Router(config-router)#area 1 virtual-link X.X.X.X authentication null
// 这里的 X.X.X.X 为路由器的 ID
```

在虚链路上，启用明文认证功能的命令如下。

```
Router(config-router)#area area-id virtual-link X.X.X.X authentication-key key
Router(config-router)#area area-id virtual-link X.X.X.X authentication
```

在虚链路上，启用密文认证功能的命令如下。

```
Router(config-router)#area area-id virtual-link X.X.X.X message-digest-key key-id md5 password
Router(config-router)#area area-id virtual-link X.X.X.X authentication message-digest
```

3. 在虚链路上启用明文认证示例

图 4-38 所示的 4 台路由器 RA、RB、RC 及 RD 分别部署在 Area 0、Area 1、Area 2 中，通过虚链路实现网络连通，希望在虚链路上启用认证功能。

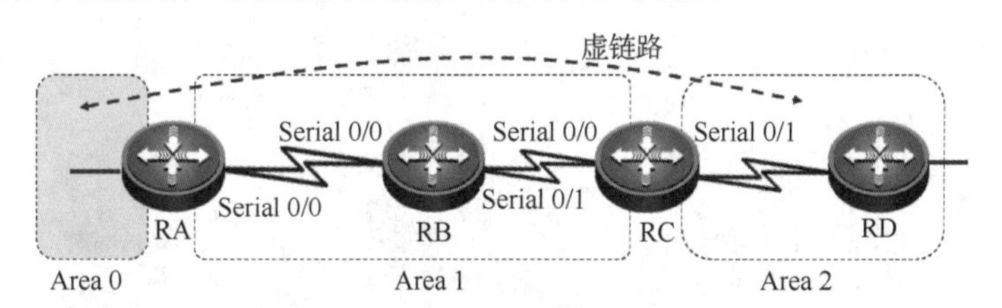

图 4-38 在虚链路上启用明文认证

（1）配置路由器 RA 的 OSPF 协议路由，配置接口明文认证。

```
RA(config)#router ospf      // 激活 OSPF 协议
RA(config-router)#router-id 1.1.1.1
RA(config-router)#network 10.1.1.0 0.0.0.255 area 0
RA(config-router)#network 10.1.2.0 0.0.0.255 area 0
RA(config-router)#area 1 virtual-link 3.3.3.3 authentication-key ruijie123
// 配置接口明文认证密钥
RA(config-router)#area 1 virtual-link 3.3.3.3 authentication
                    // 激活明文认证功能
```

（2）配置路由器 RB 的 OSPF 协议路由。

```
RB(config)#router ospf
RB(config-router)#router-id 2.2.2.2
```

```
RB(config-router)#network 10.1.2.0 0.0.0.255 area 1
RB(config-router)#network 10.1.3.0 0.0.0.255 area 1
```

（3）配置路由器 RC 的 OSPF 协议路由，配置接口明文认证。

```
RC(config)#router ospf
RC(config-router)#router-id 3.3.3.3
RC(config-router)#network 10.1.3.0 0.0.0.255 area 1
RC(config-router)#network 10.1.4.0 0.0.0.255 area 2
RC(config-router)#area 1 virtual-link 1.1.1.1 authentication-key ruijie123
RC(config-router)#area 1 virtual-link 1.1.1.1 authentication //激活明文认证功能
```

（4）配置路由器 RD 的 OSPF 协议路由。

```
RD(config)#router ospf
RD(config-router)#router-id 4.4.4.4
RD(config-router)#network 10.1.4.0 0.0.0.255 area 2
```

【技术实践 1】配置 OSPF 协议区域间路由汇总

【任务描述】

配置 OSPF 协议区域间路由汇总。

【网络拓扑】

图 4-39 所示为多园区网的部署场景。路由器 RB 为 ABR，与 Area 0 和 Area 1 区域中的路由器 RA 和路由器 RC 互联。其中，Area 1 中的路由器 RA 上有 6 个子网，配置域内路由汇总，将 6 个子网路由条目汇总成一条路由通告到 Area 0，优化 OSPF 协议网络配置。

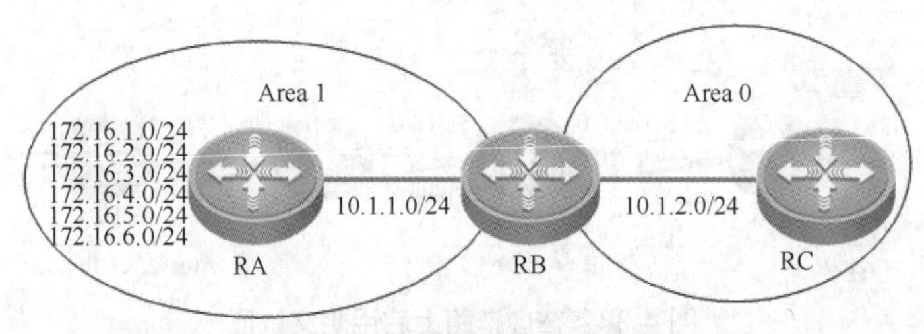

图 4-39　多园区网的部署场景

【设备清单】

路由器（或三层交换机，若干）、网线（若干）、测试机（若干）。

【实施步骤】

（1）完成所有路由器物理接口、Loopback 接口上的 IP 地址配置，生成全网的直连路由。按照实际情况连接网络拓扑并完成接口配置，限于篇幅，此处省略。

（2）配置路由器 RA 的直连路由。

```
Router(config)#hostname RA
RA(config)#interface Loopback 0
RA(config-if)#ip address 172.16.1.1 255.255.255.0
RA(config-if)#interface Loopback 1
RA(config-if)#ip address 172.16.2.1 255.255.255.0
```

```
RA(config-if)#interface Loopback 2
RA(config-if)#ip address 172.16.3.1 255.255.255.0
RA(config-if)#interface Loopback 3
RA(config-if)#ip address 172.16.4.1 255.255.255.0
RA(config-if)#interface Loopback 4
RA(config-if)#ip address 172.16.5.1 255.255.255.0
RA(config-if)#interface Loopback 5
RA(config-if)#ip address 172.16.6.1 255.255.255.0
RA(config-if)#exit

RA(config)#interface FastEthernet 0/0
RA(config-if)#ip address 10.1.1.1 255.255.255.0
RA(config-if)#exit

RA(config)#router ospf
RA(config-router)#network 10.1.1.0 0.0.0.255 area 1
RA(config-router)#network 172.16.1.0 0.0.0.255 area 1
RA(config-router)#network 172.16.2.0 0.0.0.255 area 1
RA(config-router)#network 172.16.3.0 0.0.0.255 area 1
RA(config-router)#network 172.16.4.0 0.0.0.255 area 1
RA(config-router)#network 172.16.5.0 0.0.0.255 area 1
RA(config-router)#network 172.16.6.0 0.0.0.255 area 1
```

（3）配置路由器 RB 的直连路由。

```
Router(config)#hostname RB
RB(config)#interface FastEthernet 0/0
RB(config-if)#ip address 10.1.1.2 255.255.255.0
RB(config-if)#interface FastEthernet 0/1
RB(config-if)#ip address 10.1.2.1 255.255.255.0
RB(config-if)#exit

RB(config)#router ospf
RB(config-router)#network 10.1.1.0 0.0.0.255 area 1
RB(config-router)#network 10.1.2.0 0.0.0.255 area 0
RB(config-router)#area 1 range 172.16.0.0 255.255.248.0  // 配置区域间路由汇总
RB(config-router)#exit
```

（4）配置路由器 RC 的直连路由。

```
Router(config)#hostname RC
RC(config)#interface FastEthernet 0/0
RC(config-if)#ip address 10.1.2.2 255.255.255.0
RC(config-if)#exit

RC(config)#router ospf  // 启用 OSPF 协议配置
RC(config-router)#network 10.1.2.0 0.0.0.255 area 0
```

（5）在路由器 RB 和路由器 RC 上使用“show ip route”命令配置路由汇总。

```
RB#show ip route
Codes:  C - connected, S - static,  R - RIP B - BGP
       O - OSPF, IA - OSPF inter area
       N1 - OSPF NSSA external type 1, N2 - OSPF NSSA external type 2
       E1 - OSPF external type 1, E2 - OSPF external type 2
       i - IS-IS, L1 - IS-IS level-1, L2 - IS-IS level-2, ia - IS-IS inter area
       * - candidate default
Gateway of last resort is no set
C    10.1.1.0/24 is directly connected, FastEthernet 0/0
C    10.1.1.2/32 is local host.
C    10.1.2.0/24 is directly connected, FastEthernet 0/1
C    10.1.2.1/32 is local host.
O    172.16.0.0/21 is directly connected, 00:01:23, Null 0
O    172.16.1.1/32 [110/1] via 10.1.1.1, 00:04:57, FastEthernet 0/0
O    172.16.2.1/32 [110/1] via 10.1.1.1, 00:04:47, FastEthernet 0/0
O    172.16.3.1/32 [110/1] via 10.1.1.1, 00:04:47, FastEthernet 0/0
O    172.16.4.1/32 [110/1] via 10.1.1.1, 00:04:47, FastEthernet 0/0
O    172.16.5.1/32 [110/1] via 10.1.1.1, 00:04:37, FastEthernet 0/0
O    172.16.6.1/32 [110/1] via 10.1.1.1, 00:04:37, FastEthernet 0/0

RC#show ip route
Codes:  C - connected, S - static,  R - RIP B - BGP
       O - OSPF, IA - OSPF inter area
       N1 - OSPF NSSA external type 1, N2 - OSPF NSSA external type 2
       E1 - OSPF external type 1, E2 - OSPF external type 2
       i - IS-IS, L1 - IS-IS level-1, L2 - IS-IS level-2, ia - IS-IS inter area
       * - candidate default
Gateway of last resort is no set
O IA 10.1.1.0/24 [110/2] via 10.1.2.1, 00:09:12, FastEthernet 0/0
C    10.1.2.0/24 is directly connected, FastEthernet 0/0
C    10.1.2.2/32 is local host.
O IA 172.16.0.0/21 [110/2] via 10.1.2.1, 00:01:35, FastEthernet 0/0
```

【技术实践 2】配置末节区域，优化 OSPF 协议路由

【任务描述】

配置某企业网络末节区域，优化 OSPF 协议路由。

【网络拓扑】

图 4-40 所示为某企业网 4 台路由器互联，为了优化网络，配置 Area 10 为末节区域。

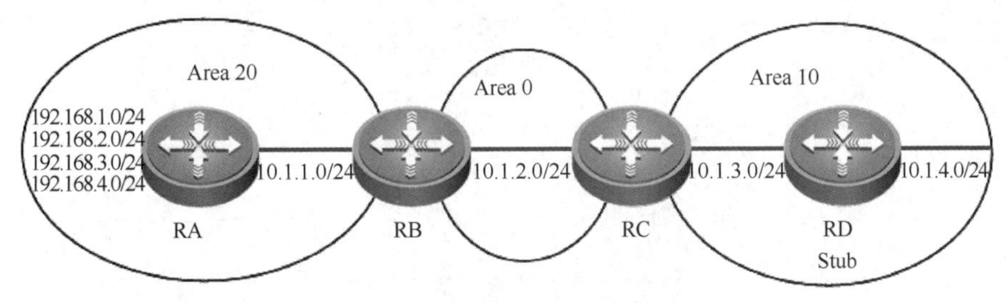

图 4-40 某企业网 4 台路由器互联

【设备清单】

路由器（或三层交换机，若干）、网线（若干）、测试计算机（若干）。

【实施步骤】

（1）完成所有路由器物理接口、Loopback 接口上的 IP 地址配置，生成全网的直连路由。按照实际情况连接网络拓扑并完成接口配置，限于篇幅，此处省略。

（2）配置路由器 RD 的 OSPF 协议路由以及末节区域。

```
RD(config)#router ospf      // 启用 OSPF 协议路由
RD(config-router)#network 10.1.3.0 0.0.0.255 area 10
RD(config-router)#network 10.1.4.0 0.0.0.255 area 10
RD(config-router)#Area10 stub    // 配置域内路由器 RD 为末节区域
```

（3）配置边界路由器 RC 的 OSPF 协议路由以及末节区域。

```
RC(config)#router ospf
RC(config-router)#network 10.1.1.0 0.0.0.255 area 0
RC(config-router)#network 10.1.3.0 0.0.0.255 area 10
RC(config-router)#Area10 stub     // 配置边界路由器 RC 为末节区域
```

（4）配置路由器 RB 的 OSPF 协议路由。

```
RB(config)#router ospf
RB(config-router)#network 10.1.1.0 0.0.0.255 area 20
RB(config-router)#network 10.1.2.0 0.0.0.255 area 0
```

（5）配置路由器 RA 的 OSPF 协议路由。

```
RA(config)#router ospf
RA(config-router)#network 10.1.1.0 0.0.0.255 area 20
RA(config-router)#network 192.168.1.0 0.0.0.255 area 20
RA(config-router)#network 192.168.2.0 0.0.0.255 area 20
RA(config-router)#network 192.168.3.0 0.0.0.255 area 20
RA(config-router)#network 192.168.4.0 0.0.0.255 area 20
```

（6）在路由器 RD 上查看配置结果。

```
RD#show ip route
Codes:  C - connected, S - static,  R - RIP B - BGP
```

```
       O - OSPF, IA - OSPF inter area
       N1 - OSPF NSSA external type 1, N2 - OSPF NSSA external type 2
       E1 - OSPF external type 1, E2 - OSPF external type 2
Gateway of last resort is 10.1.3.1 to network 0.0.0.0
O*IA  0.0.0.0/0 [110/2] via 10.1.3.1, 00:04:03, FastEthernet 0/0
O IA  10.1.1.0/24 [110/3] via 10.1.3.1, 00:04:03, FastEthernet 0/0
O IA  10.1.2.0/24 [110/2] via 10.1.3.1, 00:04:03, FastEthernet 0/0
C    10.1.3.0/24 is directly connected, FastEthernet 0/0
C    10.1.3.2/32 is local host.
C    10.1.4.0/24 is directly connected, Loopback 0
O IA  192.168.1.1/32 [110/3] via 10.1.3.1, 00:04:03, FastEthernet 0/0
O IA  192.168.2.1/32 [110/3] via 10.1.3.1, 00:04:03, FastEthernet 0/0
O IA  192.168.3.1/32 [110/3] via 10.1.3.1, 00:04:03, FastEthernet 0/0
O IA  192.168.4.1/32 [110/3] via 10.1.3.1, 00:04:03, FastEthernet 0/0
O IA  192.168.10.0/24 [110/2] via 10.1.3.1, 00:04:03, FastEthernet 0/0
```

从以上结果中可以看出，RD 没有收到外部路由，但是收到了一条路由器 RC 通告的默认路由，该默认路由使用“O *IA”标识，表示区域间默认路由。

【认证测试】

1. OSPF 协议发送协议报文使用的组播地址是（　　）。
   A. 127.0.0.1　　B. 223.0.0.1　　C. 172.16.0.1　　D. 224.0.0.5
2. OSPF 协议选举 DR 和 BDR 时，无法决定 DR 和 BDR 选择的是（　　）。
   A. 优先级最高的路由器为 DR
   B. 优先级次高的路由器为 BDR
   C. 如果所有路由器的优先级皆为默认值，则 RID 最小的路由器为 DR
   D. 优先级为 0 的路由器不能成为 DR 或 BDR
3. 当 OSPF 协议网络发生变化时，DRothers 发往 DR 的 LSU 报文目的 IP 地址是（　　）。
   A. 224.0.0.5　　B. 224.0.0.6　　C. 224.0.0.55　　D. 224.0.0.66
4. 下列选项中属于 OSPF 协议优点的是（　　）。
   A. 每 30s 发送一次更新，可靠性高　　B. 不占用链路带宽
   C. SPF 算法保证无环路　　D. 最大支持 15 跳路由的网络
5. 下列关于 OSPF 协议的说法正确的是（　　）。【选 3 项】
   A. OSPF 协议使用组播发送 Hello 报文
   B. OSPF 协议支持到同一目的地址的多条等价路径
   C. OSPF 协议是一个基于链路状态算法的外部网关协议
   D. OSPF 协议在 LAN 环境中需要选举 DR 和 BDR

单元 5 管理路由重发布实现不同自治域路由注入

【技术背景】

大型园区网组网中，一个网络中经常同时存在两种以上的路由协议，如客户网络早先部署了 RIP 路由，后来因为网络扩容，新安装的网络部署了 OSPF 协议路由，如果想要实现全网的互联互通，就会面临一个问题，即如何使不同的路由信息相互独立。这就需要通过路由重发布技术来解决。

路由重发布技术能解决大型园区网中，先后经历多次网络规划，网络中存在多种不同的路由信息的问题，实现不同路由协议网络之间的互联互通，如图 5-1 所示。

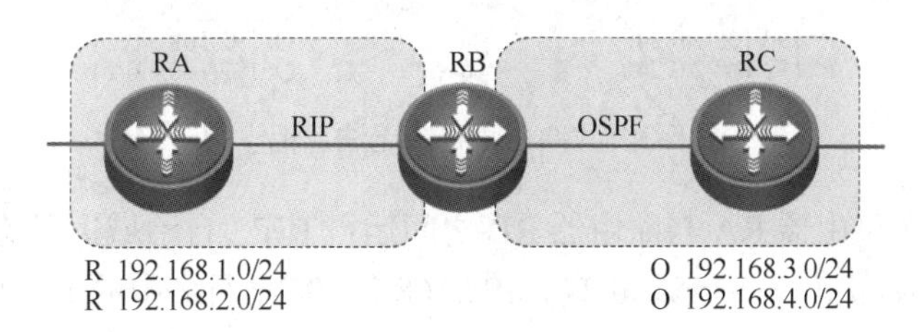

图 5-1 多种动态路由混合应用

【学习目标】

1. 学习园区网中路由重发布技术。
2. 了解路由重发布原则。
3. 配置路由重发布技术应用。

【技术要点】

5.1 了解路由重发布

在大型的园区网建设中，由于网络建设和规划的周期不同，通常会在同一网络内使用多种路由协议，由于不同的路由协议间学习路由的机制不同，会造成网络之间不能互联互通。

为了实现多种路由协同工作，在 AS 的边界路由器上使用路由重发布（Route Redistribution）技术，将其学习到的一种路由协议的路由，通过另一种路由协议重新分发出去，实现所有网络之间的互联互通，如图 5-2 所示。

图 5-2　路由重发布场景

5.1.1　路由重发布技术背景

通常一个网络中同时存在两种或两种以上的路由协议，如客户之前网络部署为 RIP 路由，随着网络扩容增加了一批新设备，新网络采用 OSPF 协议路由，如图 5-3 所示。不同的路由协议域学习、生成和更新路由表的机制不同，因此，互相之间学习不到路由信息。

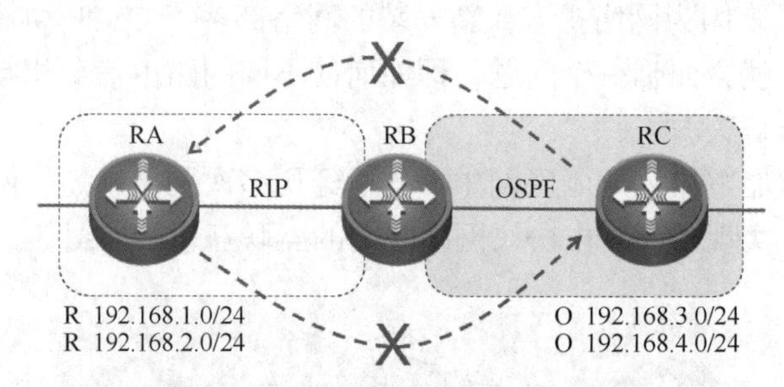

图 5-3　两种不同路由无法互相学习

图 5-4 所示为在路由器 RA 与路由器 RB 之间运行 RIP。自治域边界路由器 RB 通过 RIP 学习到路由器 RA 发布在 192.168.1.0/24、192.168.1.2.0/24 网络中的 RIP 路由，记录在路由表中，并标记为 R 路由。

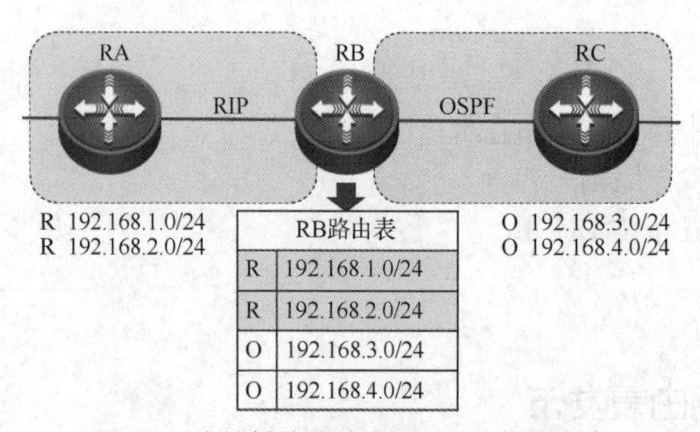

图 5-4　自治域边界路由器 RB 上的路由表

同时，路由器 RB 与路由器 RC 运行 OSPF 协议，通过 OSPF 协议学习到两条路由，即 192.168.3.0/24、192.168.4.0/24，也记录到路由表中，标记为 O 路由。路由器 RB 上的不同路由协议之间相互不转发路由，造成了网络隔离。

如图 5-5 所示，需要在自治域边界路由器 RB 上配置路由重发布技术，实现不同的自治域中的路由信息在不同路由选择域之间互相传递，实现网络的互联互通。

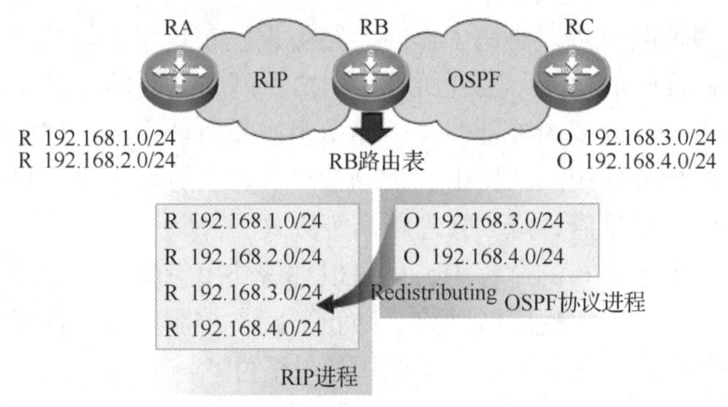

图 5-5　在自治域边界路由器上部署 OSPF 协议路由重发布

其中，路由器 RB 作为 RIP 及 OSPF 协议路由域的分界点，也称为 ASBR。但由于不同协议路由的工作机制不同，在路由器 RB 内部，它不会将通过 RIP 学习来的路由“变成”OSPF 协议路由通告给路由器 RC，也不会将通过 OSPF 协议学习来的路由“变成”RIP 路由通告给路由器 RA。在路由器 RB 上虽然有完整的路由信息，但是 R 和 O 两种路由条目之间无法互相通告。

为了实现路由重发布，处于不同自治域边界的路由器需要同时运行多种不同的路由协议。这样，每种路由协议才可以学习到路由表中全部或部分各自路由协议生成的路由信息，实现在不同的自治域系统中的通告、转发。

5.1.2　了解路由重发布技术

1．什么是路由重发布

路由重发布技术是应用在具有不同路由选择的 ASBR 上，实现不同路由选择域（自治系统）之间交换、通告和发布路由信息的技术。

如图 5-6 所示，路由器 RA 是 ASBR，可同时运行 OSPF 协议和 RIP。打开 OSPF 协议进程，通告来自 RIP 域中的路由，重发布 RIP 路由进入 OSPF 协议域。以同样的方式，重发布 OSPF 协议路由进入 RIP 域，实现网络的互联互通。

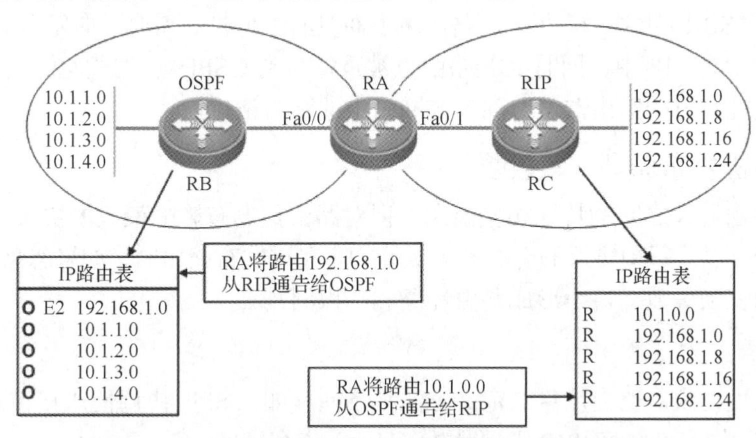

图 5-6　在 OSPF 协议进程中通告来自 RIP 域的路由信息

2．路由重发布的作用

在多路由协议共存以及多厂商部署的网络环境中，通过部署路由重发布技术，实现全网的互联互通。当多种路由协议协调工作时，路由重发布技术提供路由从一种路由进程重发布到另一种路由进程中的功能，实现所有路由协议网络之间的互联互通。

重发布来的路由通常被视为外部路由，路由重发布可能会产生路由环路和次级路由，为避免这些问题，可配合使用默认路由、被动接口、路由分发列表，只配置单方向上的路由重发布技术，如修改度量值、修改管理距离等方式。

另外，在执行路由重发布的过程中，还可以部署路由策略，执行路由汇总等，通过这些手段控制路由更新，可以实现隐藏网络、防止环路、控制流量、保障安全等效果，使路由重发布技术实现路由技术在各种场合下应用的灵活性。

3. 双向路由重发布应用

在图 5-7 所示的场景中，路由器 RB 是 ASBR，同时启用了 OSPF 协议路由进程和 RIP 路由进程。在路由器 RB 上配置路由重发布，将 OSPF 协议网络中的路由注入 RIP 路由进程中。同时，将 RIP 网络中的路由注入 OSPF 协议路由进程中。

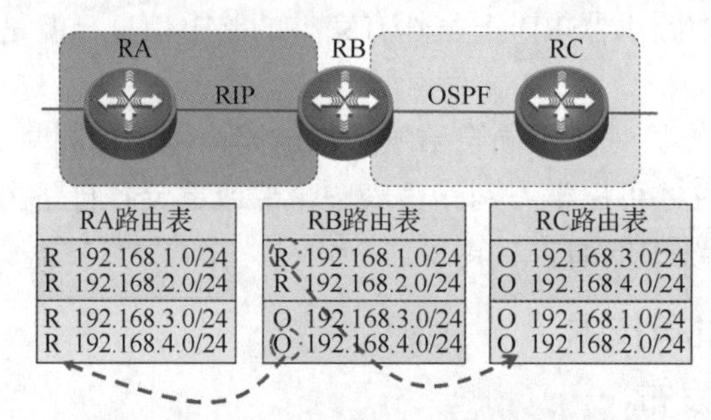

图 5-7 OSPF 协议和 RIP 之间双向重发布

如此就会将来自 192.168.3.0/24、192.168.4.0/24 网络中的两条 OSPF 协议路由“翻译”成 RIP 路由。同样，通过 RIP 路由通告，将该条路由传播给路由器 RA，路由器 RA 也就能够学习到 192.168.3.0/24 及 192.168.4.0/24 路由。

需要注意的是，路由重发布技术的执行点在自治域边界路由器 RB 上，也就是在路由域的分界点（ASBR）上执行。另外，路由重发布具有方向性，需要双向发布。其中，OSPF 协议路由被重发布 RIP 中，同时 RIP 路由也被重发布到 OSPF 协议进程中。执行双向重发布过程，才能让双方的路由器学习到对方网络中的路由条目。

5.1.3 路由重发布原则一：度量

不同的路由协议之间的特性相差很大，但对路由重发布影响最大的协议特性是度量和管理距离差异，以及每种协议的有类和无类能力。在重发布路由时，如果忽略了这个差异，则将导致路由交换失败，甚至形成路由环路和“黑洞”。

1. 度量

每一种路由协议对路由度量的定义方法都不同，如 OSPF 协议使用路径开销（Cost）来衡量一条路由的优劣，而 RIP 则用跳数（Hop）来衡量。

在实施路由重发布时，如果向 OSPF 协议进程中重发布 RIP 路由，则需要把 RIP 路由的跳数转换为 OSPF 协议的路径开销，如图 5-8 所示。

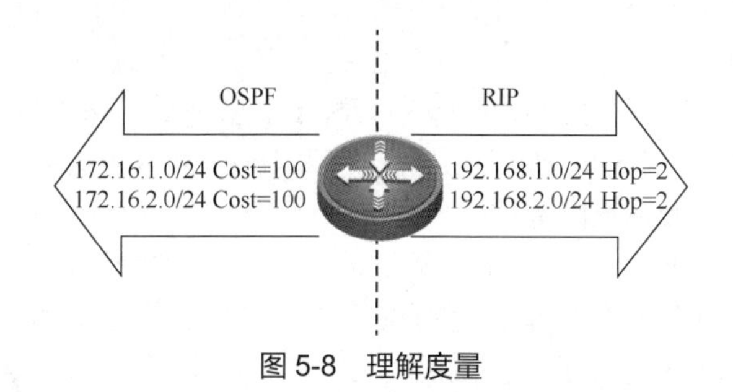

图 5-8　理解度量

在实现不同路由重发布的情况下，要想接收重发布来的路由协议，必须将本地路由的度量值与重发布进来的路由联系起来。将一种路由协议的路由重发布到另一种路由协议的进程中时，路由携带的度量值会如何变化？

如图 5-9 所示，RIP 路由被重发布到 OSPF 协议进程中，同时 OSPF 协议路由也被重发布到 RIP 进程中。

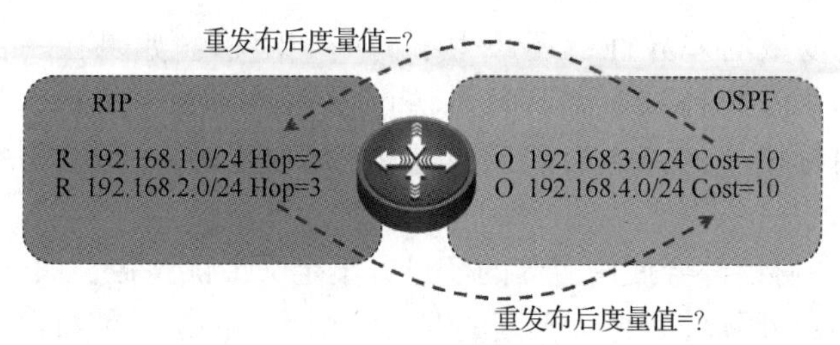

图 5-9　路由度量值重新修订

其中，OSPF 协议不理解 RIP 的跳数，同样，RIP 也不理解 OSPF 协议的路径开销。因此，实施路由重发布的 ASBR，必须为接收到的路由条目指定合适的度量值。

2. 配置路由重发布中的度量值

在配置路由重发布时，度量值有以下两种配置方式。

方式一：在执行路由重发布时，手动指定路由重发布后的度量值。

方式二：在路由协议之间实施重发布时，使用该路由协议的种子度量值。

所谓种子度量值，指将一条外部路由重发布到本地路由选择协议进程中时，使用的默认度量值。各种路由的种子度量值如表 5-1 所示。

表 5-1　各种路由的种子度量值

将路由重发布到该协议进程中	种子度量值
RIP	无穷大
OSPF 协议	BGP 路由为 1，其他路由为 20
EIGIP	无穷大
IS-IS 协议	0
BGP	BGP 度量值被设置为 IGP 度量值

在不同的路由协议进程中，可以使用“default-metric”命令配置路由重发布中的度量值。这种在路由重发布时必须给重发布进来的路由指定的度量值，称为默认度量值或种子

度量值。

在配置路由重发布时，指定路由重发布的种子度量值后，该度量值将在自治系统内部正常递增。唯一的例外是 OSPF 协议路由重发布为 OSPF 协议 E2 路由类型后，它将保持初始度量值，而不管在自治系统内部传播多远。

此外，在配置路由重发布生成路由条目信息时，可以将种子度量值设置为一个大于接收的自治域中的最大度量值的值，这有助于防止选择次优路由和路由环路的产生。

如在 RIP 路由域中，将种子度量值视为无穷大，度量值无穷大表明该路由不可达，故不应该对外通告它。因此，将外部路由重发布到 RIP 路由域中时，必须通过手动方式指定注入路由的度量值；否则，重发布进来的路由可能不会被通告出去。

在 OSPF 协议路由域中，通过路由重发布进来的路由，默认都为外部路由 2 类（E2），度量值为 20；BGP 路由除外，其默认为 2 类（E2），但度量值为 1。

5.1.4 路由重发布原则二：管理距离

不同路由之间度量的差异性，还产生了另一个问题：如果在一台自治域的边界路由器上运行多种路由选择协议，并从每种协议中都学习到一条到达相同目标网络的路由，到达同一个目标网络的路由有多条，那么应该选择哪一条路由并将其记录到路由表中呢？

每一种路由选择协议都会使用自己的度量方案定义最优路径，如开销、跳数，以上参数构成最终的路由管理距离，正像为不同的路由分配不同的度量就可以确定首选路径一样。要确定首选路由源，还需要向路由源分配管理距离。可把管理距离看作可信度的一种度量，管理距离越小，协议的可信度越高。

1. 管理距离

管理距离是指一种路由协议的路由可信度。为每一种路由协议按可靠性从高到低依次分配一个信任等级，这个信任等级就称为管理距离。

如图 5-10 所示，RIP 路由域中边界路由器 RE 将外部路由 192.168.1.0/24 通告到 RIP 路由中。其中，边界路由器 RC 及 RD 都能学习到这条路由，并记录到各自的路由表中。

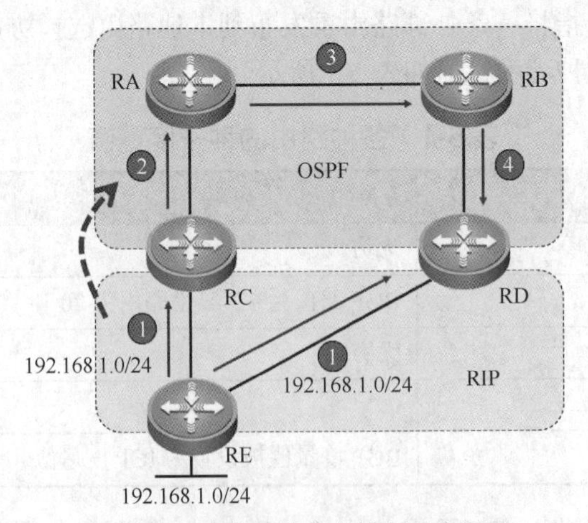

图 5-10 路由重发布中管理距离设置

为了让 OSPF 协议路由域中的路由器也能学习到重发布进来的 RIP 域路由条目，在边界路由器 RC 及 RD 上，分别配置 RIP 和 OSPF 协议路由重发布技术。

理想的情况是，安装在 OSPF 协议域内的路由器能同时从边界路由器 RC 及 RD 上学习到注入 OSPF 协议网络的路由，但实际情况可能不尽如人意，在冗余网络中重发布路由通常会带来许多问题。

2. 在冗余网络中重发布路由带来的问题

在图 5-10 所示的域边界路由器 RC 上，假设已经完成了路由重发布技术的配置，则 192.168.1.0/24 路由将被域边界路由器 RC 注入 OSPF 协议路由域中，并更新给 OSPF 协议路由域内的路由器 RA，再由域内路由器 RB 更新给路由器 RD。

同时，边界路由器 RD 也将来自 RIP 路由域中的路由，通过路由重发布技术注入 OSPF 协议路由域中，使 OSPF 协议域内路由器学习到 192.168.1.0/24 路由。

两台边界路由器都通过路由重发布技术，把同一网络中的路由信息注入 OSPF 协议路由域中。那么，应该优选哪一条路由条目注入路由表呢?

当然优选从边界路由器 RC 上通告过来的 OSPF 协议路由。因为 OSPF 协议路由的管理距离比 RIP 路由更小，所以在路由器 RD 的路由表中，到达目标网络 192.168.1.0/24 的下一跳是路由器 RB。而在边界路由器 RD 上，同样具有去往目标网络 192.168.1.0/24 的路由条目。因此，出现了次优路径。

所谓的次优路径就是绕远路由。例如，在边界路由器 RD 上，去往目标网络 192.168.1.0/24 的路径是 RB→RA→RC→RE。这就是在冗余的网络场景中，实施路由重发布最容易出现的次优路径问题，其出现的根本原因是管理距离太小。

常见的路由来源及其管理距离如表 5-2 所示。

表 5-2 常见的路由来源及其管理距离

路由来源	管理距离
直连路由	0
关联出接口的静态路由	0
关联下一跳的静态路由	1
EIGRP 汇总路由	5
外部 BGP	20
内部 EIGRP	90
IGRP	100
OSPF 协议	110
RIPv1、RIPv2	120
外部 EIGRP	170
内部 BGP	200
未知	255

在路由重发布技术中，应该如何解决次优路径问题呢?

设置比 RIP 的管理距离 120 更大的管理距离，可以解决次优路径问题。在路由器 RD 上，将注入 OSPF 协议网络中的外部路由的管理距离从默认的 110 修改为 130。这样，针对目标网络 192.168.1.0/24 的路由学习，路由器 RD 先从路由器 RB 上学习到类型为 OSPF 协议的外部路由，再通过 RIP 学习到该条路由。此时，由于路由器 RD 上的 OSPF 协议路由的管理距离被修改为 130，比 RIP 的管理距离要大，因此，路由器 RD 优选来自 RIP 路由域的 192.168.1.0/24 目标网络路由，并将 RIP 路由记录到路由表中，即可解决次优路径问题。

5.1.5 路由重发布原则三：从无类路由向有类路由重发布

在路由重发布的过程中，有类路由不能通告其携带的子网掩码信息。

在图 5-11 所示的网络场景中，边界路由器上有 4 个接口，分别连接多个目标网络为 10.1.0.0/16 的子网。其中，两个接口子网掩码为 27 位，两个接口子网掩码为 30 位。

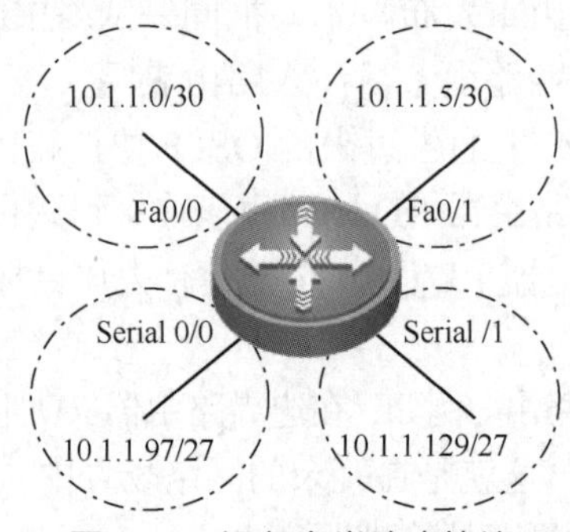

图 5-11 运行有类路由协议

如果在该路由器上运行有类路由协议 RIP，早期版本的 RIP 路由是有类路由，则不能从 27 位子网掩码推算出 30 位子网掩码，也不能从 30 位子网掩码推算出 27 位子网掩码。因此，无法解决子网掩码冲突问题。

该路由器通过 RIP 从接口上通告子网仅包括在 10.1.1.0 子网的信息。也就是说，只有那些子网掩码与接口掩码相同的子网才会从此接口通告路由。

在图 5-11 所示的网络中，最后选举的结果如下：如果接口 Fa0/0 和 Fa0/1 上连接运行 RIP 的邻居路由器，则将不知道子网掩码为 27 位的子网；如果接口 Serial 0/0 和 Serial 0/1 上连接运行 RIP 的邻居路由器，则将不知道子网掩码为 30 位的子网，会造成路由重发布的失败。

仅在子网掩码相同接口之间通告路由这一特性，在从无类路由选择协议向有类路由选择协议之间重发布时才会出现。

在图 5-12 所示的多园区网规划中，左边的是新园区网规划，使用无类路由协议 OSPF 协议，支持 VLSM 机制；右边的网络是旧园区网规划，使用有类路由协议 RIP。

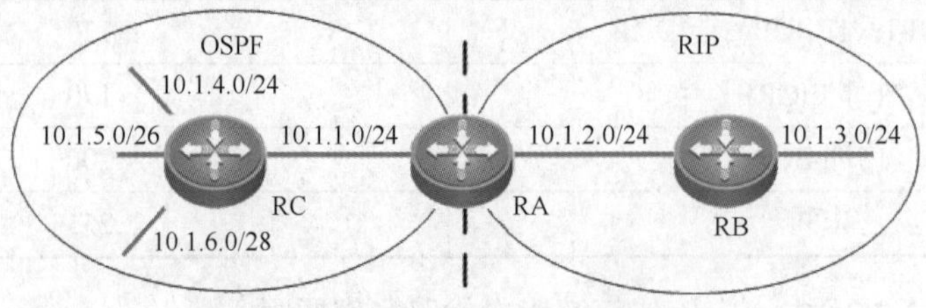

图 5-12 OSPF 协议与 RIP 重发布

由于自治域边界路由器 RA 上启用的 RIP 进程使用了 24 位子网掩码，因此，导致使用 OSPF 协议路由规划的新园区网中的两个 10.1.5.0/26 和 10.1.6.0/28 子网段掩码信息不一致，无法把子网信息通过路由重发布技术通告到 RIP 路由域中。

为解决无类路由和有类路由互相重发布的问题，在配置路由重发布时，需要使用关键字“subnets”。

5.2 配置路由重发布

5.2.1 路由重发布命令

1. 配置路由重发布注意事项

在实施路由重发布之前，需要考虑以下几点。

（1）只能在支持相同协议栈的路由协议之间进行重发布。

例如，可以在 RIP 和 OSPF 协议之间执行路由重发布，因为它们都支持 TCP/IP 栈。但不能在 IPX RIP 和 OSPF 协议之间进行重发布，因为 IPX RIP 支持 IPX/SPX 协议栈，而 OSPF 协议不支持该协议栈。

（2）配置重发布的方法随路由协议组合而异。

有的路由协议之间会自动进行重发布，如 IGRP 和 EIGRP 有相同 AS 号时。有些路由协议对配置重发布期间的度量值有要求，但有些路由协议对此没有要求。

2. 配置重发布命令

路由重发布具有方向性，将路由从 A 路由协议重发布注入 B 路由协议中时，要在 B 路由协议的进程中进行配置。

```
Router(config)#router rip
Router(config-router)#version 2
Router(config-router)#redistribute  ?        // 查询重发布命令参数
bgp         Border Gateway Protocol (BGP)
connected    Connected
isis         ISO IS-IS
metric       Metric for redistributed routes
ospf         Open Shortest Path First (OSPF)
rip          Routing Information Protocol (RIP)
route-map    Route map reference
static       Static routes
Router(config-router)#redistribute ospf        // 将 OSPF 协议重发布进来
```

5.2.2 配置 OSPF 协议与 RIP 重发布

1. RIP 的 redistribute 命令

使用如下命令将外部路由重发布到 RIP 路由域中，其各项参数如表 5-3 所示。

```
Router(config)#router rip
Router(config-router)#redistribute protocol [ metric metric-value] [ match
internal | external nssa-external type] [route-map map-tag]
```

```
// 将外部路由重发布到 RIP 路由域中
```

表 5-3　RIP 的 redistribute 命令参数

参数	描述
protocol	路由重发布源路由协议：Connected、RIP、Static、OSPF 协议、BGP
metric *metric-value*	设置重发布路由度量值，没有配置时将使用“default-metric”命令设置度量值
match internal | external nssa-external *type*	设置重发布路由条件。其中，OSPF 协议路由域中的路由分为内部路由、外部路由和 nssa-external 路由。而外部路由又分为 type 1 和 type 2 两种，此时，type 值分别为 1 或 2
route-map *map-tag*	应用路由图进行重发布控制

外部路由重发布到 RIP 路由域中时，除了静态路由和直连路由外，其他重发布路由的默认度量值为无穷大，静态路由和直连路由的默认度量值为 1。

2. OSPF 协议的 redistribute 命令

使用如下命令将外部路由重发布到 OSPF 协议路由域中，其各项参数如表 5-4 所示。

```
Router(config)#router ospf
Router(config-router)#redistribute protocol [ metric metric-value ]
[ metric-type {1|2} ] [ tag tag-value ] [ route-map map-tag ]
// 将外部路由重发布到 OSPF 协议路由域中，该命令的“no”选项用于删除路由重发布
```

表 5-4　OSPF 协议的 redistribute 命令参数

参数	描述
protocol	路由重发布的源路由协议：Connected、RIP、Static、OSPF 协议、BGP
metric *metric-value*	设置重发布的路由的度量值，（1～16777214）没有配置时将使用“default-metric”命令设置度量值
metric-type	设置重发布的路由度量类型，其默认值为 2
tag *tag-value*	设置重发布的路由的 tag（0～2147483647），其默认值为 0
route-map *map-tag*	应用路由图进行重发布控制。设置关联的 route-map 的名称，默认没有关联 route-map

外部路由重发布到 OSPF 协议路由域中时，除了静态路由和直连路由外，其他重发布路由的默认度量值为 20，默认度量值类型为 2，且默认不重发布子网。

3. OSPF 协议与 RIP 重发布应用案例 1

在图 5-13 所示的场景中，RIP 路由域内的路由器 RA 和路由器 RB 上都启用 RIPv2；分别在 OSPF 协议路由域内的路由器 RB 和路由器 RC 上启用 OSPF 协议。在边界路由器 RB 上进行路由重发布，将 OSPF 协议路由重发布到 RIP 路由域中，配置命令如下。

```
RB(config)#router rip
RB(config-router)#verision 2
RB(config-router)#redistribute ospf 1 metric 3
```

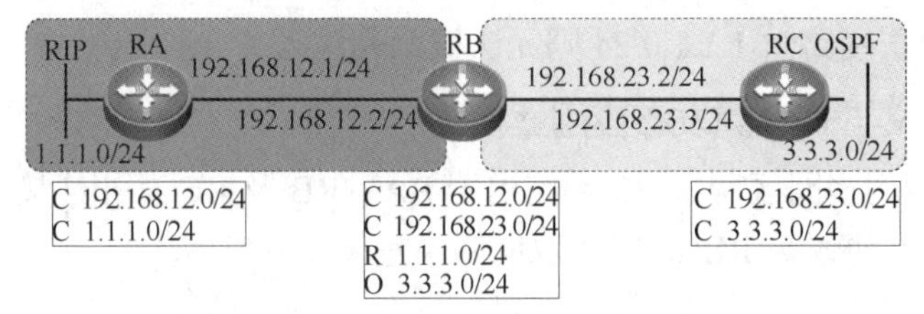

图 5-13 OSPF 协议与 RIP 重发布

其中，OSPF 协议路由域内的路由器 RB 和路由器 RC 形成邻接关系的 OSPF 协议进程号默认为 1；"metric 3"则是将 OSPF 协议路由注入 RIP 路由域中形成的 RIP 路由的度量值。

这样，边界路由器 RB 上路由表中的 OSPF 协议路由 3.3.3.0/24，以及直连 OSPF 协议路由域接口网段直连路由 192.168.23.0/24 都被注入 RIP 路由域中。RIP 路由域内的路由器 RA 能够学习到这两条路由，如图 5-14 所示。

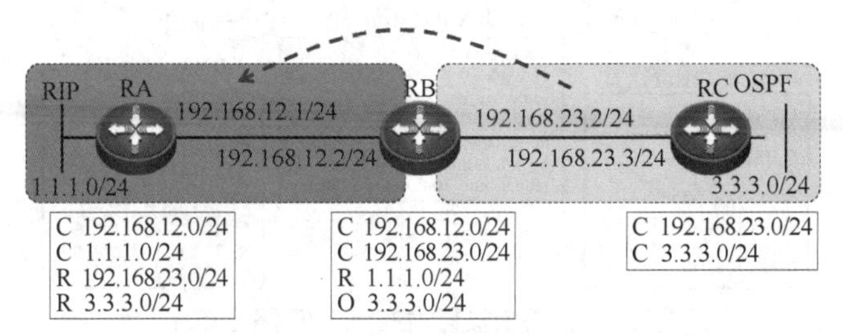

图 5-14 将 OSPF 协议路由重发布到 RIP 路由域中

当然，这个时候 RIP 路由域内的 1.1.1.0/24 网段还是无法正常访问 OSPF 协议路由域内的 3.3.3.0/24 网段。因为 OSPF 协议路由域内的路由器 RC 上还没有 RIP 路由域中的路由（也就是说缺少指向 1.1.1.0/24 网段的回程路由）。

如果要实现全网互联互通，则需要在边界路由器 RB 上将 RIP 路由注入 OSPF 协议路由域中，配置命令如下。

```
RB(config)#router ospf
RB(config-router)#redistribute rip subnets
// 配置其他路由到 OSPF 协议的路由重发布时，建议加上"subnets"关键字
```

这样就完成了 RIP 和 OSPF 协议之间的双向路由重发布，实现了全网互联互通，如图 5-15 所示。

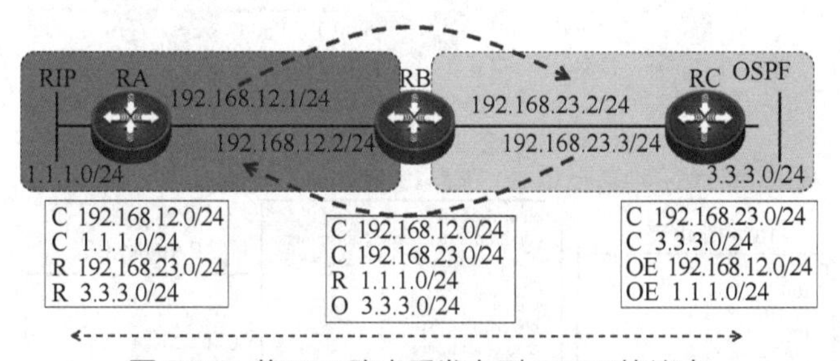

图 5-15 将 RIP 路由重发布到 OSPF 协议中

需要注意的是，当 RIP 路由重发布路由到 OSPF 协议路由域中时，配置的命令"redistribute rip subnets"中，要加上"subnets"关键字，否则只有主类路由被注入 OSPF

协议路由域中，而子网路由 1.1.1.0/24 则无法被顺利注入。

4．OSPF 协议与 RIP 重发布应用案例 2

在图 5-16 所示的多园区网中，3 台路由器 RA、RB 及 RC 互相连接，实现互联互通。应该如何完成 OSPF 协议与 RIP 之间的双向路由重发布呢？

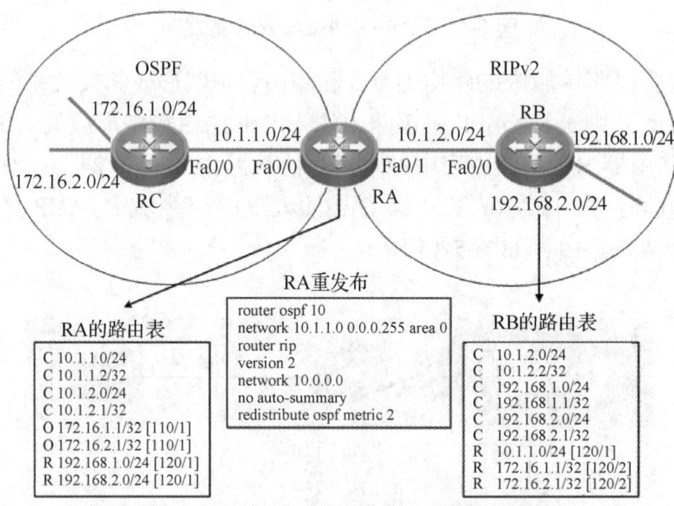

图 5-16　路由被重发布到 RIP 路由域中

首先，需要将 OSPF 协议路由重发布到 RIP 进程中，并将度量值指定为 2。这样路由器 RB 就能从边界路由器 RA 中获得前往 172.16.1.0/24、172.16.2.0/24 的两条域外路由。边界路由器 RA 上的配置结果如图 5-16 所示。

其次，需要将 RIP 路由重发布到 OSPF 协议进程中，并将种子度量值指定为 100。这样路由器 RC 从路由器 RA 中获得前往 192.168.1.0/24、192.168.2.0/24 的两条域外路由。因为 OSPF 协议是无类路由协议，而 RIP 是有类路由协议，所以在执行 OSPF 协议的路由重发布时，需要指定关键字 subnets。其中，边界路由器 RA 上的配置结果如图 5-17 所示。

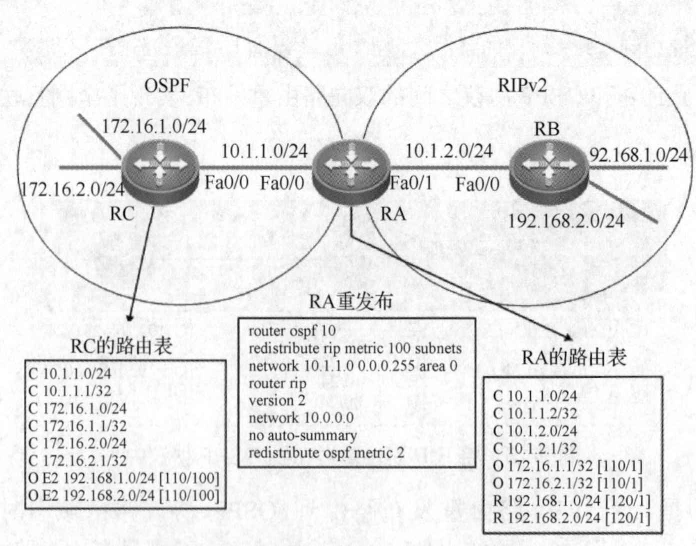

图 5-17　路由被重发布到 OSPF 协议路由域中

5.2.3 重发布直连路由

1. 重发布直连路由命令

（1）在 RIP 中重发布直连路由的命令如下。

```
Router(config)#router rip
Router(config-router)#redistribute connected [ metric metric-value ]
// 如果不指定度量值，则其默认为1
```

（2）在 OSPF 协议中重发布直连路由的命令如下，其各项参数如表 5-5 所示。

```
Router(config)#router ospf
Router(config-router)#redistribute connected [ subnets ] [ metric
metric-value ] [ metric-type { 1 | 2 } ] [ tag tag-value ] [ route-map map-tag ]
```

其中，如果不指定度量值，则其默认值为 20。如果不指定度量类型，则其默认为 E2 类型路由。使用“subnets”关键字可以支持无类路由。

表 5-5 redistribute connected 命令参数

参数	描述
metric *metric-value*	设置重发布的路由的度量值，范围为 1～16777214
metric-type	设置重发布的路由度量类型，其默认值为 2
tag *tag-value*	设置重发布的路由的 tag（0～2147483647），其默认值为 0
route-map *map-tag*	应用路由图进行重发布控制。设置关联的 route-map 的名称，默认没有关联 route-map

2. 重发布静态路由命令

（1）在 RIP 中重发布静态路由的命令如下。

```
Router(config)#router rip
Router(config-router)#redistribute static [ metric metric-value ]
// 如果不指定度量值，则其默认为1
```

（2）在 OSPF 协议中重发布静态路由的命令如下，其各项参数如表 5-6 所示。

```
Router(config)#router ospf
Router(config-router)#redistribute static [ subnets ] [ metric
metric-value ] [ metric-type { 1 | 2 } ] [ tag tag-value ] [ route-map map-tag ]
```

其中，如果不指定度量值，则其默认值为 20。如果不指定度量类型，则其默认为 E2 类型路由。使用“subnets”关键字可以支持无类路由。

表 5-6 redistribute 后带参数

参数	描述
metric *metric-value*	设置重发布的路由的度量值，其范围为（1～16777214）
metric-type	设置重发布的路由度量类型，其默认值为 2
tag *tag-value*	设置重发布的路由的 tag（0～2147483647），其默认值为 0
route-map *map-tag*	应用路由图进行重发布控制。设置关联的 route-map 的名称，默认没有关联 route-map

3. 重发布默认路由命令

（1）在 RIP 中重发布默认路由的命令如下。

```
    Router(config)#router rip
    Router(config-router)#default-information originate [ route-map
route-map-name ]
    // 重发布默认路由，该命令用于设置 RIP 是否产生默认路由
```

（2）在 OSPF 协议中重发布默认路由的命令如下，其各项参数如表 5-7 所示。

```
    Router(config)#router ospf
    Router(config-router)#default-information originate [ always ] [ metric
metric-value ] [ metric-type type-value ] [ route-map map-name ]
    // 该命令用于设置自治系统边界路由器产生一条默认路由
```

表 5-7　default-information originate 命令参数

参数	描述
always	不管本路由器是否存在默认路由，总是通告默认路由
metric *metric-value*	默认路由的度量值，其范围为 1～16777214，默认值是 10
metric-type *type-value*	计算外部路由度量的类型，其默认值是 2
route-map *map-name*	关联的 route-map 的名称，默认没有关联 route-map

4. 重发布直连路由应用案例

在图 5-18 所示的场景中，OSPF 协议路由域内的边界路由器 RA 的 Fa1/0 口并没有在 OSPF 协议进程中使用“network”命令激活 OSPF 协议。也就是说，OSPF 协议路由域内的路由器 RB 和路由器 RC 无法通过 OSPF 协议学习到这个接口的直连路由。因此，在整个 OSPF 协议路由域中，边界路由器 RA 上直连的 1.1.1.0/24 这条域外路由无法被 OSPF 协议路由域中的路由器学习到。

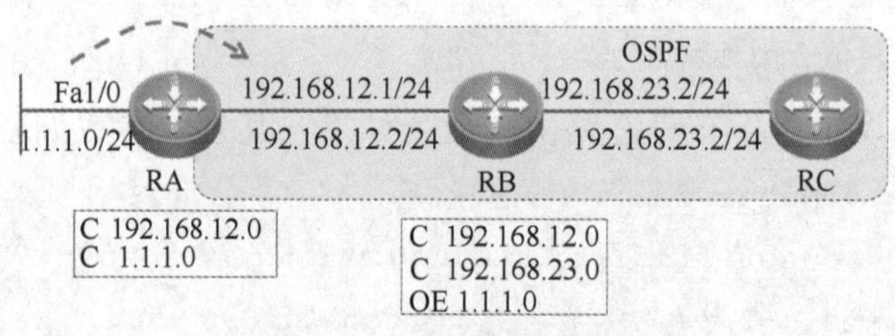

图 5-18　重发布直连路由

可以在边界路由器 RA 上配置路由重发布。将路由器 RA 上连接的域外直连路由通过路由器 RA 重发布到 OSPF 协议路由域中，形成 OSPF 协议路由域中的外部路由，并通过路由器 RA 通告给域内的其他路由器，配置命令如下。

```
    RA(config)#router ospf
    RA(config-router)#redistribute connected    // 若不指定度量值，那么其默认为 1
```

5.2.4 路由重发布技术的应用

1. 路由重发布类型

路由重发布分为以下两种类型。

（1）双向重发布。

双向重发布指在两个路由协议之间重发布所有路由，如图 5-19 所示。

图 5-19　路由的双向重发布

（2）单向重发布。

单向重发布指只将一种路由协议的路由传递给另一种路由协议，如图 5-20 所示。只在网络中的一台边界路由器上进行单向重发布，但这将可能导致部分路由条目没有回程路由，造成网络的单点故障。

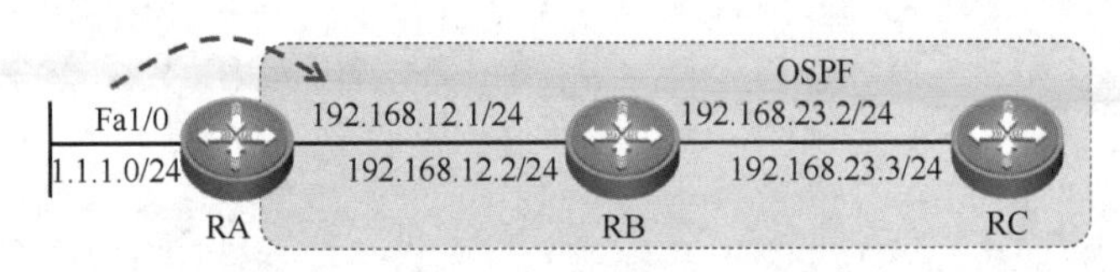

图 5-20　OSPF 协议路由的单向重发布

2. 路由重发布的注意事项

（1）不要重叠使用路由协议。不要在同一个网络中使用两种不同的路由协议。如果要使用不同的路由协议，则在网络之间必须有明显的边界。

（2）在有多个边界路由器的情况下，使用单向重发布。如果需要部署多台路由器作为路由重发布点，则使用单向路由重发布可以避免路由环路和收敛问题，并在不需要接收外部路由的路由器上使用默认路由指向。

（3）在单边界的情况下使用双向重发布。当一个网络中只有一个边界路由器时，双向重发布很稳定。如果没有任何机制来防止路由环路，则不要在一个多边界的网络中使用双向重发布。可通过综合使用默认路由、路由过滤及修改管理距离来防止路由环路。

【技术实践】实施 RIP 与 OSPF 协议路由重发布

【任务描述】

实施 RIP 与 OSPF 协议重发布，实现多园区网的互联互通。

【网络拓扑】

图 5-21 所示为多园区网的部署场景，使用了多台路由设备，配置了多种路由协议。需要实施 RIP 与 OSPF 协议重发布，实现多园区网的互联互通。

【设备清单】

路由器（或三层交换机，若干）、网线（若干）、测试计算机（若干）。

【实施步骤】

（1）按照图 5-21 连接设备，搭建 RIP 与 OSPF 协议重发布网络场景。

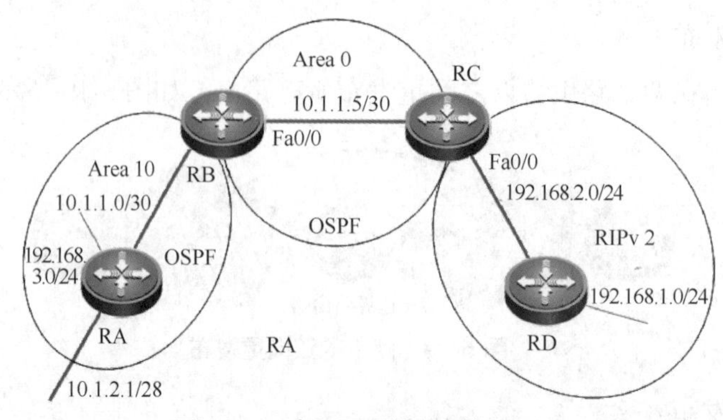

图 5-21　多园区网的部署场景

（2）配置路由器 RA 的基本信息。

```
Router(config)#hostname RA
RA(config)#interface FastEthernet 1/0
RA(config-if)#ip address 10.1.1.1 255.255.255.252
RA(config-if)#exit
RA(config)#interface FastEthernet 1/1
RA(config-if)#ip address 10.1.2.1 255.255.255.240
RA(config-if)#exit
RA(config)#interface Loopback 0
RA(config-if)#ip address 192.168.3.0 255.255.255.0
RA(config-if)#exit
```

（3）配置路由器 RA 的 OSPF 协议路由。

```
RA(config)#router ospf
RA(config-router)#network 10.1.1.0 0.0.0.3 area 1
RA(config-router)#network 10.1.2.0 0.0.0.15 area 1
RA(config-router)#network 192.168.3.0 0.0.0.255 area 1
```

（4）配置路由器 RB 的基本信息。

```
Router(config)#hostname RB
RB(config)#interface FastEthernet 1/0
RB(config-if)#ip address 10.1.1.2 255.255.255.252
RB(config-if)#exit
RB(config)#interface FastEthernet 1/1
RB(config-if)#ip address 10.1.1.5 255.255.255.252
RB(config-if)#exit
```

（5）配置路由器 RB 的 OSPF 协议路由。

```
RB(config)#router ospf
RB(config-router)#network 10.1.1.0 0.0.0.3 area 1
RB(config-router)#network 10.1.1.4 0.0.0.3 area 0
```

（6）配置路由器 RC 的基本信息。

```
Router(config)#hostname RC
RC(config)#interface FastEthernet 1/0
```

```
RC(config-if)#ip address 10.1.1.6 255.255.255.252
RC(config-if)#exit
RC(config)#interface FastEthernet 1/1
RC(config-if)#ip address 192.168.2.1 255.255.255.0
RC(config-if)#exit
```

（7）配置路由器 RC 的 OSPF 协议路由。

```
RC(config)#router ospf
RC(config-router)#network 10.1.1.4 0.0.0.3 area 0
RC(config-router)#exit
```

（8）配置路由器 RC 的 RIP 路由。

```
RC(config)#router rip
RC(config-router)#version 2
RC(config-router)#network 192.168.2.0
RC(config-router)#no auto-summary
RC(config-router)#exit
```

（9）配置路由器 RC 的路由重发布。

```
RC(config)#router ospf
RC(config-router)#redistribute rip    // 重发布 RIP 路由
RC(config-router)#exit
RC(config)#router rip     // 重发布 OSPF 协议路由
RC(config-router)#version 2
RC(config-router)#redistribute ospf metric 1    // 重发布 OSPF 协议路由
```

（10）配置路由器 RD 的基本信息。

```
Router(config)#hostname RD
RD(config)#interface FastEthernet 1/0
RD(config-if)#ip address 192.168.2.2 255.255.255.0
RD(config-if)#exit
RD(config)#interface Loopback 0
RD(config-if)#ip address 192.168.1.1 255.255.255.0
RD(config-if)#exit
```

（11）配置路由器 RD 的 RIP 路由。

```
RD(config)#router rip
RD(config-router)#version 2
RD(config-router)#network 192.168.1.0
RD(config-router)#network 192.168.2.0
RD(config-router)#no auto-summary
```

（12）查看路由器 RA 的路由表。

```
RA#show ip route
Codes:  C - connected, S - static,  R - RIP B - BGP
       O - OSPF, IA - OSPF inter area
       N1 - OSPF NSSA external type 1, N2 - OSPF NSSA external type 2
```

```
         E1 - OSPF external type 1, E2 - OSPF external type 2
         i - IS-IS, L1 - IS-IS level-1, L2 - IS-IS level-2, ia - IS-IS inter
area
         * - candidate default
    Gateway of last resort is no set
    C    10.1.1.0/30 is directly connected, FastEthernet 0/0
    C    10.1.1.1/32 is local host.
    O IA 10.1.1.4/30 [110/2] via 10.1.1.2, 00:17:08, FastEthernet 0/0
    C    10.1.2.0/28 is directly connected, Loopback 0
    C    10.1.2.1/32 is local host.
    O E2 192.168.1.0/24 [110/50] via 10.1.1.2, 00:15:00, FastEthernet 0/0
    O E2 192.168.2.0/24 [110/20] via 10.1.1.2, 00:14:58, FastEthernet 0/0
    C    192.168.3.0/24 is directly connected, Loopback 1
    C    192.168.3.1/32 is local host.
```

完成全网路由学习后，重发布路由已经被学习到。其中，O IA 表示区域间的路由，O E2 表示外部路由，从 RIP 中学习到。从外部路由协议学习到的路由默认为 E2 类型路由，可以通过“metric-type”参数修改路由类型。

【认证测试】

1. 在 OSPF 协议进程下，使用“redistribute static”命令重发布 3 条静态路由：10.10.0.0/16、192.168.0.0/24、172.16.0.0/24。此时，OSPF 协议会（　　）。

   A. 3 条路由都被重发布

   B. 3 条路由都不被重发布

   C. 重发布路由 10.0.0.0/8、192.168.0.0/24、172.16.0.0/16

   D. 重发布路由 192.168.0.0/24

2. 将 OSPF 协议重发布的 5 类 LSA 改为 1 类 LSA 的好处是（　　）。

   A. 减少数据包的个数　　B. 减小数据包的大小

   C. 使得度量值更准确　　D. 减少收敛时间

3. 一台运行 OSPF 协议的路由器，它的一个接口属于 Area 0，另一个接口属于 Area 9，并将 3 条静态路由重发布到了 OSPF 协议中，该路由器至少会生成（　　）条 LSA。

   A. 5　　B. 7　　C. 8　　D. 9

4. 两台运行 OSPF 协议的路由器通过点到点链路连接，到达 Full 状态后的两个小时之内，两台路由器之间的链路上一定会相互交换的报文有（　　）。【选 3 项】

   A. Hello　　B. DBD　　C. LSR　　D. LSU　　E. LSAck

5. 在 OSPF 协议环境中，既可以过滤 4 类 LSA 和 5 类 LSA，又可以引入外部路由，还能下发默认路由的是（　　）。

   A. 完全 NSSA　　B. Stub Area

   C. Totally Stub Area　　D. NSSA

单元 6 实施路由策略优化路由表

【技术背景】

多种不同的路由协议的应用满足了大规模园区网的组网需求。在多路由协议协同工作中，对来自不同网络中的路由实施路由策略尤为重要：何时允许数据包通过指定链路，指定数据包访问哪些网段，允许访问哪些网络，哪些网络应该实施相关安全策略，哪些网络需要防范网络攻击，等等。因此，在多园区的网络部署中，实施一定的路由策略，能避免网络中的路由产生安全隐患。

在图 6-1 所示的多园区的网络部署中，存在多种路由协议，通过实施路由策略，不仅可以提高路由更新的效率、优化园区网性能，还可以有效保护网络安全。

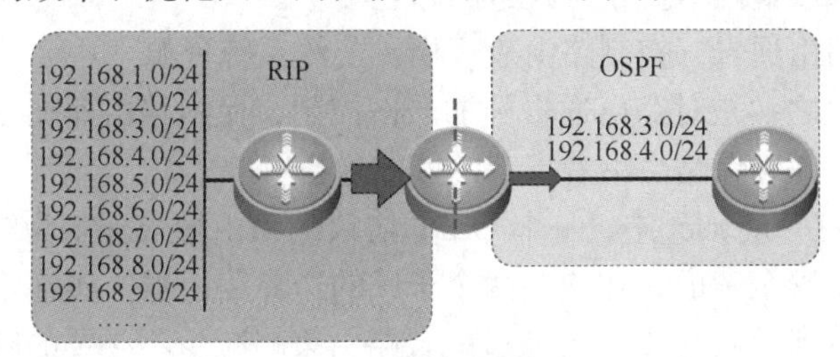

图 6-1 路由策略场景

【学习目标】

1. 掌握常见路由策略：被动接口、单播更新、分发列表、配置前缀列表、调整 AD 值等。
2. 会区分路由策略和策略路由。
3. 会配置路由策略，优化网络传输。

【技术要点】

6.1 了解路由策略原理

为了避免路由器按照默认方式选择路由的工作模式，提升路由器的工作效率，可通过在路由器上配置路由策略（Routing Policy，RP）来控制路由更新，过滤网络条目，筛选网络通信流量，优化多路由工作的环境，改善网络传输效率。

6.1.1 了解路由策略

1. 路由策略

路由策略指路由器依据路由表转发 IP 数据包，它将收到的 IP 数据包中的目的 IP 地址与路由表进行匹配，匹配成功后，直接转发到下一跳路由器。

可通过在路由器上实施路由策略进一步优化路由表。对于符合条件的路由条目，可修改其路由属性，执行相应转发策略，如允许通过、拒绝通过、接收、引入等操作，通过实施路由策略，可以过滤部分路由条目，优化路由表，如图 6-2 所示。

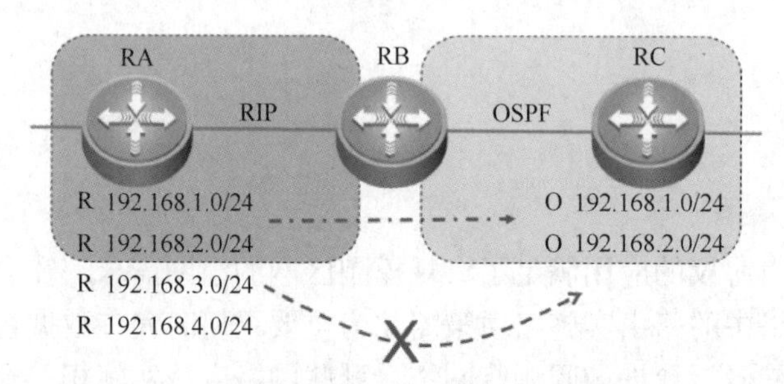

图 6-2　实施路由策略，过滤部分路由条目

2. 路由策略功能

路由策略作用于路由，主要实现路由过滤和路由属性设置等功能，它通过改变路由属性（包括可达性）来改变网络流量所经过的路径。

（1）通过控制路由通告，控制路由表规模，节约系统资源。

路由策略的用途之一是对路由通告施加严格控制，保障路由器在多种路由选择协议之间能互相共享路由，并确保路由沿着指定的方向通告。

如图 6-3 所示，在 Internet 中，一个 OSPF 协议的路由域被分割为两个子域，每个子域包含多条路由。出于安全考虑，在连接两个子域的边界路由器上实施路由策略，仅让子域 A 中的部分路由传播到子域 B 中。可通过配置路由策略减少不必要的路由传播，优化子域 B 中的路由表。

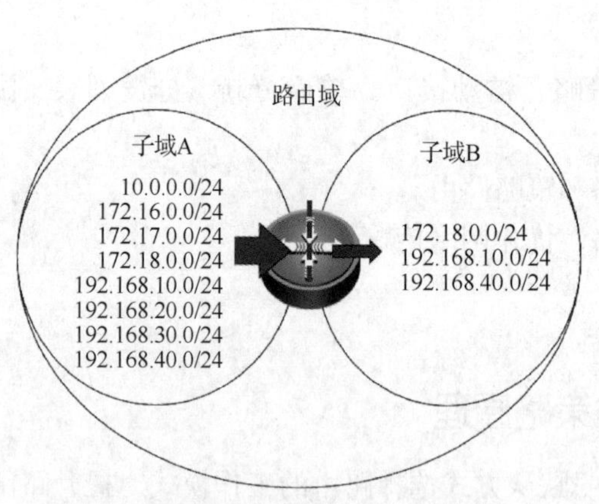

图 6-3　使用路由策略优化路由选择域大小

（2）保障路由传输安全，建立路由防火墙。

路由策略的另一种常见方式就是实施 IP 数据包的控制与过滤，也就是建立路由防火墙。通过建立 IP 数据包的安全过滤机制，可有效管理路由更新和传播，保障网络安全。

如果网络管理员不能有效地控制和管理网络中的多种路由传播，网络就会很容易因为错误的配置，受到来自外部网络中恶意路由的攻击。通过在路由器上使用控制与过滤技术，能确保路由器仅接收合法路由，保障园区网安全、稳健地运行。

（3）通过修改路由属性，对网络数据流量进行合理规划，提高网络性能。

通过实施路由策略，对进出路由器的路由进行控制，使得路由器只学习必要的、可预知的路由，对外只向可信任的路由器通告必要的、可预知的路由。

6.1.2 路由策略实施场合及其内容

在园区网中实施路由策略，对链路状态协议的影响和对距离矢量协议的影响稍有不同。

1. 路由策略实施场合

运行距离矢量协议的路由器基于自身路由表通告路由，因此，路由策略会选择符合条件的路由通告给邻居路由器，实施路由通告和更新。运行链路状态协议的路由器基于接收到的 LSDB，计算生成路由表，而不是基于邻居路由器直接通告路由条目。因此，路由策略对 LSA 通告或 LSDB 没有影响。路由策略对邻居路由器的路由表影响需要根据实际情况确定。

需要注意的是，在 OSPF 协议内部，路由策略的作用有限；但在 OSPF 协议的 ASBR 上需要引入外部的路由条目，实施路由策略可以对进出该域的路由进行控制，因此影响较大。

通过在部分路由器上实施路由策略，可以优化网络中的路由传输。

2. 路由策略内容

在边界路由器上实施路由策略，可通过不同的匹配条件和匹配模式来筛选路由条目，改变路由属性，从而实现路由策略的目标。路由策略主要通过控制路由的发布、接收、引入以及修改路由的属性等几个方面进行控制。

（1）控制路由的发布。

通过配置路由策略，对所要发布的路由信息进行过滤，只允许发布满足条件的路由信息。

（2）控制路由的接收。

通过配置路由策略，对所要接收的路由信息进行过滤，只允许接收满足条件的路由信息。这样可以控制路由条目的数量，提高网络的路由效率。

（3）控制路由的引入。

通过配置路由策略，只引入满足条件的路由信息，并控制所引入的路由信息的某些属性，使其满足本路由协议的路由属性要求。

（4）修改路由的属性。

修改通过路由策略过滤的路由的属性，以满足自身需要。

6.1.3 区分路由策略和策略路由

园区网项目实施中用到的路由策略和策略路由（Policy Based Routing，PBR），都是常见的路由控制技术，但二者在应用上有着本质区别。

1. 路由策略

路由策略中的“路由”是名词，“策略”是动词，即路由传输过程中应用的策略，其操作的对象是路由信息。路由策略主要用于实现路由表中部分路由的过滤、设置路由表中部分路由的属性等功能，它通过改变路由表中路由的属性（包括可达性），来改变网络中路由传播的路径，如图 6-4 所示。

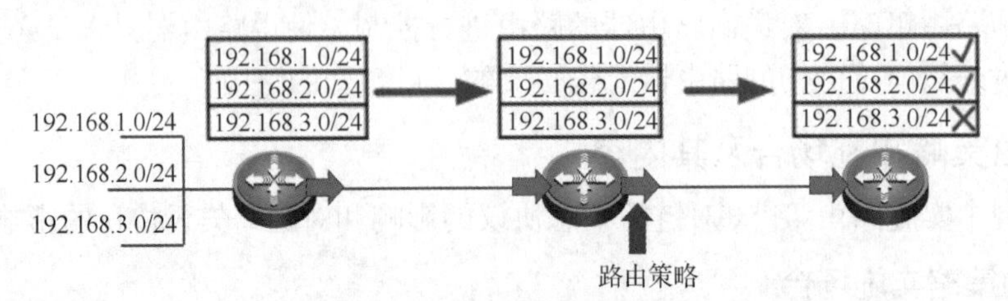

图 6-4　路由策略控制路由条目

通过实施路由策略实现路由表中的路由过滤和路由属性设置等功能，是对符合条件的路由通过修改路由属性来执行相应的策略动作，如允许通过、拒绝通过、接收、引入等，改变网络流量所经过的路径，使通过这些路由的数据包按照规定的策略进行转发。例如，RIP、OSPF 协议、IS-IS 协议、BGP 等动态路由协议在发布、接收、控制、选路、路由重发布以及 BGP 路由属性配置等操作中都用到了路由策略。

2. 策略路由

策略路由中的“策略”是名词，“路由”是动词，是基于策略的路由传输技术（这里的“路由”也是动词），其操作对象是 IP 数据包。策略路由在路由表已经匹配完成的情况下，不按照路由表进行转发，而根据网络应用需要，按照某种策略来控制 IP 数据包的转发路径，如图 6-5 所示。

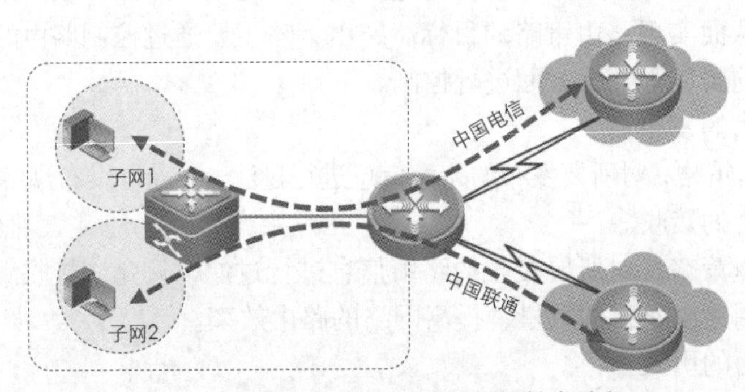

图 6-5　策略路由控制 IP 数据包的转发路径

策略路由使符合条件的 IP 数据包（如 IP 数据包源地址、IP 数据包长度等），按照策略规定的动作进行操作（如设置 IP 数据包的出接口和下一跳、设置 IP 数据包的默认出接口和下一跳等），来实施转发。

3. 路由策略和策略路由的比较

在实施路由策略的过程中，可通过改变路由信息属性，对接收和发布的路由进行控制与过滤。在传统的路由转发过程中，只能依据 IP 数据包中的目的地址实施转发，无法满足实际应用中的特殊过滤需求。在出现基于源地址、协议或者日常应用等一些复杂的路由策略需求时就有局限性，需要配合策略路由实施路由过滤。

和路由策略不同的是，策略路由根据用户自己定义的策略进行 IP 数据包转发和选择策略路由，使网络管理人员不仅能够根据 IP 数据包的目的地址制定路由的转发策略，还能够根据接收到的 IP 数据包的源地址、IP 数据包大小以及传输链路质量等属性制定策略路由，以改变 IP 数据包的转发路径，满足用户需求。

由此可知，路由策略基于路由表进行流量的转发，而策略路由基于策略进行流量的转发。路由策略与策略路由的比较如表 6-1 所示。

表 6-1　路由策略与策略路由的比较

路由策略	策略路由
基于路由的控制平面实施控制，会影响路由表的表项	基于路由的转发平面，不会影响路由表的表项，且设备收到报文后，会先查找策略路由进行匹配，实施转发。如果匹配失败，则查询路由表并实施转发
只能基于目的地址实施路由的选择和控制	可基于源地址、目的地址、协议类型、数据包大小等特征进行策略制定
与路由协议结合使用	需要手动逐条配置，以保证 IP 数据包按照策略进行转发
常用命令：route-policy、filter-policy 等	常用命令：traffic-filter、traffic-policy、policy-based-route 等

6.2 配置路由策略

路由器在发布、接收和引入路由信息时，需要根据实际组网实施一些路由策略，以便对路由信息进行过滤和改变路由的属性。

6.2.1 路由策略实现

路由策略的实现分为两个步骤：一是定义过滤规则；二是在接口上应用规则。

首先，需要定义过滤规则。定义将要实施路由策略的路由信息的特征，即定义一组匹配规则。可以用路由信息中的不同属性作为匹配依据进行设置，如目的地址、发布路由信息的路由器地址等。

其次，在指定的接口上应用规则，将匹配规则应用于路由的发布、接收和引入等过程。

6.2.2 了解过滤器

路由策略的核心是过滤器，通过使用过滤器可以定义一组匹配规则。

在实施路由策略的过程中，常见的过滤器及其比较如表 6-2 所示。

表 6-2　常见的过滤器比较及其比较

过滤器	应用范围	匹配条件
访问控制列表（ACL）	各动态路由协议	入接口、源地址或目的地址、协议类型、源端口号或目的端口号
IP 地址前缀列表	各动态路由协议	基于源地址、目的地址、下一跳等信息进行匹配，主要匹配的内容为掩码长度和掩码范围
AS 路径过滤器	BGP	AS 路径属性
Route-Policy	各动态路由协议	目的地址、下一跳地址、度量值、接口信息、路由类型、ACL、IP 地址前缀列表、AS 路径过滤器、团体属性过滤器、扩展团体属性过滤器和 RD 属性过滤器等

其中，访问控制列表、IP 地址前缀列表、AS 路径过滤器只能对路由进行过滤，不能修改通过过滤的路由的属性。而 Route-Policy 是一种综合过滤器，它可以使用访问控制列表、IP 地址前缀列表、AS 路径过滤器作为匹配条件来对路由进行过滤，并可以修改通过过滤的路由的属性。

下面对以上各种过滤器一一进行介绍。

1. 访问控制列表

访问控制列表（Access Control List，ACL）是一系列过滤规则的集合。所有过滤规则都按顺序排列。用户根据报文的源地址或目的地址、协议类型、源端口号或目的端口号等属性，来定义过滤规则。系统根据过滤规则对到达路由器的报文进行匹配，并判断该报文被拒绝或者接收。

因此，ACL 需要与路由策略配合使用，才能实现过滤报文的功能。按照 ACL 用途的不同，ACL 可以分为两种类型：标准的 ACL 和扩展的 ACL。用户要在 ACL 中指定 IP 地址和子网范围，用于匹配路由信息的源地址、目的地址或下一跳地址。

在网络设备（接入设备、核心设备等）中部署 ACL，可以保障网络的安全与稳定。ACL 的常见功能有以下几种。

（1）防止对网络的攻击，如防止针对 IP 报文、TCP 报文、Internet 控制报文协议（Internet Control Message Protocol，ICMP）报文的攻击。

（2）对网络访问行为进行控制，如控制企业网中内网和外网的通信、控制用户能否访问特定网络资源、特定时间段内允许对网络的访问。

（3）限制网络流量和提高网络性能，如限定网络上行、下行流量的带宽，对用户申请的带宽进行收费，保证高带宽网络资源的充分利用。

2. IP 地址前缀列表

IP 地址前缀列表（IP-Prefix List）是一种包含一组路由信息过滤规则的过滤器，用户可以在规则中定义前缀和掩码范围，用于匹配路由信息的目的地址或下一跳地址。

IP 地址前缀列表可以应用在各种动态路由协议中，对路由协议发布和接收的路由信息进行过滤。和 ACL 相比，其配置简单、应用灵活。在需要过滤的路由数量较大，且没有相同的前缀时，配置 IP 地址前缀列表会比较烦琐。

IP 地址前缀列表制定有针对 IPv4 路由的 IPv4 地址前缀列表。其中，IP 地址前缀列表进行匹配的依据有两个：掩码长度和掩码范围。

（1）掩码长度：IP 地址前缀列表匹配的对象是 IP 地址前缀，前缀由 IP 地址和掩码长度共同定义。例如，10.1.1.1/16 这条路由的掩码长度是 16，这个地址的有效前缀为 16 位，即 10.1.0.0。

（2）掩码范围：对于前缀相同、掩码不同的路由，可以指定待匹配的前缀掩码范围来实现精确匹配或者在一定掩码范围内的匹配。

3. AS 路径过滤器

AS 路径过滤器（AS_Path-Filter）是一组针对 BGP 路由的 AS 路径属性进行过滤的规则。

在 BGP 的路由信息中，包含 AS 路径属性。AS 路径属性按矢量顺序记录了 BGP 路由从本地到目的地址所要经过的所有 AS 编号，因此基于 AS 路径属性定义一些过滤规则，就可以实现对 BGP 路由信息的过滤。

AS 路径属性是 BGP 的私有属性，因此 AS 路径过滤器也仅应用于 BGP 路由协议。其中，AS 路径属性的详细内容参见 8.8.2 节。

6.2.3 配置 IP 地址前缀列表

1. 什么是 IP 地址前缀列表

IP 地址前缀列表用来匹配 IP 地址前缀及掩码。不同于匹配 IP 数据流量的 ACL，IP 地址前缀列表主要用来指定具体的网络可达，不仅可以匹配网络号，还可以匹配掩码。因为可以匹配掩码，所以还经常用它来匹配路由条目。

IP 地址前缀列表保留了 ACL 的多项重要特性，可实施网络中特点信息的数据包的过滤。但 IP 地址前缀列表在应用过程中占用的 CPU 资源比采用 ACL 的要少很多，因此，IP 地址前缀列表可提供更快的访问列表载入。其主要特征如下。

（1）IP 地址前缀列表在众多的列表加载和路由查找上比 ACL 的性能更优。

（2）IP 地址前缀列表支持增量修改，有较好的用户命令行界面。

（3）IP 地址前缀列表基于 Prefix 长度进行过滤，具有更大的灵活性。

2. 配置 IP 前缀列表

从语法上看，IP 地址前缀列表与路由映射列表类似，一个 IP 地址前缀列表由一条或多条名称相同的语句组成。

其中，每条语句都有序号，可以在特定位置插入或删除语句，每条语句都有一个“permit”或“deny”行为选项。配置 IP 地址前缀列表的具体命令如下。

```
ip prefix-list prefix-list-name [ seq seq-number] { deny | permit} ip-prefix
[ ge minimum-prefix-length ] [ le maximum-prefix-length]
```

其各项参数如表 6-3 所示。

表 6-3 IP 地址前缀列表参数

参数	描述
prefix-list-name	前缀列表的名称，名称的最大长度为 32 字节，区分字母大小写
seq *seq-number*	列表条目的序列号，值为 1～2147483647，当不指定该值时，将自动选取一个序列号，默认序号以 5 递增（5、10、15 等）
deny | permit *ip-prefix*	列表的匹配规则，表示当发现一个匹配条目时所要采取的行动
ge *minimum-prefix-length*	定义最小的掩码匹配长度，值为 0～32
le *maximum-prefix-length*	定义最大的掩码匹配长度，值为 0～32

假设有以下几条路由条目：10.0.0.0/8、10.128.0.0/9、10.1.1.0/24、10.1.2.0/24、10.128.10.4/30、10.128.10.8/30。表 6-4 所示为其前缀匹配表。

表 6-4　前缀匹配表

前缀列表命令参数	匹配	结果分析
10.0.0.0/8	1	因为没有配置“ge”或“le”参数，因此 10.0.0.0/8 要求精确匹配，最后匹配的是第 1 条路由
10.128.0.0/9	2	需要精确匹配，所以匹配的只可能是第 2 条路由
10.0.0.0/8 ge 9	2～6	只配置了“ge”参数，所以路由前缀长度应该在 9 和 32 之间，第 2～6 条路由均可以匹配
10.0.0.0/8 ge 24 le 24	3、4	因为配置了“ge”和“le”参数，且两者值相同，所以其前缀长度应为 24，可匹配的路由是第 3 条和第 4 条路由
10.0.0.0/8 le 28	1～4	只配置了“le”参数，所以路由前缀长度应该在 8 和 28 之间，可匹配的路由是第 1～4 条
0.0.0.0/0	无	只能与默认路由匹配
0.0.0.0/0 le 32	1～6	因为配置了“le”参数，所以路由前缀长度应该在 0 和 32 之间，显然所有路由均可匹配

3. IP 前缀列表应用

在图 6-6 所示的 OSPF 协议网络中，安装在自治域边界中的路由器 RB 的路由表有两条去往 2.2.2.0/24、3.3.3.0/24、4.4.4.0/24 网络的等价路由。可通过配置 IP 地址前缀列表，过滤掉部分路由。

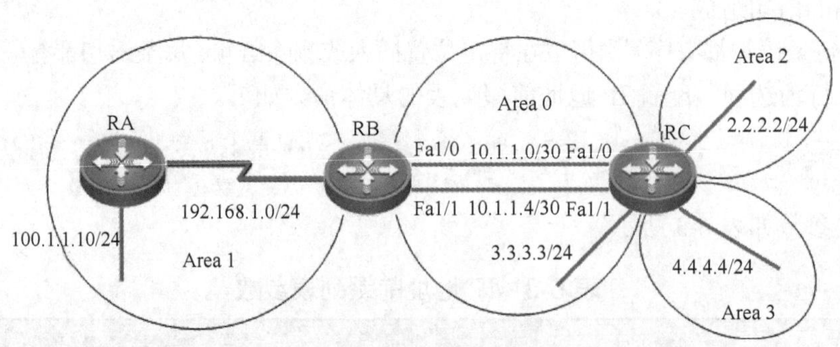

图 6-6　IP 地址前缀列表配置示例

（1）完成全网的基础配置，为所有设备配置接口 IP 地址。（限于篇幅，这里省略。）

（2）完成全网的 OSPF 协议路由配置，分别完成不同区域通告。（限于篇幅，这里省略。）

（3）完成全网的路由信息配置后，查询自治域边界路由器 RB 的路由表。

```
RB#show ip route
Codes:  C - connected, S - static,  R - RIP B - BGP
        O - OSPF, IA - OSPF inter area
        N1 - OSPF NSSA external type 1, N2 - OSPF NSSA external type 2
        E1 - OSPF external type 1, E2 - OSPF external type 2
        i - IS-IS, su - IS-IS summary, L1 - IS-IS level-1, L2 - IS-IS level-2
        ia - IS-IS inter area, * - candidate default
Gateway of last resort is no set
```

```
O IA  2.2.2.0/24 [110/1] via 10.1.1.2, 00:09:31,  FastEthernet 1/0
O IA            [110/1] via 10.1.1.6, 00:09:31,  FastEthernet 1/1
O    3.3.3.3/32 [110/1] via 10.1.1.2, 00:09:31,  FastEthernet 1/0
O              [110/1] via 10.1.1.6, 00:09:31,  FastEthernet 1/1
O IA  4.4.4.0/24 [110/1] via 10.1.1.2, 00:09:31,  FastEthernet 1/0
O IA            [110/1] via 10.1.1.6, 00:09:31,  FastEthernet 1/1
C   10.1.1.0/30 is directly connected, FastEthernet 1/0
C   10.1.1.1/32 is local host.
C   10.1.1.4/30 is directly connected,  FastEthernet 1/1
C   10.1.1.5/32 is local host.
O   100.1.1.1/32 [110/50] via 192.168.1.2, 00:15:38, serial 1/2
C   192.168.1.0/24 is directly connected, serial 1/2
C   192.168.1.1/32 is local host.
```

需要使用IP地址前缀列表过滤掉路由器RB从Fa1/0接口上学习到的来自4.4.4.0/24网络的路由。同时，要过滤掉路由器RB从Fa1/1接口上学习到的来自2.2.2.0/24网络的路由。只允许路由器RB从Fa1/0和Fa1/1接口学习到来自3.3.3.0/24网络的路由。

使用IP地址前缀列表“ip prefix-list”命令，完成IP地址前缀列表过滤操作。

（4）配置IP地址前缀列表过滤部分路由。

```
RB(config)#ip prefix-list filter-ospf1 seq 5 permit 2.0.0.0/8 ge 24 le 24
RB(config)#ip prefix-list filter-ospf1 seq 10 permit 3.3.3.3/32
RB(config)#ip prefix-list filter-ospf2 seq 5 permit 4.0.0.0/8 ge 24 le 24
RB(config)#ip prefix-list filter-ospf2 seq 10 permit 3.3.3.3/32

RB(config)#router ospf 100
RB(config-router)#network 10.1.1.0 0.0.0.3 area 0
RB(config-router)#network 10.1.1.4 0.0.0.3 area 0
RB(config-router)#network 192.168.1.0 0.0.0.255 area 1
RB(config-router)#distribute-list prefix filter-ospf1 in FastEthernet 1/0
RB(config-router)#distribute-list prefix filter-ospf2 in FastEthernet 1/1
```

（5）在路由器RB上完成IP地址前缀列表的配置，过滤掉部分路由后，查询路由器RB的路由表。

```
RB#show ip route
Codes:  C - connected, S - static,  R - RIP B - BGP
        O - OSPF, IA - OSPF inter area
        N1 - OSPF NSSA external type 1, N2 - OSPF NSSA external type 2
        E1 - OSPF external type 1, E2 - OSPF external type 2
        i - IS-IS, su - IS-IS summary, L1 - IS-IS level-1, L2 - IS-IS level-2
        ia - IS-IS inter area, * - candidate default
Gateway of last resort is no set
O IA  2.2.2.0/24 [110/1] via 10.1.1.2, 00:52:44,  FastEthernet 1/0
O   3.3.3.3/32 [110/1] via 10.1.1.2, 00:48:51,  FastEthernet 1/0
```

```
O              [110/1] via 10.1.1.6, 00:48:51,  FastEthernet 1/1
O IA  4.4.4.0/24 [110/1] via 10.1.1.6, 00:54:55,  FastEthernet 1/1
C    10.1.1.0/30 is directly connected,  FastEthernet 1/0
C    10.1.1.1/32 is local host.
C    10.1.1.4/30 is directly connected,  FastEthernet 1/1
C    10.1.1.5/32 is local host.
O    100.1.1.1/32 [110/50] via 192.168.1.2, 02:04:29, serial 1/2
C    192.168.1.0/24 is directly connected, serial 1/2
C    192.168.1.1/32 is local host.
```

6.3 了解其他路由控制技术

路由策略针对进站、出站的路由条目信息实施路由控制，即对接收和发布的路由进行过滤，优化路由表。

路由器在学习路由的过程中，还可以通过其他技术对路由条目实施控制，使得路由器只学习到必要的路由条目，只向可信任的路由器通告必要路由，包括被动接口、单播更新、分发列表、调整管理距离等。下面分别予以介绍。

6.3.1 被动接口

1. 什么是被动接口

被动接口（Passive-interface）可以将一个特定接口设置为被动状态。在指定的接口上使用了该技术后，特定的动态路由协议发出的路由更新信息就不会从这个接口发送出去了，从而实现路由传播范围的控制。

为了防止本地网络中路由器通过路由协议动态学习到园区网中的其他路由，可以在指定接口上配置被动接口，不允许路由更新报文从该接口发送出去。既然没有路由更新报文从路由器接口发送出去，该接口所连接的邻居路由器自然就学习不到路由信息，该特性可以应用在所有的 IGP 路由上。

2. 技术应用场景

图 6-7 所示为在路由器 RA 和路由器 RB 上运行 OSPF 协议路由，实现网络互联互通。

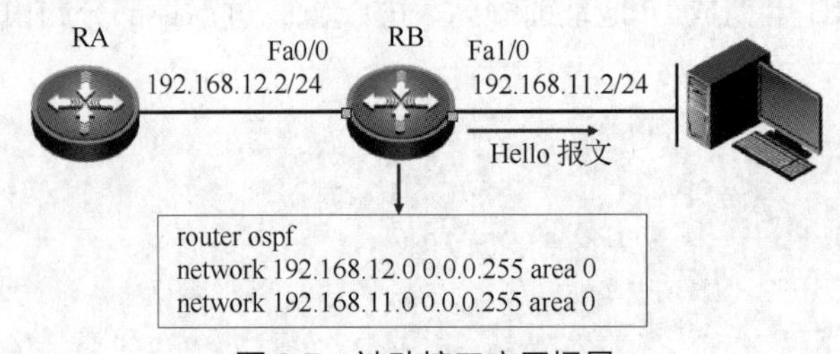

图 6-7　被动接口应用场景

路由器 RB 在 Fa1/0 接口上激活 OSPF 协议后，便周期性地发送 Hello 报文，试图在该条链路上发现邻居路由器。但由于在该条链路上并没有邻居路由器（只有终端设备），这些 Hello 报文只会增加对终端设备的干扰。

可以在路由器 RB 的 Fa1/0 接口上应用被动接口技术，该接口将不再收发 Hello 报文。该接口不收发 Hello 报文，自然也不会在接口上形成邻居关系。

需要注意的是,激活了 OSPF 协议的路由器 RA 上的 Fa0/0 接口依然可以使用 1 类 LSA 泛洪。互联的路由器 RA 可以通过 OSPF 协议学习到 192.168.11.0/24 网段路由。

3. 被动接口技术特性

被动接口技术可以阻止指定接口上发送的指定协议的路由更新信息。此外，被动接口也不参与路由计算。

如果某一个接口被配置为被动接口，则该接口在 OSPF 协议路由中会表现为一个残余网络，该接口将不再发送任何路由更新信息，也不接收路由更新信息，所以该接口不可能有邻居，也不会交换路由。

RIP 路由表现与 OSPF 协议路由不太一样，在激活 RIP 路由器的指定接口上应用被动接口技术后，该接口不发送路由更新报文，但是可以接收路由更新报文，且 RIP 可以通过定义邻居方式只给指定的邻居发送更新报文。

将某个接口设置为被动接口的前提是已经使用“network”关键字通告了这个接口所在的网段，否则被动接口没有意义。

被动接口通常用于某个接口上连接的网段路由需要被其他路由器学习到，但这个接口连接着一个末梢网络（只有主机，没有路由器）的场景。

RIP、EIGRP、OSPF 协议等均支持被动接口特性，但该特性在不同路由协议上的表现不尽相同，具体如表 6-5 所示。

表 6-5 不同路由协议支持的被动接口特性

路由协议	被动接口的描述
RIP	不发送路由更新信息，但是接收路由更新信息
EIGRP	不发送 Hello 报文，也不接收 Hello 报文；不建立邻居关系；不交互 Update 报文
OSPF 协议	不发送 Hello 报文，也不接收 Hello 报文；不建立邻居关系

4. 配置被动接口命令

（1）使用如下命令可以将某个接口配置为被动接口。

```
Router(config)#router 路由协议      // 配置路由选择协议
Router(config-router)#passive-interface type number [default]
// 在不需要建立邻居关系的接口上配置被动接口命令
```

（2）使用如下命令可以将所有接口配置为被动接口。“passive-interface”命令参数如表 6-6 所示。

```
Router(config-router)#passive-interface default    // 将接口设置为被动状态
Router(config-router)#passive-interface int-type int-num
                        // 在接口上启用路由选择协议
```

表 6-6　passive-interface 命令参数

参数	描述
type number	指定不发送路由选择更新（对于链路状态路由选择协议而言是建立邻居关系）的接口类型和接口号
default	（可选）设置路由器所有接口默认状态为被动状态

5. 被动接口的应用

图 6-8 所示为园区网中被动接口技术应用场景。汇聚层交换机 GS_SW 和核心交换机 CO_SW 之间通过 OSPF 协议路由实现互联互通，并在汇聚层交换机 GS_SW 上通告连接的 VLAN 子网段，以便核心交换机 CO_SW 学习到相关路由。

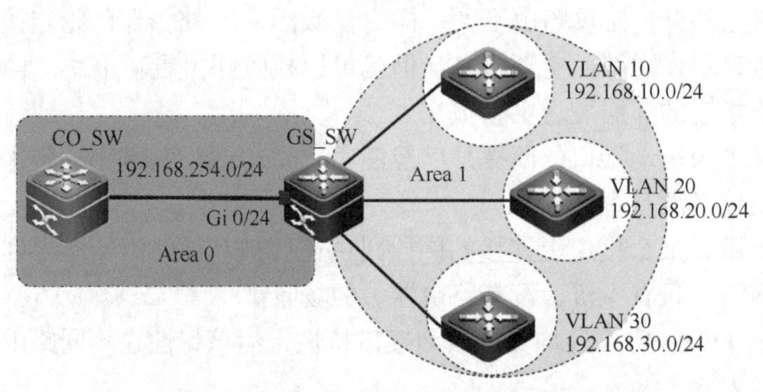

图 6-8　园区网中被动接口技术应用场景

其中，汇聚层交换机 GS_SW 在激活 OSPF 协议进程中通告 VLAN 子网段，相应的 SVI 就会向所有 VLAN 中泛洪 Hello 报文，因为汇聚层交换机下面连接的是二层接入交换机，所以需要在汇聚层交换机 GS_SW 上启用被动接口技术，将其屏蔽。

（1）限于篇幅，这里省略基础配置信息。

（2）被动接口关键配置如下。

```
......
GS_SW(config)#interface vlan 10
GS_SW(config-if)#ip address 192.168.10.254 256.256.256.0
GS_SW(config-if)#interface vlan 20
GS_SW(config-if)#ip address 192.168.20.254 256.256.256.0
GS_SW(config-if)#interface vlan 30
GS_SW(config-if)#ip address 192.168.30.254 256.256.256.0
GS_SW(config-if)#exit

GS_SW(config-router)#router ospf
GS_SW(config-router)#network 192.168.10.0 0.0.0.255 area 1
GS_SW(config-router)#network 192.168.20.0 0.0.0.255 area 1
GS_SW(config-router)#network 192.168.30.0 0.0.0.255 area 1
GS_SW(config-router)#network 192.168.254.0 0.0.0.255 area 0
```

```
GS_SW(config-router)#passive-interface default
GS_SW(config-router)#no passive-interface Gigabitethernet 0/24
```

在实际部署时，汇聚层交换机 GS_SW 上的 SVI 非常多，若依次对 SVI 进行被动接口的配置，则工作量很大。这里选择先使用“passive-interface default”命令，将所有接口都配置为单播后将其更新，再使用“no passive-interface”命令配置需要激活的接口。

6.3.2 单播更新

1. 什么是单播更新

单播更新就是将路由更新信息中的目的地址，使用单播地址来代替广播地址和组播地址。在距离矢量路由协议学习中，RIPv1 路由使用广播地址（255.255.255.255）更新，RIPv2 使用组播地址（224.0.0.9）更新，但无论是 RIPv1 还是 RIPv2，都可以使用路由的单播更新技术。

启用 RIP 的单播更新后，RIP 路由除了可以使用单播更新外，也可以使用组播和广播更新。也就是说，启用单播更新后，RIP 路由更新没有减少，而是增加了。但有一种特殊情况，在 RIP 中配置某个接口为被动接口，可以抑制从某个接口上发送的路由更新。被动接口不能抑制单播更新，只能抑制广播和组播更新。在采用单播更新时，可配合被动接口技术，消除不必要的路由更新。

2. 配置单播更新命令

在激活路由协议的设备上，使用如下命令配置单播更新。

```
Router(config)#router routing-protocol      // 激活路由协议
Router(config-router)#passive-interface FastEthernet 0/0    // 配置单播更新
```

3. 单播更新的应用

如图 6-9 所示，一台服务器通过核心交换机连接到路由器 RA 和路由器 RB，实现全网互联互通，所有设备都处在一个广播域中。当路由器 RA、路由器 RB 激活 RIP 时，就会开始在网络中泛洪 RIP 路由报文。

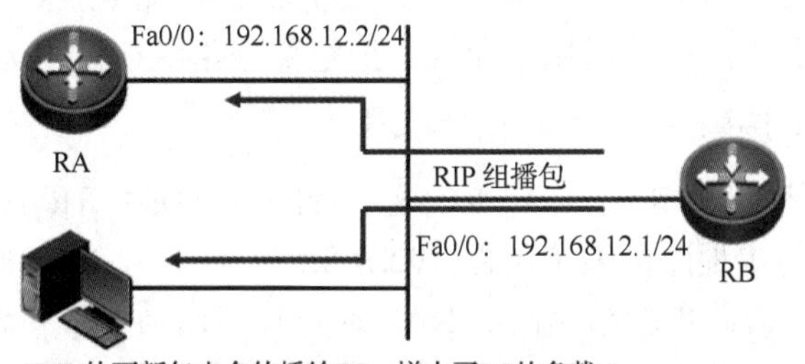

图 6-9 单播更新的应用场景

这意味着网络中连接的服务器会不断收到来自路由器 RA 及 RB 的周期性的广播，增加了服务器的干扰。此时，可使用单播更新技术阻止服务器接收来自网络的路由更新信息。路由器 RA 上的关键配置如下。

```
RA(config)#router rip
RA(config-router)#version 2
```

```
RA(config-router)#network 192.168.12.0
RA(config-router)#passive-interface FastEthernet 0/0
RA(config-router)#neighbor 192.168.12.2
```

先使用“network”关键字通告相应网段，再将路由器 RA 的 Fa0/0 接口配置为被动接口，故该接口只接收而不再发送 RIP 路由报文。

配置单播更新“neighbor 192.168.12.2”命令，使得路由器 RA 使用单播目的地址为 192.168.12.2/24 的 RIP 路由报文发送路由更新。

路由器 RB 上的关键配置如下。

```
RB(config)#router rip
RB(config-router)#version 2
RB(config-router)#network 192.168.12.0
RB(config-router)#passive-interface FastEthernet 0/0
RB(config-router)#neighbor 192.168.12.1
```

配置完成后，路由器 RA 和路由器 RB 之间采用单播的方式交互 RIP 报文，网络服务器就不会受到路由更新报文信息的影响了。

需要注意的是，OSPF 协议中的“neighbor”命令只在 NBMA 及 P2MP 环境中使用。

6.3.3 分发列表

另外一种控制路由更新的方法是分发列表（Distribute List）技术。分发列表将 ACL 技术应用于路由更新技术中，控制路由更新和传播。

1. 什么是分发列表

在路由器的接口上应用 ACL 不会对路由通告产生任何影响。ACL 与接口相关联，控制网络中的 IP 数据包分流。但如果为当前分发列表配置一个 ACL，则可以控制路由选择更新，而不管其路由来源。

可通过把分发列表技术应用在路由选择和更新过程中，决定哪些路由将被加入路由表或通过更新发送出去。

一般情况下，ACL 并不能控制由路由器自已生成的 IP 数据流，但是如果将 ACL 和分发列表技术有机结合起来，则可以用来允许、拒绝部分路由条目的选择更新。

2. 分发列表应用场景

图 6-10 所示的园区网中 RA、RB、RC 这 3 台路由器使用 RIP 路由互联互通。在初始情况下，路由器 RB 将本地路由表（包含 192.168.1.0/24、192.168.2.0/24 及 192.168.3.0/24 这 3 条路由）通过广播方式更新给路由器 RA。通过在路由器 RB 上部署分发列表，使得路由器 RB 在使用 RIP 更新路由给路由器 RA 时，过滤掉 192.168.3.0/24 路由。

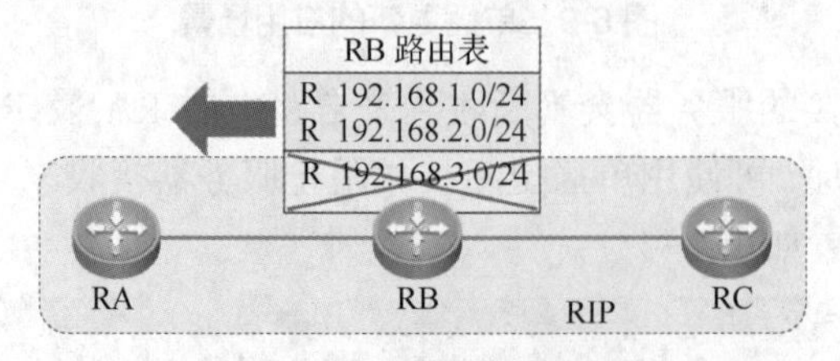

图 6-10 分发列表应用场景

3. 分发列表工作过程

分发列表是一种用于控制路由更新的技术，但分发列表技术只能过滤路由信息，不能过滤 LSA 信息。因此，在距离矢量协议中，分发列表技术无论是使用 in 还是 out 方向，都能正常地过滤路由；在链路状态协议中，其依靠 LSA 生成路由表机制，导致分发列表技术的应用效果不明显。

图 6-11 所示为使用分发列表的工作过程，在入接口和出接口上配置分发列表技术，实现路由选择更新。路由传播过滤过程如下。

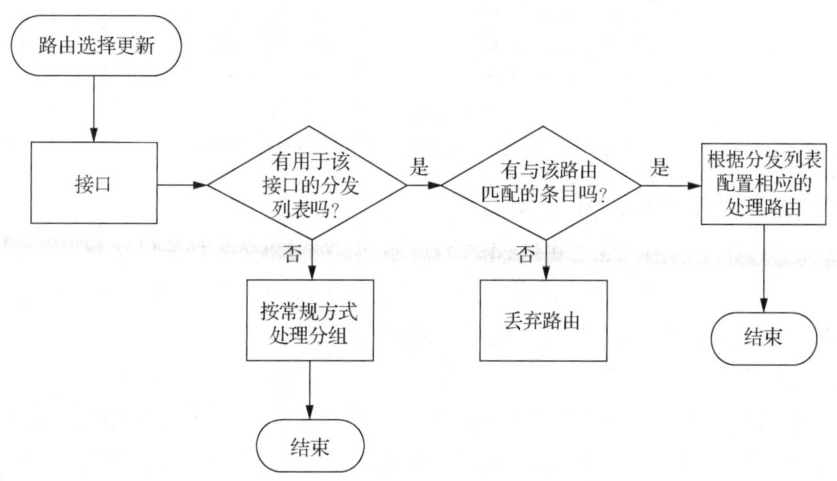

图 6-11 使用分发列表的工作过程

第一步：路由器收到准备发送给其他网络的路由更新信息。

第二步：路由器查询涉及接口，路由更新在进入该接口时，或需要通告的路由更新在出接口。

第三步：路由器确定是否有与接口相关联的分发列表。

第四步：如果该接口不存在相关联的分发列表，则按正常方式处理分组。如果该接口有相关联的分发列表，则路由器将查询分发列表以及其引用的 ACL，以查找与路由选择更新匹配的条目。

第五步：如果 ACL 中存在匹配的条目，则按配置的方式处理。根据匹配成功的 ACL 语句，应用“permit”或“deny”动作操作该路由。需要注意的是，ACL 只能对 IP 数据包进行过滤，可以对输入和输出报文中的目的地址进行匹配。此外，过滤只对输出的路由（“out”参数）有效。

第六步：如果在 ACL 中未找到匹配条目，则 ACL 最后隐含的 deny 策略将导致丢弃该路由。

4. 在距离矢量协议中应用分发列表

在 RIP 中，路由器之间传递的是路由条目信息，分发列表对路由条目信息有绝对的控制权。其中，如果在接口的输入方向上部署分发列表，则可以过滤特定的路由条目，使得执行分发列表的本地路由器上的路由表发生变化。

本地路由器在将更新过的路由信息传播给下游路由器时，更新的内容是经过分发列表过滤之后的路由条目。在接口的输出方向上部署分发列表，也能实现同样的效果，如图 6-12 所示。

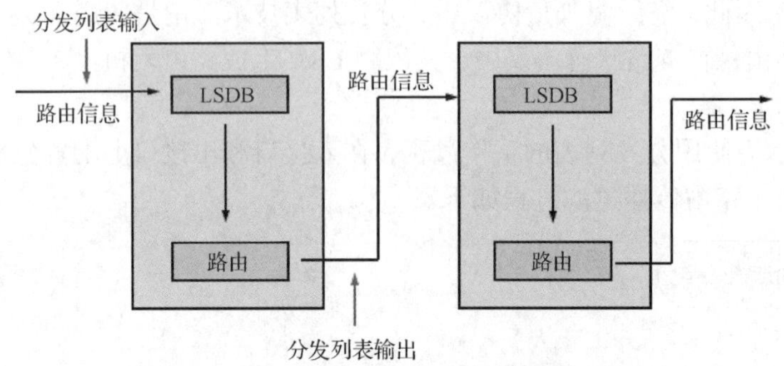

图 6-12　在接口的输出方向上部署分发列表

5. 在链路状态协议中应用分发列表

在 OSPF 协议中，路由器之间传递的消息不再是具体的路由条目信息，而是 LSA，而分发列表无法对 LSA 进行过滤，因此，实施的效果不明显，但在以 OSPF 协议为代表的链路状态协议中部署分发列表时需要注意以下几点。

（1）输入方向。

在输入方向上，分发列表只能对接收到 LSA 并生成路由后的路由条目进行过滤，执行分发列表的路由器中的路由表会受到分发列表的过滤影响。该路由器会将 LSDB 中的 LSA 发送给邻居，因此，在本地被过滤的路由条目对邻居路由器影响有限，如图 6-13 所示。

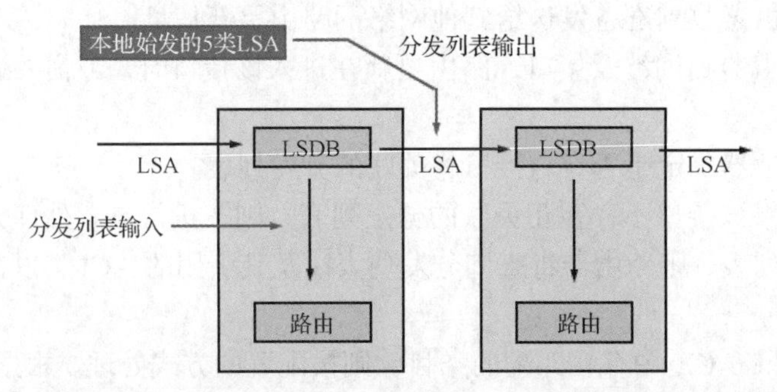

图 6-13　在输入方向上，OSPF 协议应用分发列表

（2）输出方向。

在输出方向上，分发列表只能应用在 ASBR 上，且只能对外部引入的路由起作用。OSPF 协议在执行路由重发布时，外部路由以路由条目的形式注入，分发列表在这种场合下能够正常工作，实现路由过滤。如果不是本地始发的外部路由，或者是内部的 OSPF 协议路由，输出方向的分发列表均没有效果。

如图 6-14 所示，在 ASBR 上实施路由重发布技术，把外部直连路由注入 OSPF 协议路由域。在输出方向上实施分发列表技术，过滤掉 1.1.1.0/24 这条外部路由。在路由器 RA 上重发布进来的路由条目被更新到路由器 RB 上时，继续在输出方向上使用分发列表，阻挡路由器 RC 接收 1.1.1.0/24 这条外部路由。但因为 OSPF 协议在域内，且使用 LSA 通告消息形成 LSDB，并依据链路状态数据来计算路由，所以没有方法实现。

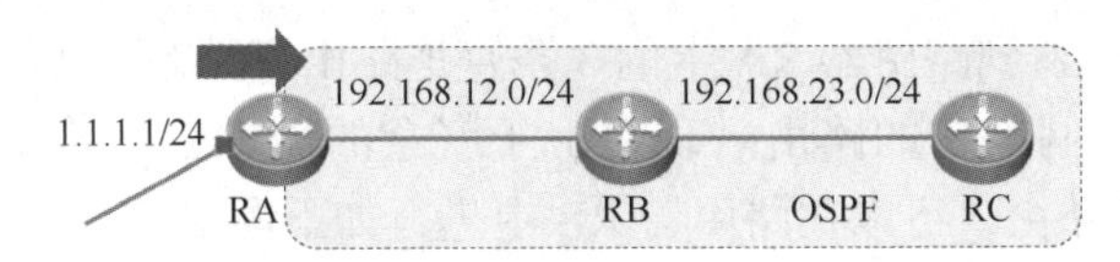

图 6-14 在输出方向上，ASBR 应用分发列表

6. 配置分发列表

使用“distribute-list”命令配置分发列表时，具体步骤如下。

首先，使用 ACL 技术定义 IP 数据流，定义要过滤的网络地址。

其次，使用“distribute-list”命令将它应用到特定的接口或路由选择协议中。要确定数据流是在入接口上过滤，还是在出接口上过滤，或者是从另一种路由选择协议重发布而来的路由更新。

最后，使用“distribute-list”命令在入接口或出接口上应用配置来过滤路由选择更新信息。使用如下命令配置分发列表。其各项参数如表 6-7 所示。

```
distribute-list { access-list-name | gateway ip-prefix-list | prefix ip-prefix-list [ gateway ip-prefix-list ] } { in | out } [ interface-id | protocol-type ]
```

其中，“distribute-list”用于设置路由协议在分发路由信息时的过滤规则；“distribute-list in”命令对 OSPF 协议无效，因为 OSPF 协议接收的不是具体路由，而是链路状态描述报文，在 RIP 中用于过滤从指定接口进入的路由选择更新；“distribute-list out”命令用于过滤从接口出站的路由选择更新，或指定路由选择协议的路由选择更新。

表 6-7 distribute-list 命令参数

参数	描述
access-list-name	分发列表关联的标准或扩展 ACL 名称
gateway *ip-prefix-list*	路由更新报文的原地址匹配的 IP 地址前缀列表
prefix *ip-prefix-list*	路由信息的目的地址匹配的 IP 地址前缀列表
in	指明该列表用于进入的路由
out	指明该列表用于输出的路由
interface-id	该规则应用的接口
protocol-type	该规则应用的协议，注意，协议过滤只在向外输出的路由过滤中有效

7. 分发列表应用场景 1：RIP 路由

在图 6-15 所示的场景中，在全网实施 RIP，实现全网互联互通。

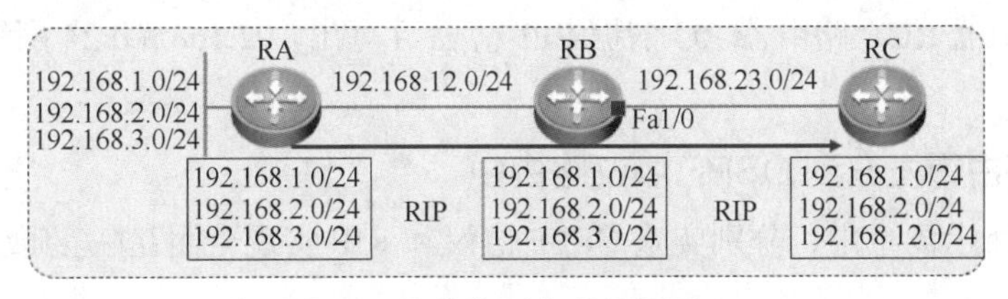

图 6-15 分发列表应用场景 1

路由器 RC 能够学习到路由器 RA 上的 3 条直连路由，以及路由器 RA 和路由器 RB 连接的 192.168.12.0/24 网络中的路由。现在由于安全的需求，不希望路由器 RC 学习到 192.168.3.0/24 网络的路由，可以在路由器 RB 上进行如下配置。

```
RB(config)#access-list 1 deny 192.168.3.0 0.0.0.255   // 配置 ACL
RB(config)#access-list 1 permit any
RB(config)#router rip
RB(config-router)#version 2
RB(config-router)#distribute-list 1 out FastEthernet 1/0
```

在路由器 RB 的出接口 Fa1/0 上应用 ACL 规则，控制路由分发。或者在路由器 RC 的 in 方向上应用 ACL 规则控制分发列表，也可以达到同样的效果。

8. 分发列表应用场景 2：OSPF 协议路由

在图 6-16 所示的网络中，在全网实施 OSPF 协议，实现全网的互联互通。

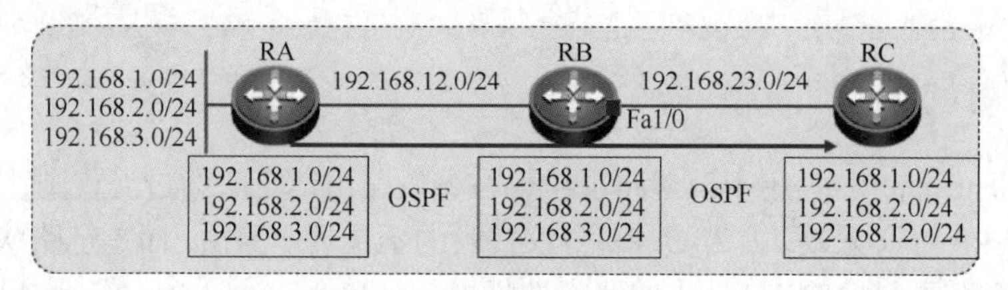

图 6-16　分发列表应用场景 2

现在由于安全的需求，不希望来自 192.168.3.0/24 网络的路由信息在全网传播。可以在路由器 RB 的 in 方向上应用 ACL 规则，控制路由传播范围。

具体配置代码如下。

```
RB(config)#access-list 1 deny 192.168.3.0 0.0.0.255   // 配置 ACL
RB(config)#access-list 1 permit any
RB(config)#router ospf
RB(config-router)#distribute-list 1 in FastEthernet 0/0
```

需要注意的是，在路由器 RB 的入接口 Fa0/0 上应用 ACL 规则控制路由分发，会导致路由器 RB 上的路由表过滤掉来自 192.168.3.0/24 网络的路由。

实际上，OSPF 协议路由器产生的该条路由的 LSA，已经记录在路由器 RB 的 LSDB 中，而路由器 RB 从路由器 DR 上复制 LSDB 信息，在本地计算路由。在将计算完成的路由记录进路由表之前，in 方向的分发列表发挥作用，将 192.168.3.0/24 网络的路由过滤掉。因此，在路由器 RB 的路由表中没有该条 OSPF 协议路由。

虽然路由器 RB 的路由表中没有 192.168.3.0/24 网络的路由，但是不妨碍路由器 RB 将 LSA 泛洪给路由器 RC。路由器 RC 依据 SPF 算法计算出 192.168.3.0/24 网络的路由，并记录在路由表中。

9. RIP 路由重发布到 OSPF 协议路由中

在图 6-17 所示场景中，分别实施 OSPF 协议和 RIP 实现全网互联互通。

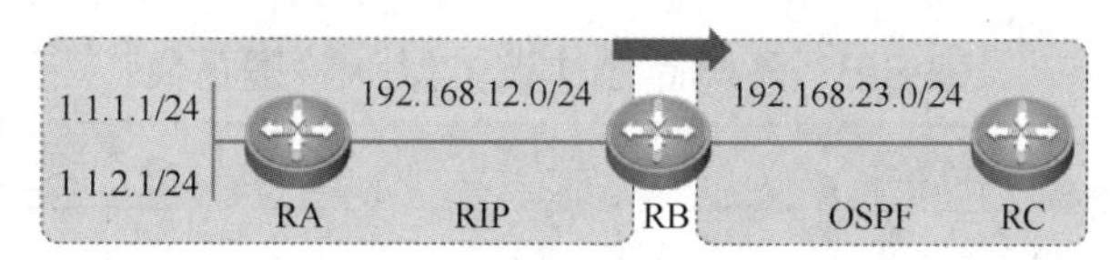

图 6-17 RIP 路由重发布到 OSPF 协议路由中

自治域边界路由器 RB 上的配置如下。

```
RB(config)#access-list 1 permit 1.1.1.0    // 配置 ACL
RB(config)#router ospf
RB(config-router)#redistribute rip metric 10 subnets   // RIP 路由重发布
RB(config-router)#distribute-list 1 out rip
```

以上配置命令实现了从 RIP 重发布过来的路由中，只允许来自 1.1.1.0/24 网络中的路由重发布到 OSPF 协议中。由于没有方向，只要是运行了 OSPF 协议的接口都有效。在路由器 RC 的路由表中只有 1.1.1.0/24 的路由。

在图 6-18 所示场景中，分别实施 OSPF 协议和 RIP 实现全网互联互通。其中，在路由器 RB 上开启 Loopback 0 接口的 1.1.3.0/24 作为直连路由；自治域边界路由器为 RB，在该路由器上实施路由重发布，既重发布 RIP 路由到 OSPF 协议中，又重发布直连路由到 OSPF 协议中。

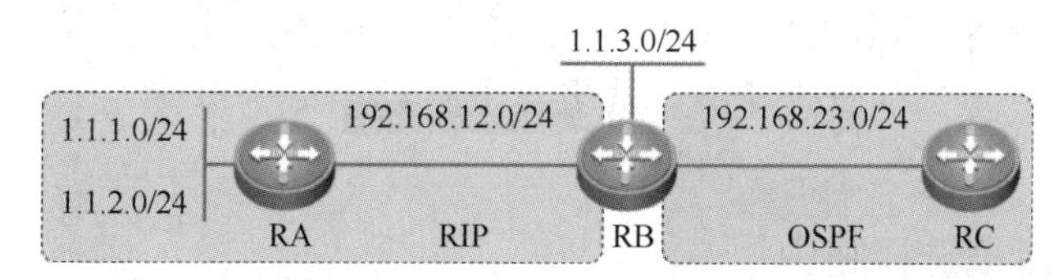

图 6-18 OSPF 协议路由和 RIP 路由、直连路由重发布列表

通过如下配置，把路由器 RB 上的所有其余路由都重发布到 OSPF 协议路由中，并通过分发列表对路由条目进行过滤，只允许部分路由通过。

```
RB(config)#access-list 1 permit 1.1.1.0
RB(config)#router ospf
RB(config-router)#network 192.168.23.0 0.0.0.255 area 0
RB(config-router)#redistribute connected subnets
RB(config-router)#redistribute rip metric 10 subnets
RB(config-router)#distribute-list 1 out
```

通过查看路由器 RC 的路由表，发现只有来自 1.1.1.0/24 网络中的路由。也就是说，“distribute-list 1 out”这条命令对所有从外部注入 OSPF 协议的路由都生效，但最终只有 1.1.1.0/24 路由“存活”下来，而不管路由是直连路由还是 RIP 路由。

6.3.4 调整管理距离

1. 关于管理距离

在各种路由协议中，从最可信到最不可信排序，使用管理距离来确定哪一条是到达目标网络的最佳路径。

表 6-8 所示为不同路由协议的默认管理距离。

表 6-8　不同路由协议的默认管理距离

路由源	默认管理距离
Connected interface 协议	0
Static route out an interface 协议	0
Static route to a next hop 协议	1
External BGP	20
OSPF 协议	110
IS-IS 协议	115
RIPv1、RIPv2	120
Internal BGP	200
Unknown 协议	255

假设一台运行 RIP 和 OSPF 协议的路由器，分别通过两种不同路由协议学习到达目标网络 172.16.0.0/16 的路由，此时，OSPF 协议具有更高的路由可信度，因此，通过 OSPF 协议学习到的路由信息将被放在路由表中。

在日常网络管理中，偶尔需要修改路由协议的默认管理距离。例如，在自治域边界路由器上，把来自 RIP 路由域的路由重发布到 OSPF 协议路由域中，可以在 OSPF 协议路由域中设置一个比 RIP 更高的管理距离，或者在 RIP 路由域中设置一个比 OSPF 协议更低的管理距离。

2. 根据管理距离选择路由

图 6-19 所示的路由器 RA 选择不同路径，获得前往路由器 RF 连接的网络 192.1.1.1/24。不同路由协议由于路由决策的路径不同，选择到达同一目标网络的路径也不相同。

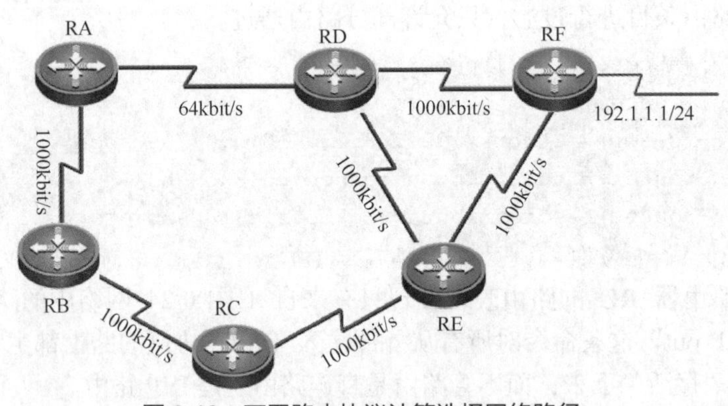

图 6-19　不同路由协议计算选择网络路径

（1）RIP 路由计算路径。

管理距离代表了一个路由信息源的可信度，其中，RIP 默认管理距离为 120，可配合跳数计算最佳路径。

因此，在 RIP 路由计算路径过程中，从路由器 RA 出发，到达目标网络 192.1.1.0/24 的传输路径，选择跳数最少的路径为 RA→RD→RF。这条路径的跳数为 2，而另一条路径的跳数为 4。

（2）OSPF 协议路由计算路径。

OSPF 协议的默认管理距离为 110，可通过路径开销来计算最佳路径。其中，路径开销默认度量值为 100Mbit/s 基准带宽和接口带宽之间的比值。

因此，OSPF 协议路由计算路径时，从路由器 RA 出发，到达目标网络 192.1.1.1/24，选择最短传输路径 RA→RB→RC→RE→RF，因为该条路径的开销为 400（100Mbit/s/1000kbit/s×4=400），而经过 RA→RD→RF 的路径开销为 1662（100Mbit/s/64kbit/s+100Mbit/s/1Mbit/s=1562+100）。

因为 OSPF 协议默认度量值根据带宽计算，所以能选择最短路径。

3. 修改管理距离

在具有路由冗余和备份的园区网中，经常会遇到多个路由进程通告同一目标网络的路由。为了能选择最佳路径，可以通过修改指定路由管理距离达到线路备份的目的，也可以达到路由过滤效果。

使用“distance *weight*”命令设置路由协议管理距离，其各项参数如表 6-9 所示。

```
Router(config)#distance weight { ip-address | wildcard | [ access-list-number ] }
```

表 6-9 distance 命令参数

参数	描述
weight	管理距离取值为 1～255。管理距离为 255 的路由将被丢弃
ip-address	路由源的 IP 地址。OSPF 协议要求该 IP 地址为路由器标识
wildcard	比较路由源 IP 地址的匹配符，0 表示比较，1 表示忽略
access-list-number	访问列表号（1～99）。只对符合访问列表的路由进行管理距离的修改

在 OSPF 协议路由中，该命令的格式与 RIP 路由有所不同，其各项参数如表 6-10 所示。

```
distance ospf { [ intra-area dist1 ] [ inter-area dist2 ] [ external dist3 ] }
```

表 6-10 distance ospf 命令参数

参数	描述
intra-area *dist1*	区域内路由信息的管理距离，取值为 1～255
inter-area *dist2*	区域间路由信息的管理距离，取值为 1～255
external *dist3*	外部路由信息的管理距离，取值为 1～255

4. 管理距离的应用

图 6-20 所示的 3 台路由器 RA、RB、RC 都运行 RIP。通过配置路由器 RA 上的 RIP 管理距离，使得路由器 RA 只学习到路由器 RB 通告出来的路由，忽略路由器 RC 发出的所有通告，从路由器 RB 学习到的路由管理距离为 99。可以将路由器 RA、RB 在默认情况下通过 RIP 学习到的路由管理距离全部设置为 255，将路由器 RB 学习到的路由管理距离设置为 99。

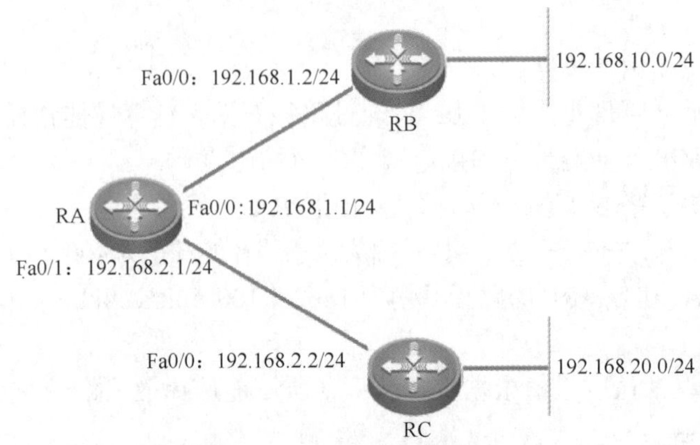

图 6-20　管理距离应用场景

（1）完成基础配置，为所有路由器重命名，配置接口地址，生成直连路由。

```
……      // 限于篇幅，这里省略
```

（2）在路由器 RA 上配置 RIP 路由，并修改管理距离。

```
RA(config)#router rip
RA(config-router)#version 2
RA(config-router)#network 192.168.1.0
RA(config-router)#network 192.168.2.0
RA(config-router)#no auto-summary
RA(config-router)#distance 255
RA(config-router)#distance 99 192.168.1.2 0.0.0.0
```

（3）在路由器 RB 上配置 RIP 路由。

```
RB(config)#router rip
RB(config-router)#version 2
RB(config-router)#network 192.168.1.0
RB(config-router)#network 192.168.10.0
RB(config-router)#no auto-summary
```

（4）在路由器 RC 上配置 RIP 路由。

```
RC(config)#router rip
RC(config-router)#version 2
RC(config-router)#network 192.168.2.0
RC(config-router)#network 192.168.20.0
RC(config-router)#no auto-summary
```

（5）在路由器 RA 上验证路由表配置。

```
RA#show ip route
C    192.168.1.0/24 is directly connected, FastEthernet 0/0
C    192.168.1.1/32 is local host.
C    192.168.2.0/24 is directly connected, FastEthernet 0/1
C    192.168.2.1/32 is local host.
R    192.168.10.0/24 [99/1] via 192.168.1.2, 00:00:22, FastEthernet 0/0
```

（6）在路由器 RA 上验证 RIP 路由配置。

```
RA#show ip rip
Routing Protocol is "rip"
  Sending updates every 30 seconds, next due in 0 seconds
  Invalid after 180 seconds, flushed after 120 seconds
  Outgoing update filter list for all interface is: not set
  Incoming update filter list for all interface is: not set
  Default redistribution metric is 1
  Redistributing:
  Default version control: send version 2, receive version 2
    Interface              Send  Recv   Key-chain
    FastEthernet 0/0        2     2
    FastEthernet 0/1        2     2
  Routing for Networks:
    192.168.1.0
    192.168.2.0
  Distance: (default is 255)
    Address             Distance  List
    192.168.1.2/32          99
```

【技术实践】启用被动接口，优化网络配置

【任务描述】

某园区网的出口区域使用了多台路由器实现连接，通过全部启用 RIPv2 实现全网互联互通。由于安全需求，需要在路由器 RB 的 Fa0/1 接口上启用被动接口，优化网络配置，保障网络安全。

【网络拓扑】

某园区网路由器 RA、RB、RC 之间的连接场景如图 6-21 所示。

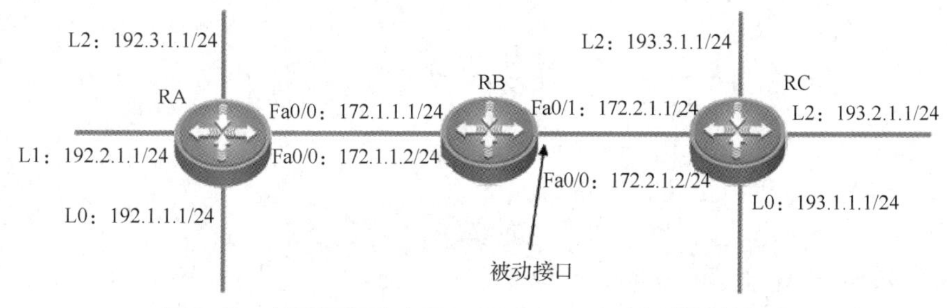

图 6-21 某园区网路由器 RA、RB、RC 之间的连接场景

【设备清单】

路由器（或三层交换机，若干）、网线（若干）、测试计算机（若干）。

【实施步骤】

（1）按照网络拓扑连接网络，对所有路由器重命名，配置接口地址，生成直连路由。

```
……     // 限于篇幅，这里省略
```

（2）配置路由器 RA 的 RIPv2 路由信息。

```
RA(config)#router rip
RA(config-router)#version 2
RA(config-router)#network 172.1.0.0
RA(config-router)#network 192.1.1.0
RA(config-router)#network 192.2.1.0
RA(config-router)#network 192.3.1.0
RA(config-router)#no auto-summary
```

（3）配置路由器 RB 的 RIPv2 路由信息。

```
RB(config)#router rip
RB(config-router)#version 2
RB(config-router)#network 172.1.0.0
RB(config-router)#network 172.2.0.0
RB(config-router)#no auto-summary
```

（4）配置路由器 RC 的 RIPv2 路由信息。

```
RC(config)#router rip
RC(config-router)#version 2
RC(config-router)#network 172.2.0.0
RC(config-router)#network 193.1.1.0
RC(config-router)#network 193.2.1.0
RC(config-router)#network 193.3.1.0
RC(config-router)#no auto-summary
```

（5）查看路由器 RC 生成的路由表。

```
RC#show ip route
R    172.1.1.0/24 [120/1] via 172.2.1.1, 00:00:13, FastEthernet 0/0
C    172.2.1.0/24 is directly connected, FastEthernet 0/0
C    172.2.1.2/32 is local host.
R    192.1.1.0/24 [120/2] via 172.2.1.1, 00:00:13, FastEthernet 0/0
R    192.2.1.0/24 [120/2] via 172.2.1.1, 00:00:13, FastEthernet 0/0
R    192.3.1.0/24 [120/2] via 172.2.1.1, 00:00:13, FastEthernet 0/0
C    193.1.1.0/24 is directly connected, Loopback 0
C    193.1.1.1/32 is local host.
C    193.3.1.0/24 is directly connected, Loopback 1
C    193.3.1.1/32 is local host.
```

（6）查看路由器 RA 生成的路由表。

```
RA#show ip route
C    172.1.1.0/24 is directly connected, FastEthernet 0/0
C    172.1.1.1/32 is local host.
R    172.2.1.0/24 [120/1] via 172.1.1.2, 00:00:13, FastEthernet 0/0
C    192.1.1.0/24 is directly connected, Loopback 0
C    192.1.1.1/32 is local host.
```

```
C    192.2.1.0/24 is directly connected, Loopback 1
C    192.2.1.1/32 is local host.
C    192.3.1.0/24 is directly connected, Loopback 2
C    192.3.1.1/32 is local host.
R    193.1.1.0/24 [120/2] via 172.1.1.2, 00:00:13, FastEthernet 0/0
R    193.2.1.0/24 [120/2] via 172.1.1.2, 00:00:13, FastEthernet 0/0
R    193.3.1.0/24 [120/2] via 172.1.1.2, 00:00:13, FastEthernet 0/0
```

（7）在路由器 RB 上配置被动接口。

```
RB(config)#router rip
RB(config-router)#vesion 2
RB(config-router)#passive-interface FastEthernet 0/1
RB(config-router)#end
```

（8）配置被动接口之后，查看路由器 RA 的路由表。

```
RA#show ip route
C    172.1.1.0/24 is directly connected, FastEthernet 0/0
C    172.1.1.1/32 is local host.
R    172.2.1.0/24 [120/1] via 172.1.1.2, 00:00:17, FastEthernet 0/0
C    192.1.1.0/24 is directly connected, Loopback 0
C    192.1.1.0/24 is directly connected, Loopback 0
C    192.1.1.1/32 is local host.
C    192.2.1.0/24 is directly connected, Loopback 1
C    192.2.1.1/32 is local host.
C    192.3.1.0/24 is directly connected, Loopback 2
C    192.3.1.1/32 is local host.
R    193.1.1.0/24 [120/2] via 172.1.1.2, 00:00:17, FastEthernet 0/0
R    193.2.1.0/24 [120/2] via 172.1.1.2, 00:00:17, FastEthernet 0/0
R    193.3.1.0/24 [120/2] via 172.1.1.2, 00:00:17, FastEthernet 0/0
```

（9）配置被动接口之后，查看路由器 RC 的路由表。

```
RC#show ip route
C    172.2.1.0/24 is directly connected, FastEthernet 0/0
C    172.2.1.2/32 is local host
C    193.1.1.0/24 is directly connected, Loopback 0
C    193.1.1.1/32 is local host
C    193.3.1.0/24 is directly connected, Loopback 1
C    193.3.1.1/32 is local host
```

从以上配置可以看出，路由器 RC 的路由表发生了变化，没有了来自 RA 的路由信息。也就是说，路由器 RC 的路由可以通过被动接口发送出去，但是外部路由无法通过被动接口发送进来。

被动接口的作用就是防止不必要的路由更新进入某个网络，并阻止 OSPF 协议的 Hello 报文通过。

【认证测试】

1. 访问控制列表通过检查报文中的关键字段来进行策略匹配，在锐捷网络的设备中，标准的访问控制列表通过检查报文的（　　）字段。

A. IP 包长度　　B. 端口号　　C. 源 IP 地址　　D. 目的 IP 地址

2. 访问控制列表通过检查报文中的关键字段来进行策略匹配，用于扩展的访问控制列表检查的对象是（　　）。【选 3 项】

A. 源 IP 地址/目的 IP 地址　　B. 源端口号/目的端口号

C. 源 MAC 地址/目的 MAC 地址　　D. 协议字段

3. 当客户网络是单出口设备多线路（有电信、教育网、联通 3 条出口线路）时，以下无法实现分流设计的方法是（　　）。

A. 在出口设备上通过设置不同的明细静态路由来实现数据分流，如将教育网和联通的明细路由都配置出来，再配置一条默认路由指向电信出口

B. 在出口设备上设置策略路由，将某些源 IP 地址的数据包强制转发到出口设备连接联通线路的接口上，配置默认路由到电信，配置明细路由到教育网

C. 在为某些源 IP 地址进行基于策略的数据分流时，将访问教育网的数据转发到出口设备的教育网线路上，将访问公网的数据转发到出口设备的联通线路上，配置默认路由指向电信

D. 配置 3 条默认路由分别指向 3 个不同出口

4. 出口路由器连接了电信和联通两个出口，内网有一台服务器对外服务，将该服务器映射到联通公网地址。如果要保证外网用户正常访问该服务器，则（　　）。【选 2 项】

A. 两个出口都需要进行 NAT

B. 需要配置策略路由保证服务器数据发送到联通线路

C. 需要和联通设备运行 OSPF 协议

D. 需要和联通设备运行 BGP

单元 7 使用策略路由优化传输路径

【技术背景】

用户网络常常会出现使用多个 ISP 资源的情形，不同 ISP 申请到的带宽不同。同时，同一用户环境中需要对重点用户保证资源优先分配等，对这部分用户不能够再依据普通路由表转发，需要按照策略指导 IP 报文转发。策略路由既能够保证 ISP 资源的充分利用，又能满足灵活、多样的应用。

图 7-1 所示为某园区网的出口网，要求销售部门使用中国电信线路上网，其他部门使用中国联通线路上网。在出口网中使用策略路由，根据 IP 报文源地址、目的地址、源端口、目的端口和协议类型，实现从园区网的出口中发出 IP 报文，需要选择不同的传输路径。

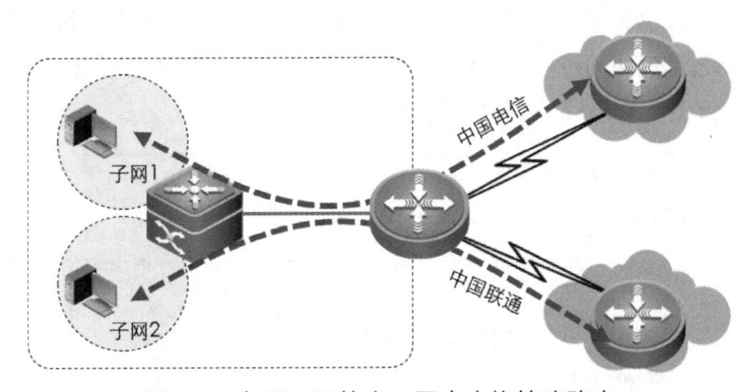

图 7-1 在园区网的出口网中实施策略路由

【学习目标】

1. 了解园区网中策略路由的技术原理。
2. 会配置策略路由，优化传输路径。

【技术要点】

7.1 了解策略路由

策略路由是一种依据用户制定的策略，进行路由选择的机制。和路由策略相比，策略路由的操作对象是数据包，在路由表已经产生的情况下，不按照路由表进行转发，而是根据需要，依照某种策略改变 IP 报文的转发路径。一般情况下，策略路由的优先级高于普通路由。

7.1.1 传统路由选择原则

在传统的路由选择规则中，路由器查找路由表，依据路由表决定 IP 报文应通过哪条路径传输。路由器在对收到的 IP 报文实施路由匹配时，依据以下原则进行路由选择。

1．目标网络可达

当路由器收到 IP 报文后，会查看 IP 报头中的目的地址，查找匹配路由表，查找是否有到达该目标网络的路由。如果本地路由表中有到达目标网络的路由，则路由器会根据后续原则进行更精确的匹配，最终找到一条指导 IP 报文传输的路径。

如果没有匹配到达目标网络的路由，则路由器会直接丢弃该 IP 报文。

2．最优管理距离

管理距离是用来比较不同类型路由协议之间优先级和路由可信度的。路由器通过不同的路由协议，学习到达同一目标网络的多条传输路径，如通过 RIP 和 OSPF 协议，同时获得通往 172.16.2.0/24 目标子网的路由。

RIP 路由的管理距离是 120，OSPF 协议路由的管理距离是 110，因此，OSPF 协议路由的管理距离优于 RIP（管理距离越小，优先级越高），路由器会优先选择通过 OSPF 协议学习到的路由来转发 IP 报文。

3．最长掩码匹配

由图 7-2 所示的路由表可知，假设路由器收到 IP 报文的目标网络是 172.16.2.26/24，但在本地路由表中查询到有两条到达该目标网络的路由——172.16.0.0/16 和 172.16.2.0/24，且它们都和 172.16.2.26/24 这条路由的掩码长度不一致。

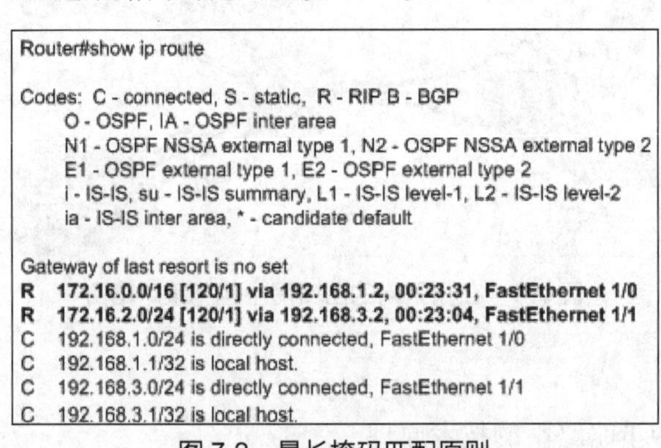

```
Router#show ip route

Codes: C - connected, S - static, R - RIP B - BGP
       O - OSPF, IA - OSPF inter area
       N1 - OSPF NSSA external type 1, N2 - OSPF NSSA external type 2
       E1 - OSPF external type 1, E2 - OSPF external type 2
       i - IS-IS, su - IS-IS summary, L1 - IS-IS level-1, L2 - IS-IS level-2
       ia - IS-IS inter area, * - candidate default

Gateway of last resort is no set
R    172.16.0.0/16 [120/1] via 192.168.1.2, 00:23:31, FastEthernet 1/0
R    172.16.2.0/24 [120/1] via 192.168.3.2, 00:23:04, FastEthernet 1/1
C    192.168.1.0/24 is directly connected, FastEthernet 1/0
C    192.168.1.1/32 is local host.
C    192.168.3.0/24 is directly connected, FastEthernet 1/1
C    192.168.3.1/32 is local host.
```

图 7-2　最长掩码匹配原则

在这种情况下，路由器根据最长掩码匹配原则（最精确匹配），最终选择子网掩码长度为 24 位的路由 172.16.2.0/24 进行匹配并转发该 IP 报文。

4．最佳度量值

度量用来比较通过相同路由协议学习到路由的优先级。如果路由器通过同一种路由学习到多条网络地址与掩码都相同的路由，则路由器需要比较每条路由的度量值，在多条路由间选择一条到达目标网络的最短路径。如果一条路由的度量值是 10，另一条路由的度量值是 20，那么，路由器会选择度量值小的路由作为匹配转发路由。度量值越小，意味着路由越可靠。

路由器通过以上路由选择原则来匹配路由表、查找和匹配目标路由，最终选出一条最优路由转发报文。如果通过以上这些过程仍不能选出一条最佳路由，即路由表中存在多条到达同一目标网络中的多条路由，其掩码长度相同、管理距离相同、路由度量值也相同，则路由器将会在这些路由之间进行数据负载均衡，如图 7-3 所示。由图 7-3 可知，到达目标网络 172.16.2.0/24 有 2 个出口，分别是 192.168.1.2 和 192.168.3.2，即在这个 2 个接口上进行负载均衡。

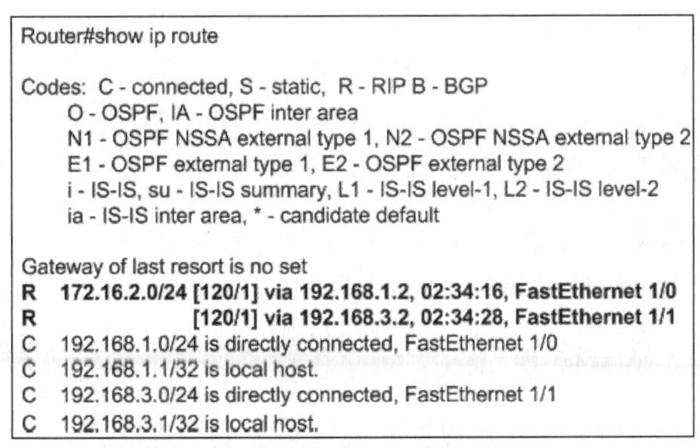

```
Router#show ip route

Codes:  C - connected, S - static,  R - RIP B - BGP
       O - OSPF, IA - OSPF inter area
       N1 - OSPF NSSA external type 1, N2 - OSPF NSSA external type 2
       E1 - OSPF external type 1, E2 - OSPF external type 2
       i - IS-IS, su - IS-IS summary, L1 - IS-IS level-1, L2 - IS-IS level-2
       ia - IS-IS inter area, * - candidate default

Gateway of last resort is no set
R    172.16.2.0/24 [120/1] via 192.168.1.2, 02:34:16, FastEthernet 1/0
R                  [120/1] via 192.168.3.2, 02:34:28, FastEthernet 1/1
C    192.168.1.0/24 is directly connected, FastEthernet 1/0
C    192.168.1.1/32 is local host.
C    192.168.3.0/24 is directly connected, FastEthernet 1/1
C    192.168.3.1/32 is local host.
```

图 7-3 路由数据负载均衡

7.1.2 策略路由选择机制

如果希望网络中传输的 IP 报文按照网络管理需要或者特定网络的应用需要，控制 IP 报文转发路径，则需要使用策略路由，通过匹配目标报文特征，有条件地匹配和转发数据。

1. 策略路由的优点

策略路由是一种基于策略的路由选择机制，相对于基于目的地址的路由选择机制，策略路由能提供更加灵活的 IP 报文转发机制。在 IP 报文匹配路由并转发的过程中，路由器将通过配置在路由图中制定的策略，选择 IP 报文匹配处理方法，如图 7-4 所示。

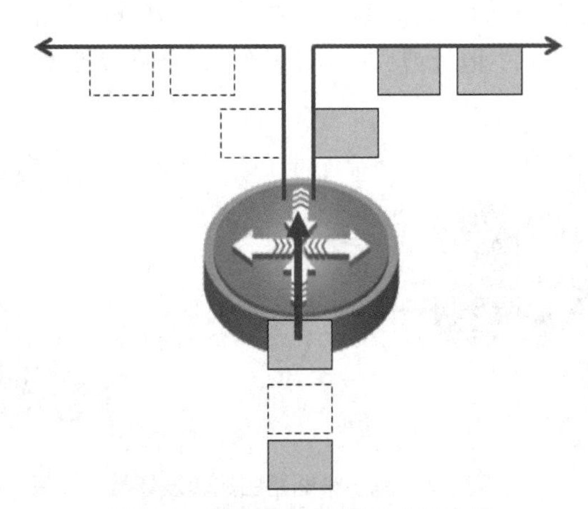

图 7-4 基于策略的路由选择机制

策略路由通过在路由器中配置路由图、定义路由策略、匹配策略来决定 IP 报文的下一跳转发路由器，并通过在路由器上应用策略路由，得出 IP 报文转发路径获得更高的转发效率。

一般情况下，策略路由的优先级高于普通路由，能够对 IP 报文依据定义的策略进行转发，即 IP 报文先按照 IP 策略路由进行转发，如果没有匹配的策略路由条件，则再按照普通路由进行转发。

用户也可以配置优先级比普通路由低的策略路由，此时，接口上收到的 IP 报文先进行普通路由转发，如果无法匹配普通路由，则再进行策略路由转发。

在网络传输过程中，实施策略路由具有以下优点。

（1）可以根据用户需求，制定策略进行路由选择，增强路由选择的灵活性和可控性。

（2）可以使不同的数据流通过不同的链路进行发送，提高链路的利用效率。

（3）在满足业务服务质量（Quality of Service，QoS）的前提下，选择费用较低的链路传输业务数据，从而降低企业数据服务的成本。

2. 策略路由的类型

用户可以根据网络的实际部署情况，配置设备转发模式，如选择负载均衡，或者冗余备份模式。其中，前者设置的多个下一跳进行负载均衡，还可以设定负载分担的比例；后者是使多个下一跳处于冗余模式，即前面的下一跳优先生效，只有前面的下一跳无效时，后面次优的下一跳才会生效。用户可以同时配置多个下一跳信息。

策略路由可以分为以下两种类型。

（1）对接口收到的 IP 报文进行策略路由。该类型的策略路由只会对从接口接收的报文进行策略路由，而从该接口转发出去的报文不受策略路由的控制。

（2）对本设备发出的 IP 报文进行策略路由。该类型的策略路由用于控制本机发往其他设备的 IP 报文，而外部设备发送给本机的 IP 报文不受该策略路由的控制。

3. 实施策略路由转发数据的优点

策略路由是一种入站机制，即路由器对接收到的入站 IP 报文匹配策略后进行路由转发的机制。策略路由改变了传统的路由转发技术中需要根据目的地址进行路由选择的机制。启用策略路由的路由器，会对从接口收到的 IP 报文进行检测，并根据预先制定的路由策略，将 IP 报文转发给指定的下一跳地址或某一个出接口，如图 7-5 所示。

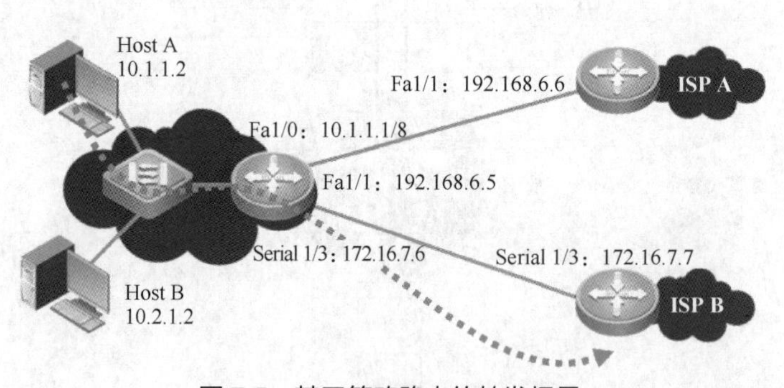

图 7-5　基于策略路由的转发场景

基于策略路由的操作过程，也是路由器通过查找目标网络进行路由选择、路由表匹配的过程。网络管理人员根据源系统的身份、使用的协议、报文的长度等信息，确定并实现路由选择策略。在网络管理中，使用策略路由具有以下优点。

（1）灵活的选路。

策略路由根据不同网络需求，将不同网络产生的 IP 数据流通过不同路径传输。

（2）提高服务质量。

在边界路由器上使用策略路由，设置 IP 优先级（Precedence）或服务类型（Type of Service，ToS）值，并在网络核心或骨干网络中，利用各种 QoS 机制，为不同优先级的 IP 报文提供不同的服务等级，改善网络的传输性能。

（3）节省费用。

使用策略路由可让与特定业务相关性较大的数据流量使用高带宽、低成本的链路，同时在低带宽、低成本的链路上为交互式数据流提供服务，合理地利用链路带宽。

（4）负载均衡。

基于目的地址的路由选择，除了可以提供动态负载均衡功能外，还可以通过配合使用策略路由，实现多条路径之间的流量负载均衡。

7.2 掌握策略路由技术原理

传统的路由转发原理为：先根据报文的目的地址查找路由表，再进行报文转发。但目前越来越多的用户希望能够在传统路由转发的基础上，根据自己定义的策略进行报文转发和选路。

策略路由使网络管理者不仅能够根据报文的目的地址制定路由策略，还能够根据报文的源地址、报文大小和链路质量等属性来制定路由策略，改变报文转发路径，以满足用户需求。

7.2.1 策略路由技术原理

1. 策略路由转发特征

策略路由能为网络管理提供更多的路由分流、选择的机会，提供比传统路由选择技术更强的 IP 报文的控制能力。在园区网中，网络管理人员根据网络管理和应用需要，定义路由策略，实现 IP 报文转发和路径选择。

基于策略的路由转发技术提供了比传统路由表转发更强的 IP 报文控制能力。通过制定路由图中的转发策略，根据 IP 报文的源地址、目的地址、源端口、目的端口、协议类型、报文大小等特征，制定网络中的 IP 报文转发策略，选择不同转发路径分流 IP 报文。

2. 策略路由和路由策略

随着网络业务需求的多样化，业务数据的集中放置，链路质量对网络业务越来越重要。策略路由使网络管理者能够根据转发报文的目的地址和报文的源地址属性来制定策略路由，以改变报文转发路径，满足用户需求。

策略路由与之前学习的路由策略相比，存在以下不同。

（1）策略路由的操作对象是报文。在路由表已经产生的情况下，不按照路由表进行转发，而是根据需要依照某种策略改变报文转发路径。

（2）路由策略的操作对象是路由信息。路由策略主要实现路由过滤和路由属性设置等功能，它通过改变路由属性（包括可达性）来改变网络流量所经过的路径。

3. 策略路由应用示例

图 7-6 所示为园区网出口路由器，通过两条光纤连接到两个不同的 ISP，实现园区网出口冗余和备份。图 7-6 中显示了该网络出口路由器中的部分路由条目，可以看出路由器拥有两条默认路由，下一跳分别指向 ISP1 和 ISP2。

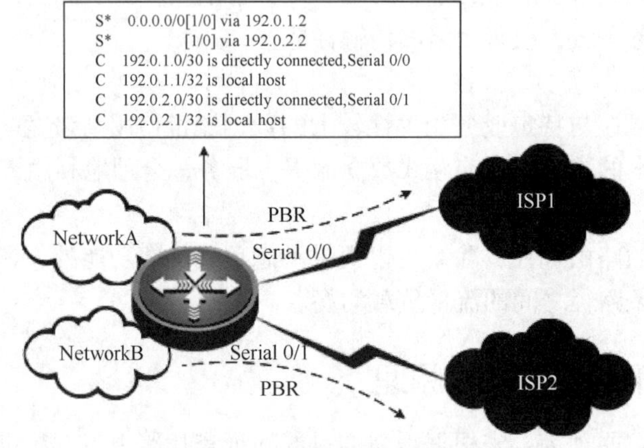

图 7-6 策略路由应用示例

出口路由器收到 IP 报文后，基于 IP 报文目的地址，在两条默认路由上指向出口，对收到的 IP 报文，按照负载均衡机制，随机选择默认路由转发。无法精准地控制每一个 IP 报文的具体传输路径，只能由路由器动态地随机决定转发路径。

但在实际传输中，如果希望来自 NetworkA 子网中的 IP 报文定向发送到 ISP1 网络服务商，来自 NetworkB 子网中的 IP 报文定向发送到 ISP2 网络服务商，则需要配置策略路由，基于策略路由机制匹配传输。

在出口路由器上实施策略路由选择进行转发的过程中，改变了路由器依据目的地址默认转发的机制。设置依据源地址的转发策略，将收到的源地址为 NetworkA 的报文发送到 Serial 0/0 接口连接的链路上，将收到的源地址为 NetworkB 的报文发送到 Serial 0/1 接口连接的链路上，达到基于策略进行路由转发的目的。

7.2.2 策略路由基本概念

1. 策略路由应用过程

应用策略路由时，必须先创建路由图，再在接口上应用该路由图。

一个路由图由很多条策略组成，每条策略都有对应的序号（Sequence）。序号越小，该条策略的优先级越高。每条策略又由一条或者多条“match”语句，以及对应的一条或者多条“set”语句组成。其中，“match”语句定义了 IP 报文的“匹配规则”，“set”语句定义了对符合匹配规则的 IP 报文的处理动作。

在策略路由转发过程中，IP 报文根据优先级从高到低依次匹配。只要匹配前面的策略，就执行该策略对应的动作，并退出策略路由的执行。

此外，IP 策略路由使用 IP 标准或者扩展 ACL 作为 IP 报文的匹配规则。

2. 路由图策略匹配模式

配置策略路由时，首先需要定义一个路由图，用于指定 IP 报文转发策略。路由图由一组语句组成，可以定义“permit”或“deny”操作行为。

permit：指定该策略的匹配模式为允许模式，即当IP报文满足该策略的“match”规则时，会对该IP报文应用相应的“set”规则；当IP报文不满足策略的所有“match”规则时，将会使用该路由图的下一条策略进行匹配。

deny：指定该策略的匹配模式为拒绝模式，即当报文满足该节点的所有“match”规则时，不对该 IP报文执行策略转发，而是执行普通的路由转发。

IP报文按照路由图中每一条策略的优先级由高到低依次进行匹配，只要匹配了前面的策略，就执行相应的动作，并退出策略转发流程。如果IP报文不能匹配路由图中的任何策略，则将会对IP报文执行普通的路由转发。

3. 下一跳规则

路由图的策略配置完成后，需要使用“set”语句控制报文的转发行为。报文转发控制通过在PBR路由图中定义一组“set”语句实现；依序使用每一条“set”语句进行报文转发；每一条set语句都不会参考前面或者后面的语句。

策略路由可提供“set ip next-hop”“set ip default next-hop”两条转发规则。这两条规则的意义如下。

（1）set ip next-hop：该命令用于配置策略路由的下一跳IP地址，优先级比普通路由高。从接口上收到的匹配“match”规则的IP报文，将优先转发到“set ip next-hop”指定的下一跳地址，而不管该IP报文在路由表中实际选路结果和策略路由指定的下一跳地址是否一致。

（2）set ip default next-hop：该命令指定的策略路由的优先级比普通路由低，但是比默认路由高。如果从接口上收到的匹配“match”规则的 IP 报文在路由表中选路失败，或者选到默认路由，则该IP报文将转发到该命令指定的下一跳地址。

最后，需要将待用的PBR设置在IP报文入口。如果设置在出口，则PBR不生效，会按普通路由转发。此外，上述两条规则指定的下一跳地址必须直连，否则PBR也不会生效。如果下一跳地址不是直连的，则相当于没有配置该命令。

上述规则的优先级顺序如下：set ip next-hop > 网络路由/主机路由 > set ip default next-hop > 默认路由。这两条转发规则支持同时配置，但只有高优先级的转发规则生效。

7.2.3 策略路由转发机制

策略路由可通过以下操作，完成具有一定特征的IP数据流的匹配，并在应用策略匹配路由表后，实施基于策略的IP报文转发。

基于策略的路由技术，在匹配IP报文转发过程中，使用到的技术如下。

（1）通过route-map定义匹配的数据，执行规定的策略。

（2）通过route-map名称关联一些有序条目，按照序号大小查找匹配。匹配成功时立刻结束route-map查找，并执行规定的策略。

（3）通过“match”语句检查数据是否匹配。通过“set”语句执行策略。

（4）通过“permit”执行策略，“deny”表示不执行策略。

（5）通过route-map的每个条目都被赋予编号，可以任意地插入或删除条目。

（6）默认情况下，最后有一条系统隐含的“deny any”语句。

基于策略路由技术，在匹配转发IP报文的过程中，选择符合条件的数据流进行转发，其基本工作流程如图 7-7 所示。

```
route-map test permit 10
        match x y z
        match a
                set b
                set c
  route-map test permit 20
        match q
                set r
  deny any (系统隐含)

if (x or y or z) and a
        then set  (b and c)
        else if q
                then set r
                else set nothing
```

图 7-7　策略路由的基本工作流程

7.3 掌握策略路由配置

配置策略路由可以将到达接口的三层 IP 报文重定向到指定的下一跳地址。可通过配置重定向，将符合流分类规则的 IP 报文重定向到指定的下一跳地址。其中，重定向动作的流策略只能在入接口上应用。

7.3.1　配置策略路由步骤

在定义策略路由的过程中，需要配置多条路由策略命令才能完成相关特征的 IP 报文匹配，将其引流到路由器的特定出口。策略路由的详细工作步骤如下。

（1）定义重发布路由图。

（2）创建路由策略，一个路由图由多条策略组成，策略按序号大小排列。只要符合前面的策略，就退出路由图执行。

（3）定义路由图中每个策略的匹配规则或条件。

（4）定义满足匹配规则后，路由器对符合规则的 IP 报文进行 IP 优先级和下一跳设置。

（5）在指定接口上应用路由图。

图 7-8 所示为在实施策略路由的过程中，定义的 route-map 操作匹配流程。其中，各项定义参数信息说明如下。

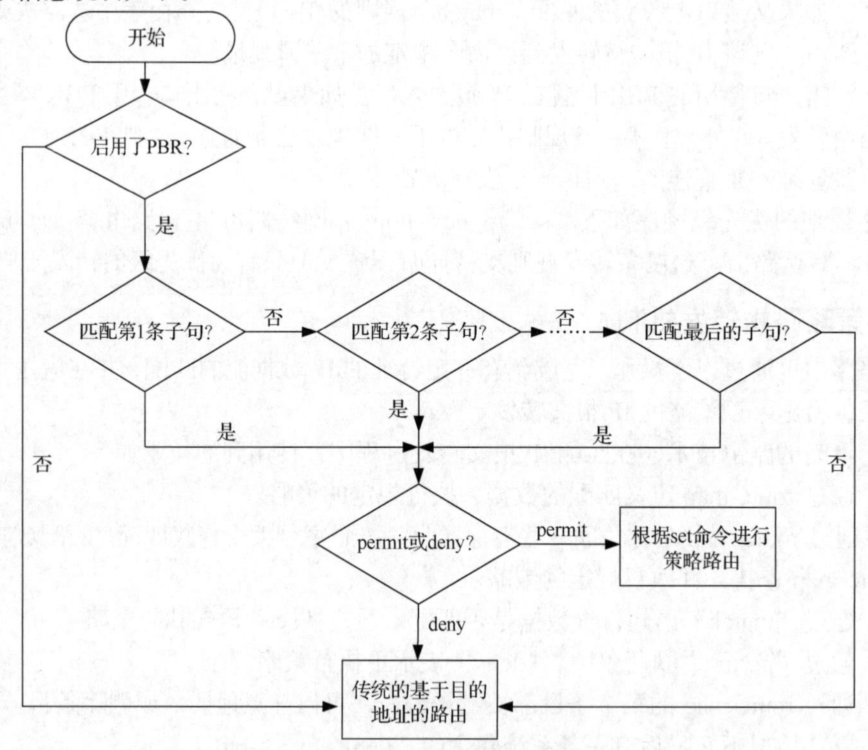

图 7-8　策略路由中的匹配流程

（1）一个“route-map”子句中可以配置多个“match”命令和“set”命令。

（2）一个“route-map”子句中的多个“match”命令表示的关系都是“and”。

（3）一个“match”命令中的多个条件表示的关系是“or”；“set”命令也是如此。

但如果同时设置了下一跳地址和出接口，则路由器将只会执行第一个“set”命令；如果同时设置了下一跳地址和 IP 优先级，则两个“set”命令都会被执行。

7.3.2 配置策略路由

1. 使用“route-map”命令创建策略路由的路由图

在实施策略路由的过程中，需要使用路由图。其中，route-map 用来实现 IP 报文的条件匹配规则表，制定 IP 报文进行路由匹配的规则。只有当 IP 报文匹配 route-map 中定义的规则时，才会实施策略路由，对收到的 IP 报文进行选择转发。

一个 route-map 由多条策略组成，或者说由多条“route-map”子句组成。每条策略或子句都定义了一个或多个匹配规则来实施路由匹配操作。此外，route-map 除了可用来实现策略路由外，还可应用在路由重发布、路由过滤等路由控制场景中，它是路由器中一种功能非常强大的路由控制技术。

配置策略路由的第一步就是创建路由图。图 7-9 所示为策略路由匹配流程。

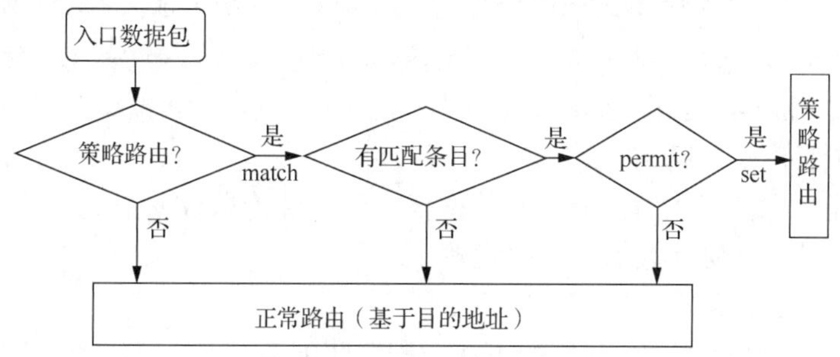

图 7-9 策略路由匹配流程

在全局模式下，使用如下命令创建路由映射表，进入 route-map 配置模式。

```
Router(config)#route-map name [ permit | deny ] [ sequence-number ]
```

其中，其各项参数说明如下。

① *name*：route-map 名称，相同名称的“route-map”子句组成一个 route-map。

② permit：允许。符合匹配条件（通过“match”命令定义）的报文进行策略路由（通过“set”命令定义）。如果报文不符合匹配条件，则将进入下一条匹配。

③ deny：拒绝。如果报文符合匹配条件，则不执行任何操作，即报文不进行策略路由，实施传统的基于目的地址的路由选择。如果报文不符合匹配条件，则将进入下一条匹配。

④ *sequence-number*：配置 route-map 中子句的编号，按编号顺序执行各子句。

如果不指定“permit”和“deny”参数，则默认为“permit”操作。

在策略路由中配置完成“route-map”语句后，需要进行以下几种选择。

（1）如果 route-map 被标记为“deny”，则路由器将通过传统路由选择方式转发满足匹配条件的报文（执行基于目的地址的路由选择）。

（2）只有 route-map 被标记为“permit”，且报文满足匹配条件时，才会执行策略路由（即执行“set”命令）。此外，在创建完 route-map 后，需要使用“match”和“set”命令，设置匹配条件和执行的操作，以告诉路由器对什么报文执行什么样的策略。

（3）对于与指定条件不匹配的报文，如果不希望它返回到正常转发过程，而是要丢弃，则可以在路由映射表的最后配置一条“set”语句，将报文路由到空接口 null 0 上。

最后，需要将 route-map 应用于接收报文的接口。

2. 使用“match”语句设置策略路由匹配的报文条件及 ACL

策略路由提供了两种类型的“match”语句，分别是“match length”和“match ip address”。

其中，“match length”以 IP 报文的长度作为匹配的标准；“match ip address”以 ACL 作为 IP 报文匹配的标准。

对于同一条策略，只能配置一条“match length”语句，但可以配置多条“match ip address”语句。

如果在同一条策略中既指定“match length”，又指定“match ip address”，则只有同时满足两个匹配规则的 IP 报文才会执行该策略中“set”命令指定的动作。

（1）match length。

可以根据报文长度实施策略路由。使用如下命令配置基于报文长度的匹配条件。

```
Router(config-route-map)#match length min-length max-length
```

其中，参数“*min-length*”表示报文最小三层长度（包括 IP 报头）；“*max-length*”表示 IP 报文最大三层长度（包括 IP 报头）。

可以将匹配报文长度作为区分交互数据报文和文件传送数据报文的条件。因为文件传送数据报文通常较大，交互数据报文通常较小。

（2）match ip address。

在 route-map 配置模式下，使用如下命令配置匹配条件。

```
Router(config-route-map)#match ip address { access-list-number | name } [ …
access-list-number | …name ]
```

需要定义匹配规则，只有符合规则的 IP 报文才进行策略路由；如果没有配置匹配规则，则所有的 IP 报文都符合规则。

其中，“*access-list-number | name*”是 ACL 编号或名称，用于匹配入站报文。标准 ACL 指定基于源地址的 IP 报文匹配条件；扩展 ACL 指定基于源地址、目的地址、源端口、目的端口、协议类型等的 IP 报文匹配条件。

如果指定了多个 ACL，则只要与任意一个 ACL 匹配，就算匹配成功。

3. 使用“set”语句指定对报文的操作方式并定义发出 IP 报文的下一跳地址

与“match”语句一样，策略路由提供了两种类型的“set”语句。

第一种用于修改 IP 报文的 QoS 字段，包括“set ip tos”“set ip precedence”“set ip dscp”。

第二种用于控制 IP 报文转发，包括“set ip nexthop”“set ip default nexthop”“set interface”“set default interface”。

在满足所有“match”规则的情况下，第一种“set”规则一定会被执行，第二种“set”

规则则按照优先级顺序执行。其优先级关系如下。

① set ip nexthop：配置策略路由下一跳，优先级比普通路由和“set interface”高。如果该命令和以下 3 条命令中的任意一条命令同时配置，那么该命令优先生效。从接口上收到的匹配“match”规则的 IP 报文将优先转发到“set ip nexthop”所指定的下一跳地址，而不管该 IP 报文在路由表中实际的选路结果是否和策略路由指定的下一跳地址一致。

② set interface：配置策略路由的出接口，优先级比普通路由高。如果该命令和“set default interface”“set ip default nexthop”同时配置，那么该命令优先生效。从接口上收到的匹配“match”规则的 IP 报文，将优先从“set interface”指定的出口转发出去，而不管该 IP 报文在路由表中的实际选路结果是否和策略路由指定的出口一致。

③ set default interface：该命令的优先级比普通路由低，但是比“set ip default nexthop”高。从接口上收到的匹配“match”规则的 IP 报文，如果在路由表中选路失败，或者选到默认路由，则该 IP 报文将从该命令指定的接口转发出去。

④ set ip default nexthop：该命令指定的策略路由比普通路由低，比默认路由高。从接口上收到的匹配“match”规则的 IP 报文，如果在路由表中选路失败，或者选到默认路由，则该 IP 报文将转发到该命令指定的下一跳地址。

需要注意的是，将操作设置为“deny”的 route-map，如果 IP 报文与“match”命令设置的条件匹配成功，则 IP 报文将不会进行策略路由，而是按照传统方式进行路由。即使配置“set”命令，它也不会进行策略路由。

（1）配置下一跳地址。

使用如下命令定义发出 IP 报文的下一跳地址。在满足“match”语句的条件后，需要使用“set ip next-hop”命令设置下一跳地址。

```
Router(config-route-map)#set ip next-hop ip-address [...ip-address]
```

如果满足“match”语句的条件，则 IP 报文先被发送到第一个“next-hop *ip-address*”。如果这个 IP 地址所关联的是直连接口状态为 down，则切换至下一个“next-hop *ip-address*”。如此反复，可以配置多个下一跳地址。

使用“set ip next-hop”命令时，路由器将匹配路由表确定是否可以到达下一跳地址。该命令提供了一个 IP 地址列表指定 IP 报文前往目的路径中相邻下一跳路由器的地址，这个地址可以与路由表中路由条目显示的下一跳地址不同。

（2）配置特殊下一跳地址。

```
Router(config-route-map)#set ip default next-hop ip-address [...ip-address]
```

完成以上配置以后，路由器将按照序号从小到大的顺序执行 route-map。

当执行到某条子句，发生匹配（满足“match”命令的匹配条件）时，如果 route-map 的操作为“permit”，则执行“set”命令，且不执行后续的子句；如果 route-map 的操作为“deny”，则不执行“set”命令和后续的子句。

“route-map”语句中定义的“permit”和“deny”操作，与 IP 的 ACL 规则中的操作不同，并不表示“允许”和“拒绝”报文通过，而表示是否对符合匹配条件的报文应用相应的匹配成功的策略。

与 ACL 的规则一样，其默认操作都为“deny”，即在每个“route-map”语句的最后，都会隐含着一条“deny any”子句。如果在所有配置的“route-map”子句中都没有匹配成功，则路由器将执行最后的隐含的“deny any”子句。对于 PBR 来说，该条语句就是不对 IP 报文进行策略路由，而是按照传统的方式路由。

（3）应用示例。

如图 7-10 所示，在出口路由器 RA 上分别连接两个 ISP，并配置企业内网中的 IP 报文的出口路由策略。

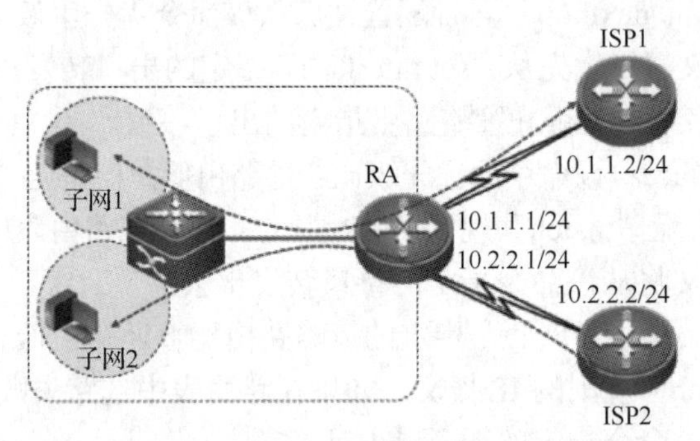

图 7-10　策略路由实现不同网络出口

① 在出口路由器 RA 上完成基础信息配置。

```
……    // 限于篇幅，这里省略
```

② 在出口路由器 RA 上完成的关键配置如下。

```
Router(config)#access-list 1 permit any
Router(config)#route-map PBR permit 10
Router(config-route-map)#match ip address 1
Router(config-route-map)#set ip next-hop 10.1.1.2 10.2.2.2
Router(config-route-map)#exit
Router(config)#interface FastEthernet 1/0
Router(config-if)#ip policy route-map PBR
Router(config-if)#exit
```

4．使用 set 语句指定对报文的操作方式并设置下一跳接口（可选）

（1）设置下一跳出接口。

满足 match 语句的条件后，使用“set interface”命令设置下一跳接口。

```
Router(config-route-map)#set interface interface [ …interface ]
```

该命令提供了一个接口，指定符合匹配条件的报文被转发的本地出接口。如果指定了多个出接口，则第一个状态为 up 的接口将用于转发报文；如果该接口的状态为 down，则路由器将尝试后续的出接口。

如果要将符合匹配条件的报文丢弃，而不再进行传统的路由选择，则可以使用“set interface null 0”命令，将报文发送到空接口 null 0 上。null 0 接口是路由器上的一个虚拟的空接口，发送到该接口的报文将被丢弃。

（2）设置默认下一跳接口。

满足 match 语句的条件后，使用“set ip default next-hop”命令设置下一跳接口。

```
Router(config-route-map)#set ip default next-hop ip-address [ …ip-address ]
```

该命令可提供一个默认下一跳地址列表。当前路由表中没有到达报文的目的地址的路由时，才将该报文发送到默认下一跳地址。

需要注意的是，“set ip next-hop”命令和“set ip default next-hop”命令都能为报文指定传输的下一跳路径，但是它们有所不同：使用“set ip next-hop”命令时，将使路由器先进行基于策略的路由选择，再进行查找路由表的传统的路由选择；使用“set ip default next-hop”命令时，路由器将先使用传统的路由选择方式，只有无法找到匹配的路由条目时，才会执行基于策略的路由选择。

（3）设置默认出接口。

与设置默认的下一跳接口一样，使用如下配置命令设置一个默认的出接口列表。

```
Router(config-route-map)#set default interface interface […interface ]
```

当路由表中没有前往其目的地址的显式路由时，报文将被路由指定到默认出接口。如果指定了多个默认出接口，则第一个状态为 up 的接口将用于转发报文；如果接口状态为 down，则路由器将尝试匹配后续的默认出接口。

与设置默认下一跳接口一样，使用“set interface”命令将使路由器先进行基于策略的路由选择，再进行查找路由表的传统的路由选择。使用“set default interface”命令将使路由器先执行传统的路由选择，只有无法找到匹配的路由条目时，才会执行基于策略的路由选择。

需要注意的是，以上 set 语句中，分别出现了“set ip next-hop”和“set ip default next-hop”命令，它们在语法上十分类似，但是操作的顺序完全不同。其中，使用“set ip next-hop”命令，使得路由器先检查策略路由，不符合策略后，再使用路由表进行报文转发处理；而使用“set ip default next-hop”命令，使得路由器先检查路由表，若发现没有明确路由，则使用策略路由进行报文转发处理。其详细区别如图 7-11 所示。

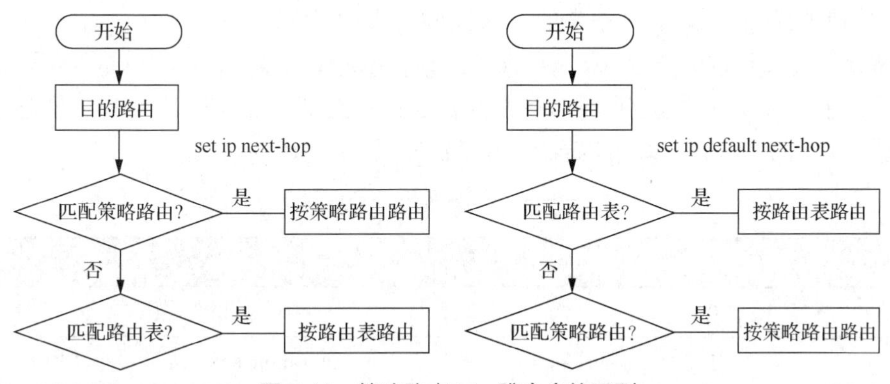

图 7-11　策略路由下一跳命令的区别

5. 设置 IP 优先级和 ToS 值

使用 route-map 可以为符合匹配条件的报文进行 ToS 和 IP 优先级的标记，以实现策略路由对报文标记的功能。通过对报文进行标记，本地或下游路由器可以利用这些标记，对收到的 IP 报文进行分类；或者使用 QoS 机制为不同的报文提供不同的服务等级。

route-map 使用“set ip tos”命令和“set ip precedence”命令对报文进行标记。其中，route-map 中的“set ip tos [*number* | *name*]”命令用于设置 IP 报文中的 ToS 值。设置 ToS 值时，可以使用数值或名称。

使用如下配置命令设置 IP 报文的 IP 优先级。

```
Router(config-route-map)#set ip precedence [ number | name ]
```

在 QoS 机制中，经常使用 IP 优先级对数据进行分类、排队等。IP 报头中的 ToS 字段长 8bit，用一个字节表示 ToS 值，用于标识 IP 报文的服务等级。其中，前 3 位表示 IP 优先级，可以提供 8 个 IP 优先级（0~7）。

在设置 IP 优先级时，可以使用数值或名称。IP 优先级值及其名称如表 7-1 所示。

表 7-1　IP 优先级值及其名称

IP 优先级值	名称
0	routine
1	priority
2	immediate
3	flash
4	flash-override
5	critical
6	internet
7	network

使用“set ip tos”命令可设置 4 个 ToS 位，其取值为 0~15。

表 7-2 所示为 ToS 值及其描述。除了几种预定义名称的 ToS 值外，还可以使用 0~15 中的整数表示其他 ToS 值。

使用如下配置命令设置 IP 报文的 ToS 值。

```
Router(config-route-map)#set ip tos [ number | name ]
```

其中，在 1 字节的 ToS 字段中，前 3 位表示 IP 优先级，后 4 位表示 ToS 优先级，最后一位保留。4 位的 ToS 优先级可以表示 16 个优先级（0~15）。

表 7-2　ToS 值及其描述

ToS 值	描述
0	normal（正常）
1	min-monetary-cost（最小费用）
2	max-reliability（最可靠）
4	max-throughput（最大吞吐量）
8	min-delay（最小延迟）

6. 在接口上配置策略路由

策略路由是一种入站机制，用于入站报文检测。完成 route-map 配置后，要使路由器对接收报文执行基于策略的路由选择，在报文入接口上应用 route-map。

完成策略配置后，还需要在入接口上应用策略路由。只有应用在接口上，才能发挥报文匹配和检查任务。基于策略的路由选择在接收报文（而不是发送报文）的接口上配置。

在指定接口下，使用“ip policy route-map *route-map-name*”命令，将 route-map 操作应用到接口上。此处“*route-map-name*”要与之前配置的 route-map 的名称一致。

```
Router(config-if)#ip policy route-map route-map-name
```

从该接口进入设备的数据会先执行策略路由。其中，用于策略路由的 route-map 的名称必须与配置 route-map 中指定的名称相同。

```
Router#show ip policy   // 查看策略内容
```

启用策略路由的路由器，会对从接口收到的报文进行检测，并根据路由映射表中定义的规则，将报文转发到适当的下一跳地址或适当的本地出接口。

正常情况下，路由器会根据路由表中的信息，将报文转发到相应的出接口和下一跳地址。但策略路由不根据目的地址进行路由选择，它使网络管理人员能够根据准则确定并实现路由选择策略。

7. 应用示例

以下命令是在 Fa0/0 接口上配置策略路由，使得所有进入的报文都转发到下一跳地址为 192.168.5.5 的设备上。

```
Router(config)#access-list 1 permit any
Router(config)#route-map name
Router(config-route-map)#match ip address 1
Router(config-route-map)#set ip next-hop 192.168.5.5
Router(config-route-map)#int fastethernet 0/0
Router(config-if)#ip policy route-map name
```

【技术实践】使用策略路由实现网络出口负载均衡

【任务描述】

某企业网络通过一台出口路由器 RA 连接 Internet，通过 LAN 口连接内部网络，使用 WAN 口连接外部网络。其中，以太网接口 Fa0/0 连接内网。为了实现出口备份和链路冗余，使用串口 Serial 0/0 和 Serial 0/1 分别与两个 ISP 相连，一条指向 ISP1，另一条指向 ISP2。

现在企业希望能够根据数据流的源 IP 地址，将企业出口流量负载分担在两条链路上。要求来自 SubnetA 子网中的 IP 数据都被转发到 ISP1 服务商；来自 SubnetB 子网中的 IP 数据将被转发到 ISP2 服务商；其他网络中的 IP 数据都将被丢弃。

【网络拓扑】

图 7-12 所示为企业网络使用策略路由实现出口网络的负载均衡。

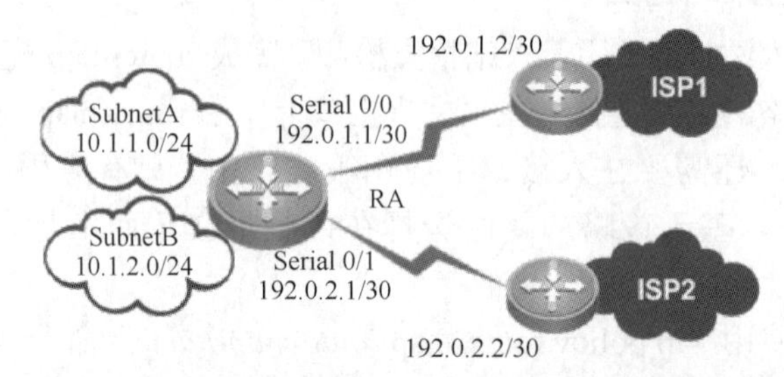

图 7-12　企业网络使用策略路由实现出口网络的负载均衡

【设备清单】

路由器（或三层交换机，若干）、网线（若干）、测试计算机（若干）。

【实施步骤】

（1）完成设备的接口地址基本信息配置。

（2）完成设备的 OSPF 路由配置，实现网络互联互通。

（3）在出口路由器 RA 上实施 PBR，配置命令如下。

```
Router#configure terminal
Router(config)#hostname RA
RA(config)#ip access-list extended neta     // 定义扩展访问控制列表 neta
RA(config-ext-nacl)#permit ip 10.1.1.0 0.0.0.255 any
RA(config-ext-nacl)#exit

RA(config)#ip access-list extended netb
RA(config-ext-nacl)#permit ip 10.1.2.0 0.0.0.255 any
RA(config-ext-nacl)#exit

RA(config)#route-map pbr permit 10
RA(config-route-map)#match ip address neta
RA(config-route-map)#set ip next-hop 192.0.1.2
RA(config-route-map)#exit
/*  配置序号为 10 的子句，用于匹配所有源自 10.1.1.0/24 的报文。如果报文符合匹配条件，
则路由器将它发送到 ISP1 的路由器，即下一跳地址为 192.0.1.2*/

RA(config)#route-map pbr permit 20
RA(config-route-map)#match ip address netb
RA(config-route-map)#set ip next-hop 192.0.2.2
RA(config-route-map)#exit
/*  配置序号为 20 的子句，用于匹配所有源自 10.1.2.0/24 的报文。如果报文符合匹配条件，
则路由器将它发送到 ISP2 的路由器，即下一跳地址为 192.0.2.2*/

RA(config)#route-map pbr permit 30
RA(config-route-map)#set interface null 0
RA(config-route-map)#exit
```

```
/* 配置序号为 30 的子句，没有配置“match”命令，这将匹配所有不符合序号 20 和 30 的报
文。根据“set interface null 0”的操作，报文将被丢弃，而不是进行传统的路由选择。*/
```

（4）在出口路由器 RA 的指定接口上应用 PBR，并将配置完成的路由图应用于内部接口 Fa0/0，即接收分组的入接口，配置命令如下。

```
RA(config)#interface FastEthernet 0/0
RA(config-if-FastEthernet 0/0)#ip policy route-map pbr
```

【认证测试】

1. 下列有关策略路由的说法正确的是（　　）。
   A. 一个接口只能配置一个 route-map　B. 一个 route-map 只能配置一条规则
   C. 每条规则只能有一个 match　D. 每条规则只能有一个 set
2. 策略路由设置通常应用在设备的（　　）。
   A. 数据转发的入接口　B. 数据转发的出接口
   C. 全局配置　D. 虚拟接口
3. 配置策略路由时会用到“route-map”语句，“route-map”语句中默认最后隐含一条“deny any”语句，该语句表示（　　）。
   A. 没有匹配前面的“permit”语句的数据会匹配该语句，被丢弃
   B. 没有匹配前面的“permit”语句的数据会匹配该语句，查找常规路由
   C. 根本不存在这条隐含语句
   D. 以上都不对
4. 下面关于策略路由说法正确的是（　　）。【选 3 项】
   A. 默认情况下设备产生的数据不需要匹配策略路由
   B. 默认情况下策略路由的优先级高于常规路由
   C. 一般情况下策略路由部署在设备收到数据的接口上
   D. 默认情况下，如果数据没有匹配策略路由，则会将其丢弃
5. 在企业内部网络安全策略中，经常使用访问控制列表过滤流量。在以下需求中，不能使用访问控制列表实现的是（　　）。
   A. 拒绝从一个网段到另一个网段的 ping 流量
   B. 禁止客户端向某个非法 DNS 服务器发送请求
   C. 禁止以某个 IP 地址作为源发出的 Telnet 流量
   D. 禁止某些客户端的 P2P 下载应用

单元 8 使用 BGP 路由实现域间路由选择

【技术背景】

Internet 规模如此庞大，发展又如此迅速，理应有一个强大、有力的管理机构。但事实上并非如此，没有一个权威机构来统一管理 Internet，基本处于“用户自己管自己”的状态。企业可通过各个 Internet 的服务提供商，管理各自的网络和接入网络中的用户。

从技术角度讲，对于 Internet 这样遍布全世界的庞大网络，需要有一种通信机制来确保信息从一端可靠地传输到另一端，这个机制就是边界网关协议（Border Gateway Protocol，BGP）。目前，在 Internet 中唯一进行自治系统间路由的协议就是 BGP。可以说 BGP 是整个 Internet 的核心，所以有人把 BGP 称为“Internet 的心脏”。图 8-1 所示为 BGP 实现域间路由选择场景。

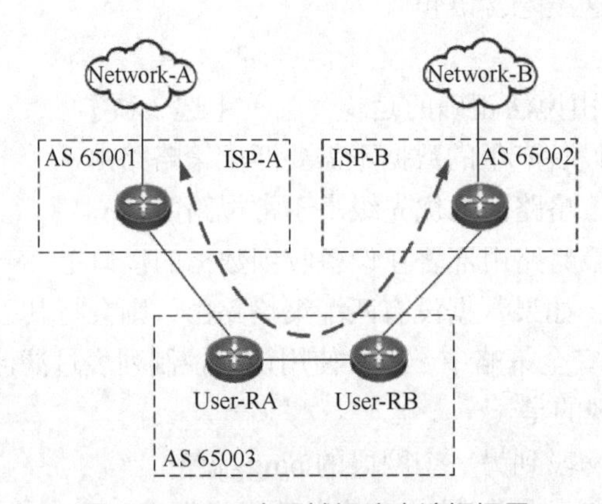

图 8-1 BGP 实现域间路由选择场景

【学习目标】

1. 认识 BGP，掌握 BGP 域间路由技术原理。
2. 了解 BGP 路由常见属性。
3. 会配置 BGP，实现域间路由选择。

【技术要点】

8.1 认识 BGP 域间路由

常见动态路由选择协议如 RIP、OSPF 协议和 IS-IS 协议等，都属于 IGP。IGP 应用在网络内部，在 AS 内部提供路由选择功能。与 IGP 相对应的另一种路由协议是 EGP，其典型的代表协议是 BGP。

8.1.1 AS

AS 就是一组共享相同的路由选择策略和管理策略，在一个单独的管理域中运行的路由器的集合。各个 AS 都有专门的技术，来负责该 AS 内使用的路由协议、网络结构及编址方案等。

通常一个 ISP 网络就是一个 AS，有时一个企业网络也是一个独立的 AS。整个 Internet 是所有不同的 AS 的集合，这些独立的 AS 网络组成 Internet。Internet 中的每个 AS 都有一个唯一的自治系统编号，也就是 AS 号，如图 8-2 所示。

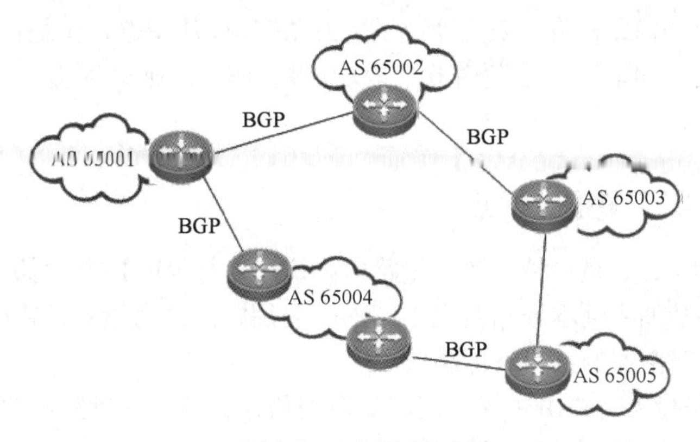

图 8-2 AS 及 AS 号

AS 号由互联网数字分配机构（Internet Assigned Numbers Authority，IANA）负责分配，取值为 1～65535。其中，公有 AS 号用于公网连接，1～64511 的 2 字节 AS 号是公有 AS 号，必须在公网注册，由 ISP 统一分配，且在公网中唯一，就像公网 IP 地址一样；私有 AS 号用于组织内部的路由域连接，64512～65534 的 2 字节是私有 AS 号，65535 保留做特殊用途。私有 AS 号不能传输到 Internet 中进行通信，不能把配置私有 AS 号的网络通告到外部公共的网络中。

8.1.2 区分 IGP 与 EGP

动态路由协议可按照各自的作用域来划分，常见的 RIP、OSPF 协议都属于 IGP。IGP 设计在一个 AS 内部（通常为园区网）提供路由选择，在园区网中提供稳定、可扩展以及快速收敛的选路机制。

与 IGP 相对应的另一种路由协议是 EGP。与 IGP 不同，EGP 不用于在 AS 内部提供路由选择功能，EGP 用来连接不同 AS，实现不同的 AS 之间的路由选择，如图 8-3 所示，EGP 的典型代表协议是 BGP。

BGP 路由在不同的 AS 之间提供路由选择功能。此外，BGP 也被用于大型的企业网络连接到 ISP 以提供接入服务。通常在这些 AS 内部运行的是 IGP，如 RIP、OSPF 协议、IS-IS 协议。IGP 应用在大中型园区网中，实现路由信息快速收敛，提供可扩展、高稳定、无环路的路由选择。

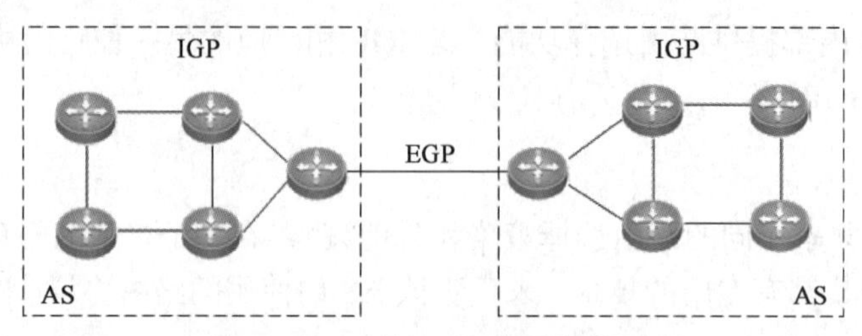

图 8-3　IGP 与 EGP 适用的场景

但 OSPF 协议和 IS-IS 协议都对收集到的链路状态信息使用 SPF 算法进行计算，会大量消耗 CPU 资源。对 Internet 中的成千上万台路由器来说，如果一台 OSPF 协议路由器要同时对上万条乃至十万条路由进行计算，则系统资源将瞬间枯竭。

因此，人们开发出 BGP 路由来处理成千上万条路由，从中选择出最优路径加入路由表，指导数据正确转发。如果在一台路由器上成功启用 BGP，则必须指定这台路由器所在的 AS，也就是 AS 号。

8.2　熟悉 BGP 路由特征

在 IGP 算法中，RIP 是一种距离矢量路由协议。运行 RIP 的路由器从邻居路由器上获得路由信息，再将其加入到本地路由表中。RIP 使用距离来衡量一条路由的优劣，也就是到达目标网络经过路由器的数目，即跳数。

BGP 是一种路径矢量路由协议，使用一系列路径属性来衡量路由的优劣。其中，RIP 以路由器计算跳数，BGP 以 AS 计算跳数。

8.2.1　BGP 路径矢量特征

在 BGP 路由算法中，最典型的一个路径属性就是 AS 列表。BGP 路由器对外通告的每一条 BGP 路由中，都会包括一个列表，记录这条路由经过的所有 AS 号。也就是说，AS 列表说明了如果要到达此目的地，途中需要经过哪些 AS。

如图 8-4 所示，AS 1 中的 BGP 路由器将本地的网络 192.0.1.0/24 通告给 AS 2。这条 BGP 路由中会附加一个 AS 列表，因为网络起始 AS 为本地 AS，所以本地 AS 在 AS 列表中记录为(1)。

当 AS 2 中的路由器再将此路由通告给 AS 3 时，AS 2 中的路由器会把本地 AS 号加到现有 AS 列表的起始位置，此时，AS 列表为(2,1)。

以此类推，当 AS 7 中的路由器从 AS 4 和 AS 6 收到这条 BGP 路由后，它看到的列表将是(4,3,2,1)和(6,5,4,3,2,1)。由此可以看出，AS 列表描述了这条路由所走过的“路”。因此 BGP 是一种路径矢量路由协议，BGP 路由只关心经过的 AS 之间的路径，不关心 AS 内的具体路由细节。

根据 BGP 选路原则，最短 AS 列表路由被认为是最优路由。当企业网中的路由器收到多条到达相同目标网络的 BGP 路由后，将选择 AS 列表中最短（记录最少的 AS）的路径作为最佳路径。所以，在图 8-4 中，AS 7 中的路由器分别从 AS 4 和 AS 6 收到了到达 192.0.1.0/24 网络的路由，通过 AS 4 收到的路由将被选为最佳路径，因为它具有更短的 AS 列表。

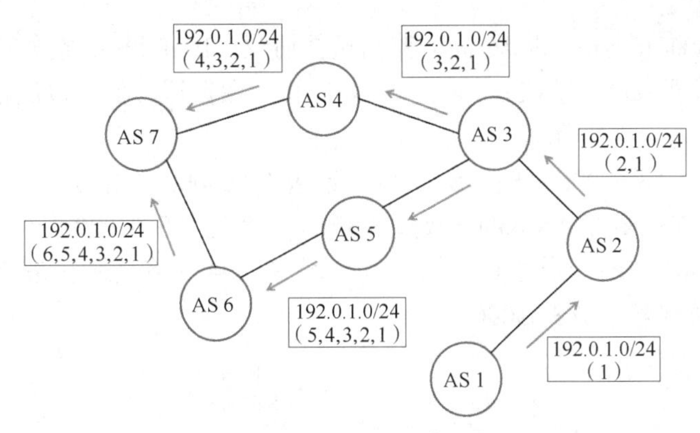

图 8-4 AS 列表

8.2.2 BGP 环路检测机制

在 IGP 中，RIP 使用水平分割、毒性逆转、触发更新等机制来避免环路产生；OSPF 协议使用 SPF 算法在本质上避免环路。

BGP 也需要一种机制来防止路由环路的产生。BGP 的环路避免机制很简单，即检测收到路由的 AS 列表，如果 AS 列表中包含自己所在的 AS 号，则丢弃这条更新。AS 列表中包含本地 AS 号，意味着这条路由之前已经过本地 AS 并被通告出去，如果接收它，就会导致路由环路产生。

如图 8-5 所示，AS 7 中的路由器从 AS 4 收到了到达 192.0.1.0/24 网络的 BGP 路由，路由的 AS 列表为(4,3,2,1)。之后，AS 7 中的路由器又将这条路由通告给了 AS 6 中的路由器，并将自己本地的 AS 号加入 AS 列表的起始位置，即(7,4,3,2,1)。

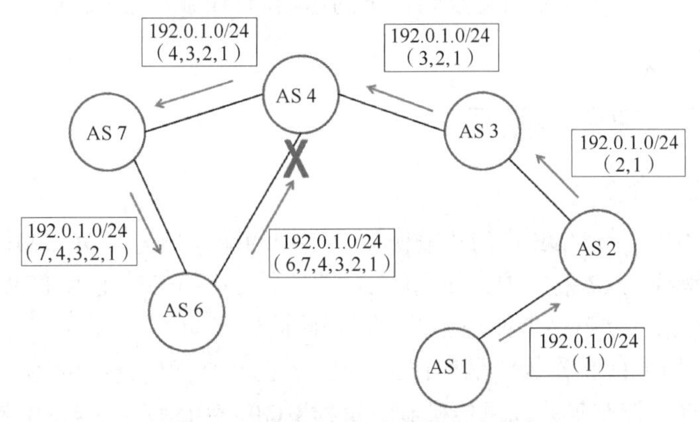

图 8-5 使用 AS 列表防止环路产生

AS 6 中的路由器收到路由后，再次将其通告给 AS 4 中的路由器，并将本地的 AS 号加入 AS 列表中，即(6,7,4,3,2,1)。

当 AS 4 中与 AS 6 邻接的路由器收到这条 AS 列表为(6,7,4,3,2,1)的路由后，它将在 AS 列表中看到自己的本地 AS 号：4。根据 BGP 环路避免机制，AS 4 的路由器将拒绝接收此条路由更新，并将其丢弃，这样就避免了路由环路。

8.2.3 BGP 逐跳路由选择特征

当今的 Internet 中只采用逐跳的路由选择模式，而 BGP 能够支持该策略，因此 BGP 是一种非常适用于当前 Internet 的 AS 间的路由选择协议。BGP 路由遵循逐跳路由选择策略，也就是说，网络管理人员不能决定邻接 AS 如何转发数据流，但可以决定数据流如何前往指定的 AS。

如图 8-6 所示，AS 65006 经过 AS 65004，到达 AS 65000 中的目标网络 192.0.1.0/24，可以采用多条路径传输。虽然 AS 65006 经过 AS 65004 到达 AS 65000 有多条路径可以选择，但实际上，AS 65006 并不知道所有路径，因为 AS 65004 只将其最佳路径——“65004→65002→65000”，通告给了 AS 65006。

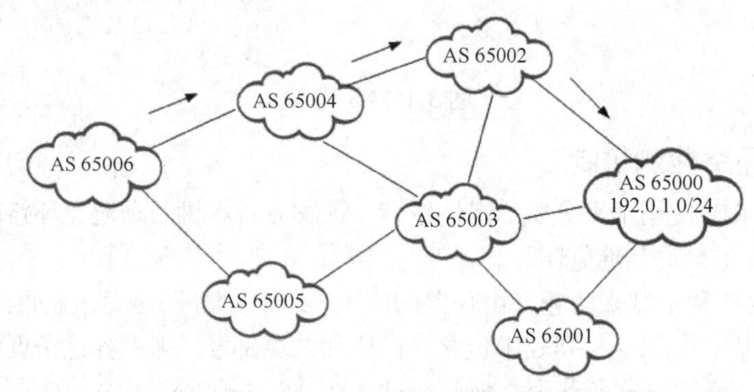

图 8-6 BGP 的逐跳路由选择

就像 RIP 路由中只通告最低跳数的路由一样，其他路径没有被 AS 65004 的路由选择策略选为最佳策略。所以 AS 65006 只知道一条经过 AS 65004 的路径：“65004→65002→65000”。

需要注意的是，当 BGP 路由器收到多条到达相同目的地的路由时，它只会将最佳路径通告给其他邻居。

8.3 了解 BGP 邻居关系

8.3.1 熟悉 BGP 报文

在 IGP 中，RIP 使用 UDP 作为传输协议，使用的端口号为 UDP 520；OSPF 协议的路由协议报文直接承载在 IP 报文中，使用的 IP 号为 89。而 BGP 使用 TCP 作为传输协议，其端口号为 179，它也是第一个使用 TCP 的路由协议。

BGP 之所以使用 TCP 作为传输协议，是因为 TCP 是面向连接的协议，可以保障路由传输的可靠性。TCP 拥有确认和重传机制，这样 BGP 路由信息在传输中就无须支持确认、重传机制，简化了 BGP 的实现。

BGP 利用 TCP 来实现路由会话的建立、流量控制、重传和会话拆除，提供可靠、稳定的 AS 域间路由选择，与以 OSPF 协议为代表的 IGP 相比，BGP 不是非常关注网络的收敛速度。

如图 8-7 所示，BGP 报文承载在 TCP 数据段上，被封装到 IP 报文中传输。

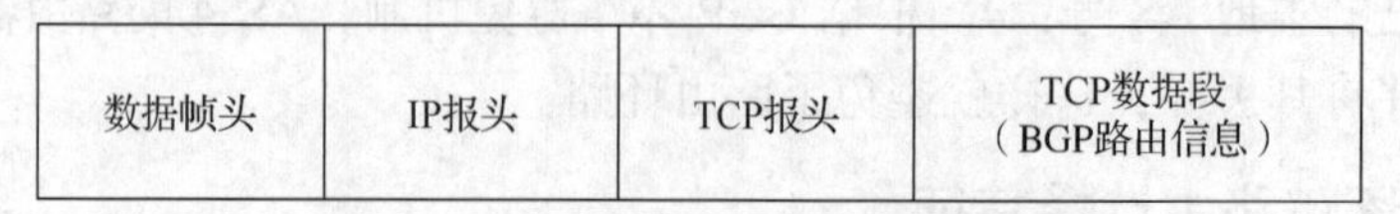

图 8-7 BGP 使用 TCP 作为传输协议

像 OSPF 协议这样使用一对一的窗口传输机制的协议，如果要发送多个分组，则必须等到接收到前一个分组的确认消息后，才能发送下一个分组。如果发送端需要发送大量的更新报文，使用这种处理方式的效率将非常低，会导致延迟问题的产生。

TCP 使用滑动窗口机制，接收方在发送方窗口达到一半时进行确认。BGP 利用 TCP 的这种机制，可以持续发送大量的路由更新报文，而不需要像 OSPF 协议那样等待对方的确认消息。在 Internet 中，BGP 路由器需要通告大量网络中的路由信息，所以使用 TCP 的滑动窗口机制大大地提高了 BGP 的运行效率。

通过 BGP 使用 TCP 通告路由信息可以看出，BGP 的路由传输方式为单播，而 RIPv2、OSPF 协议、IS-IS 协议都使用组播的方式来通告路由信息。如果在 Internet 这样庞大的网络中使用组播，可以想象这将付出巨大代价（消耗大量带宽、系统资源）。

8.3.2　区分 EBGP 与 IBGP

BGP 把运行了 BGP 的路由器称为“BGP 发言者（BGP Speaker）”。

在 Internet 中，存在着成千上万的 BGP 发言者。每个 BGP 发言者不是、也无法与所有的 BGP 发言者都建立邻居关系，而只与其中的部分 BGP 发言者建立邻居关系，这通常是本地 AS 中的 BGP 发言者与邻接 AS 的 BGP 发言者。

在 BGP 中，BGP 邻居的另一个称谓为“BGP 对等体（BGP Peer）”。BGP 使用 TCP 建立对等体之间的会话。当两个 BGP 发言者之间建立起 TCP 连接后，双方都要发送 BGP 的 Open（打开）消息，以标识自己，并建立邻居关系。

其中，BGP 的邻居关系分为两种类型：外部 BGP（External BGP，EBGP）邻居关系和内部 BGP（Internal BGP，IBGP）邻居关系。

属于两个不同 AS（AS 号不同）的 BGP 发言者之间建立的邻居关系被称为 EBGP 邻居关系，也就是说，运行在不同 AS 的 BGP 发言者之间的协议被称为 EBGP。运行在相同 AS 上，属于相同 AS（AS 号相同）的 BGP 发言者建立的邻居关系被称为 IBGP 邻居关系。

图 8-8 所示为 EBGP 与 IBGP 的关系。其中，AS 65001 与 AS 65002 和 AS 65003 之间通过 EBGP 建立邻居关系，链路两端的 BGP 发言者属于不同 AS。AS 65001 内部的 3 个 BGP 发言者之间建立 IBGP 邻居关系。同样，AS 65003 内的两个 BGP 发言者之间建立的也是 IBGP 邻居关系，因为它们都属于同一个 AS。

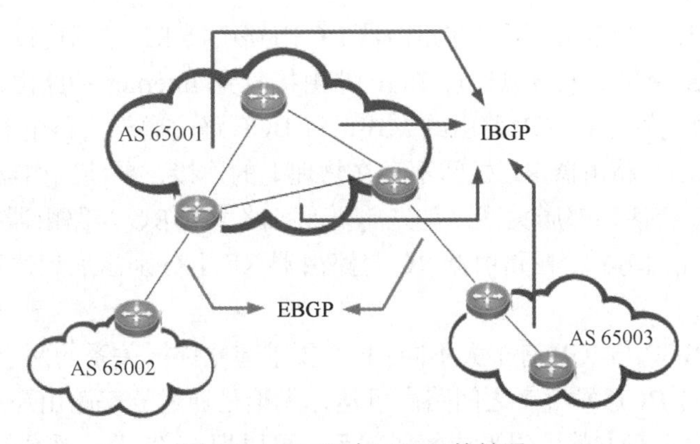

图 8-8　EBGP 与 IBGP 的关系

当 BGP 发言者之间通过 TCP 的 3 次握手建立 TCP 会话后，双方都通过发送 Open 消息来标识自己的身份，其中包含自己所属的 AS 号。当 BGP 发言者收到对方发送的 Open 消息后，会检查 AS 号。如果与本地 AS 号不同，那么双方将建立 EBGP 邻居关系；如果与本地 AS 号相同，则建立 IBGP 邻居关系。

8.3.3 掌握 EBGP 邻居关系

为了防止 AS 之间产生环路，当 BGP 设备接收到 EBGP 对等体发来的路由时，将路由信息 AS_path 列表中带有本地 AS 号的路由丢弃。EBGP 将路由信息从一个 AS 传递到另一个 AS，在不同 AS 之间交换路由信息。

默认情况下，BGP 要求建立 EBGP 邻居关系的两个 BGP 发言者必须在物理上直接相连。但也可以改变 BGP 的这种默认行为，在非直连的两个 BGP 发言者之间建立 EBGP 邻居关系，称为 EBGP 多跳（EBGP-Multihop）。图 8-9 所示为 EBGP 多跳的应用场景。

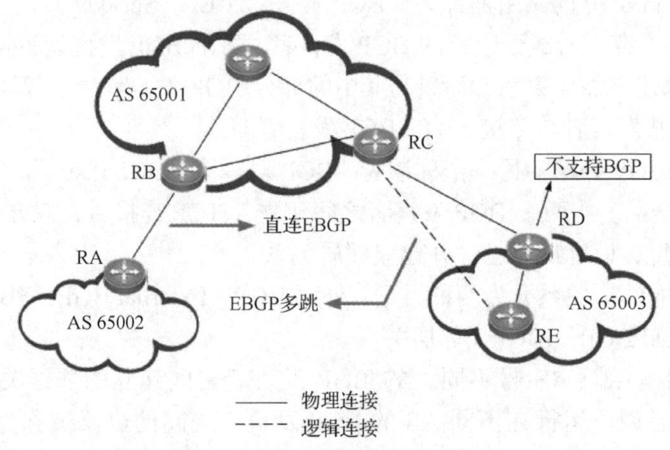

图 8-9 EBGP 多跳的应用场景

图 8-9 中路由器 RA 与路由器 RB 处于不同的 AS，通过直连物理链路建立 EBGP 邻居关系。路由器 RC 与路由器 RD 也处于不同 AS，通过物理链路直接相连。但是，路由器 RD 因为某些原因不支持 BGP，所以无法与路由器 RC 建立 EBGP 邻居关系。为保障 AS 65003 能正常接收来自 Internet 的路由，可以通过 EBGP 多跳机制实现邻居关系的建立。

由于路由器 RE 支持 BGP，可以在路由器 RC 与路由器 RE 之间通过 EBGP 多跳建立邻居关系，这样，AS 65003 就可以通过 BGP 路由接收到 Internet 的路由信息。之后，再将 BGP 路由通过路由重发布到 IGP 路由的方式，将 BGP 路由通告给路由器 RD。

由于路由器 RC 与路由器 RE 之间不存在物理上的连接，要使路由器 RC 与路由器 RE 之间成功建立 TCP 会话和邻居关系，首先需要保障路由器 RC 与路由器 RE 之间的路由可达。通常使用静态路由方式，在路由器 RC 与路由器 RE 上分别添加到达对端网络的静态路由（或默认路由）。

在这一点上，BGP 与 IGP 有很大不同：IGP 要求建立邻居关系的两个路由器必须直连；而在 BGP 中，只要 BGP 发言者之间路由可达，无论是通过静态路由还是 IGP，只要能够建立 TCP 会话，那么双方就可以形成邻居关系。可以把 BGP 路由看作运行在 IGP 之上的一种路由协议。

8.3.4　掌握 IBGP 邻居关系和水平分割

为了防止 AS 内产生环路，BGP 设备不会把从 IGBP 对等体学习到的路由发布给其他 IBGP 对等体，并默认需要与所有 IBGP 对等体建立全连接才能实现 AS 内部各 IBGP 设备间的路由互通。IBGP 实现在 AS 内部的 BGP 发言者之间传递 BGP 路由信息，使得 AS 内部的路由器也能获得到达 AS 外部的路径。

1. IBGP 邻居关系

IBGP 与 EBGP 不同，IBGP 在建立邻居关系时，不需要 BGP 发言者之间直连。只要两个 IBGP 之间路由可达，能完成 TCP 的 3 次握手，就可以建立 IBGP 邻居关系。

2. IBGP 水平分割

IBGP 对等体之间路由信息的传递遵循一个规则：IBGP 发言者不能将从其他 IBGP 对等体接收到的路由，再通告给另一个 IBGP 对等体。这种机制叫作“IBGP 水平分割”。

AS 路径列表是应用在不同 AS 之间，防止路由环路产生的机制；而 IBGP 水平分割是应用在 AS 内部，防止路由环路产生的机制。如果一个 BGP 发言者将从 IBGP 对等体收到的路由信息，再通告给内部的其他 IBGP 对等体，则有可能导致此路由最后又被通告给始发的 BGP 发言者，这将会造成潜在路由环路，图 8-10 所示为 IBGP 水平分割的场景。

使用 AS 路径列表，不能防止 AS 内部的 BGP 路由环路的产生，这是因为当一条 BGP 路由在 AS 内部传递时，AS 列表并不会产生变化。对于一个 BGP 发言者来说，只有当它将路由通告给它的 EBGP 对等体时，才会将本地的 AS 号添加到 AS 路径列表中。AS 路径列表中也不记录在 AS 内部处理过该路由信息的路由器。

在图 8-10 所示的 AS 65001 中的 BGP 发言者的 RA、RB、RC 这 3 台路由器之间建立 IBGP 邻居关系。路由器 RA 从外部 AS 的 BGP 发言者路由器 RD 上收到了 BGP 路由信息通告。它将此路由信息通告给了本地 AS 中的 IBGP 对等体路由器 RB 和 RC。路由器 RB 也从它的 IBGP 对等体路由器 RA 上收到了这条路由，但不会再将其通告给他的 IBGP 对等体路由器 RC，这就是 IBGP 水平分割的运行机制。

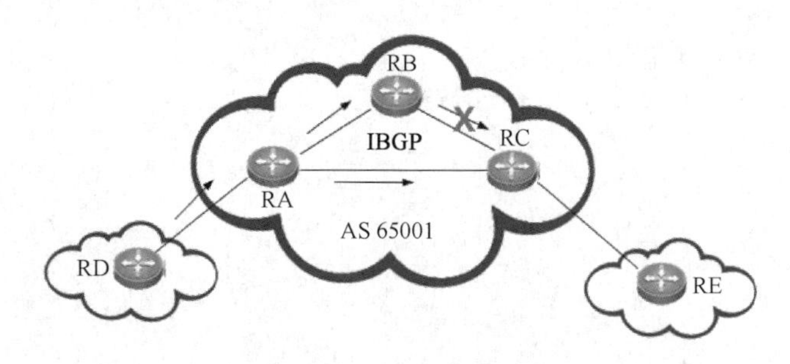

图 8-10　IBGP 水平分割

因为路由信息的通告受到 IBGP 水平分割的限制，所以需要在任意两个 BGP 发言者之间建立邻居关系，也就是建立全互联（Full-mesh）的邻居关系。这样才能确保所有 AS 内的 BGP 发言者都能接收到路由信息，图 8-11 所示为 IBGP 内部全互联场景。

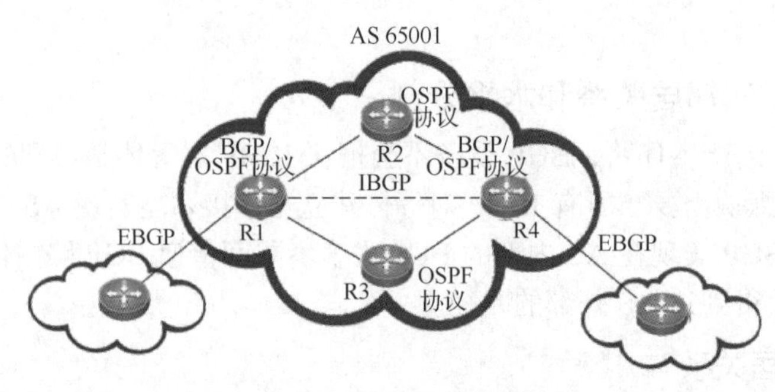

图 8-11　IBGP 内部全互联场景

8.4 生成 BGP 路由表

1. BGP 路由表内容

BGP 路由在运行的过程中使用了一张单独的路由表，称其为 BGP 路由表。BGP 路由表中记录了 BGP 从邻居路由器上接收到的路由信息，主要内容包括目的地址、下一跳地址、度量值、AS 路径列表等 BGP 属性。与 IP 路由表不同的是，BGP 路由表中还包括本地路由器通告的网络。

2. 生成 BGP 路由表的方法

在 IP 路由表中，一旦路由器的接口配置了 IP 地址，且接口状态为 up，IP 路由表中就会出现本地网段的直连路由。但在 BGP 路由表中，即使路由器的本地接口配置 IP 地址并启用，也不会出现任何路由条目。在 BGP 路由中，只有将直连网段通过“network”命令通告后，BGP 路由表中才会出现该条路由条目。

3. BGP 路由表示例

BGP 路由表示例如下，可以看到 BGP 路由表中包含了比 IP 路由表更为详细的路由条目。其中，BGP 路由表不仅包含路由网络及掩码信息，还包含 BGP 路由的各种路径属性，如下一跳地址、度量值、本地优先级、起源属性、AS 路径列表等。

配置完成 BGP 路由后，使用“show ip bgp”命令可查看本地路由器上 BGP 路由表的信息。

```
    RA#show ip bgp
    BGP table version is 2, local RID is 192.168.1.2
    Status codes: s suppressed, d damped, h history, * valid, > best, i - internal,
S Stale
    Origin codes: i - IGP, e - EGP, ? - incomplete
      Network          Next Hop            Metric        LocPrf  Path
    *> 1.0.0.0/8       10.1.1.1            0             1 2 5 i
                       10.2.2.1            0             1 3 5 i
                       10.3.3.1            0             1 4 5 i
    *> 2.0.0.0/8       10.1.1.1            0             1 2 5 i
                       10.2.2.1            0             1 3 5 i
                       10.3.3.1            0             1 4 5 i
    *> 3.0.0.0/8       10.1.1.1            0             1 2 5 i
                       10.2.2.1            0             1 3 5 i
```

```
                     10.3.3.1          0           1 4 5 i
*> 4.0.0.0/8         10.1.1.1          0           1 2 5 i
                     10.2.2.1          0           1 3 5 i
                     10.3.3.1          0           1 4 5 i
```

从以上 BGP 路由器的示例可以看到，BGP 路由表与 IP 路由表的另一个不同点是，BGP 路由表中包括所有到达目标网络的信息，即使是次优路径。

4. BGP 邻居关系表

BGP 路由不仅仅会生成、更新路由表，还会维护一张邻居列表，记录所有与本地建立邻居关系的 BGP 对等体。BGP 路由将从邻居路由器上接收到的所有 BGP 路由都加入 BGP 路由表中，并进行路径的选择。但是 BGP 最终只会把最优路径加入到 IP 路由表中，通过 IP 路由表中的路由条目，指导接收到的 IP 数据包进行转发。

当本地 BGP 对等体将 BGP 路由通告给邻居时，仍然会将 BGP 路由表中的路由条目通告给邻居。邻居收到后，也会将路由加入它的 BGP 路由表中。

图 8-12 所示为 BGP 路由表与 IP 路由表之间的关系。这两张表相互独立，可以使用一些特殊方式使 BGP 路由表和 IP 路由表之间共享信息，如路由重发布，或将 IP 路由表中的条目通告到 BGP 中等。

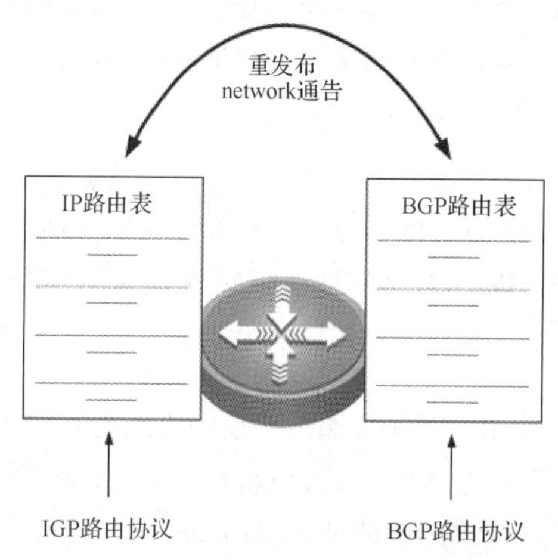

图 8-12 BGP 路由表与 IP 路由表之间的关系

需要补充的是，BGP 与其他路由协议一样，也具有自己默认的管理距离：通过 EBGP 得到的路由的管理距离为 20，通过 IBGP 得到的路由的管理距离为 200。

当 BGP 从本地 BGP 路由表中计算出最佳路径后，如果在 IP 路由表中已经存在到达相同目标网络、具有更小的管理距离的路由（如静态路由），则根据基本的路由器选路规则，该 BGP 路由不会被加入 IP 路由表中。

8.5 掌握 BGP 基础配置

8.5.1 配置 BGP 路由

1. 启用 BGP

使用如下命令将启用 BGP，并进入 BGP 路由进程。

```
Router(config)#router bgp as-number
// as-number表示本地路由器AS号
```

在启用 BGP 时，必须为 BGP 指定一个运行的 AS 号，而且一台路由器只能属于一个 AS。BGP 路由在发送的 Open 消息中需要携带本地的 AS 号。BGP 对等体之间通过检查本地路由器和对端路由器的 AS 号，来决定是建立 EBGP 邻居关系，还是建立 IBGP 邻居关系。

当已经使用此命令将路由器加入一个 AS 后，若再使用相同命令将路由器加入另一个 AS，则路由器将提示本地路由器已在一个 AS 中运行。

2. 配置 BGP 路由器 ID

在 BGP 学习过程中，需要在对等体间建立 BGP 会话，每台激活 BGP 路由的设备都必须有唯一的路由器 ID，否则对等体之间不能建立 BGP 连接。

在整个 BGP 网络中，每台 BGP 设备的路由器 ID 必须唯一。BGP 路由器 ID 也是一个 32 位值，通常是 IP 地址形式，可使用“bgp router-id”命令手动配置，也可以自动配置。优先选择 Loopback 接口上的 IP 地址作为 BGP 路由器 ID；否则，选取设备物理接口中的最大 IP 地址作为路由器 ID。

```
Router(config)#bgp router-id  2.2.2.2
```

一旦选出 BGP 路由器 ID，除非发生接口地址删除等事件，否则，即使配置更大的接口 IP 地址，也保留原来的 BGP 路由器 ID。

3. 配置 BGP 邻居

启用 BGP 后，路由器将不会自动与任何对等体建立邻居关系并通告路由信息。因为 BGP 路由使用 TCP 会话来完成所有的操作，所以必须通过手动的方式为 BGP 路由器指定它要与哪个对等体建立邻居关系。

在 BGP 工作过程中，不存在任何自动发现、自动建立邻居关系的机制。

在 BGP 路由模式下，使用如下命令通过手动的方式指定对等体。

```
Router(config-router)#neighbor ip-address remote-as as-number
```

其中，“*ip-address*”为对端的 IP 地址，“*as-number*”表示对端的 AS 号。如果本地的 AS 号和命令中指定的对端 AS 号不同，则双方建立的是 EBGP 邻居关系；如果相同，则建立的是 IBGP 邻居关系。

需要注意的是，本端配置要和对端配置完全匹配，否则，双方无法建立邻居关系。

如图 8-13 所示，为路由器 RA 和路由器 RB 建立 EBGP 邻居关系。

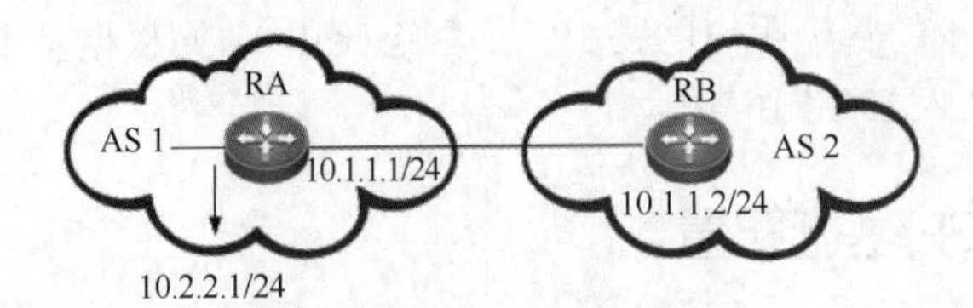

图 8-13　建立 EBGP 邻居关系

（1）路由器 RA 上的邻居关系配置如下。

```
RA(config)#router bgp 1
```

```
RA(config-router)#bgp router-id 1.1.1.1
RA(config-router)#neighbor 10.1.1.2 remote-as 2
```

（2）路由器 RB 上的邻居关系配置如下。

```
RB(config)#router bgp 2
RB(config-router)#bgp router-id 2.2.2.2
RB(config-router)#neighbor 10.1.1.1 remote-as 1
```

在配置邻居关系的过程中，双方都要正确指定对端的 IP 地址和 AS 号。

本地对等体在建立邻居关系时，使用到达对端 IP 地址（在“neighbor”命令中配置对端地址）的最优接口地址，通常是与对端直连接口的地址。如果双方不直接相连，则本地对等体将查找路由表，以确定本地出接口和 IP 地址。

4. 通告网络

与其他路由协议一样，BGP 默认不会自动通告任何网络，虽然已经与其他对等体建立了邻居关系。在 BGP 路由进程模式下，使用如下命令向 BGP 通告网络。

```
Router(config-router)#network address [ mask mask ]
// address 表示通告网络地址，mask 是一个可选参数，默认使用自然子网掩码
```

配置 BGP 与配置 IGP（如 OSPF 协议、RIP）一样，也需要通过“network”命令通告网络，但 BGP 中的“network”命令与 OSPF 协议和 RIP 中的“network”命令功能完全不同。在 OSPF 协议和 RIP 中使用“network”命令，实际是在接口上启用路由协议。当接口上的 IP 地址包含在“network”命令配置的网络中时，接口将加入路由协议进程，并将接口所在的网络通告出去。

BGP 中使用的“network”命令，会告诉 BGP 路由器需要将路由通告给哪个网络。此外，通过“network”命令配置的网络，必须已经存在于路由表中，且是完全匹配的。所以，在 BGP 中使用“network”命令通告路由时，要确保路由表中存在精确匹配的路由条目。

通常 BGP 中通告的路由可以是本地直连路由，或者是通过 IGP 获得的其他网络中的路由信息。当 BGP 发言者从对等体接收到 BGP 的路由通告时，将会自动把其通告给其他对等体。除了使用“network”命令将路由通告到 BGP 互联的网络中外，还可使用路由重发布方式，将静态路由或者其他路由协议学习到的路由重发布到 BGP 网络中。但是这需要将 BGP 路由的起源属性设置为“incomplete”。

5. 配置自动汇总

BGP 还支持路由汇总功能，能自动将重发布到 BGP 网络中的路由条目汇总到有类路由的边界。默认情况下，BGP 关闭本地自动汇总功能。在 BGP 路由进程模式下，可使用如下命令启用 BGP 自动汇总功能。

```
Router(config-router)#auto-summary
 // 常用部署方式保持默认值，即关闭 BGP 的自动汇总功能
```

6. BGP 基本配置示例

BGP 基本配置工作场景示例如图 8-14 所示，在 AS 3 中的路由器 RC 上，启动 Loopback 0 接口地址 100.1.1.1/24。配置 BGP，实现 AS 1 与 AS 2 通过 BGP 路由获取域间路由 100.1.1.0/24。

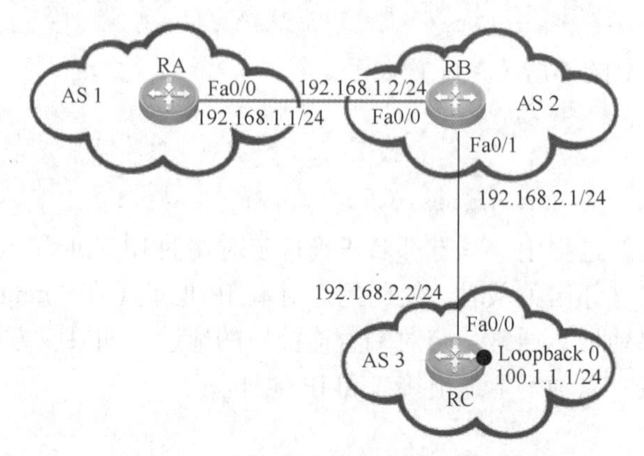

图 8-14　BGP 基本配置工作场景示例

按照拓扑组建网络，在互联的 3 台路由器上完成基础信息配置，限于篇幅，此处省略。

（1）路由器 RA 的 BGP 配置如下。

```
RA(config)#interface FastEthernet 0/0
RA(config-if)#ip address 192.168.1.1 255.255.255.0
RA(config-if)#router bgp 1
RA(config-router)#neighbor 192.168.1.2 remote-as 2
```

（2）路由器 RB 的 BGP 配置如下。

```
RB(config)#interface FastEthernet 0/0
RB(config-if)#ip address 192.168.1.2 255.255.255.0
RB(config-if)#interface FastEthernet 0/1
RB(config-if)#ip address 192.168.2.1 255.255.255.0
RB(config-if)#exit
RB(config)#router bgp 2
RB(config-router)#neighbor 192.168.1.1 remote-as 1
RB(config-router)#neighbor 192.168.2.2 remote-as 3
```

（3）路由器 RC 的 BGP 配置如下。

```
RC(config)#interface FastEthernet 0/0
RC(config-if)#ip address 192.168.2.2 255.255.255.0
RC(config-if)#interface Loopback 0
RC(config-if)#ip address 100.1.1.1 255.255.255.0
RC(config-if)#exit
RC(config)#router bgp 3
RC(config-router)#neighbor 192.168.2.1 remote-as 2
RC(config-router)#network 100.1.1.0 mask 255.255.255.0
```

需要强调的是，在路由器 RC 的 BGP 配置中，使用的 IP 地址和子网掩码是 100.1.1.0 和 255.255.255.0，且路由表中已经存在 100.1.1.0/24 直连路由，这样 BGP 才能将 100.1.1.0/24 通告出去。当使用 100.1.0.0 和 255.255.0.0 时，BGP 无法在路由表中找到精确匹配路由，因此不会通告该网络。

（4）查看BGP路由表。

完成BGP配置后，分别在3台路由器上查看BGP路由状态。这里以查看路由器RA的BGP路由状态为例进行介绍。

```
RA#show ip bgp
BGP table version is 2, local RID is 192.168.1.1
Status codes: s suppressed, d damped, h history, * valid, > best, i - internal,
S Stale  Origin codes: i - IGP, e - EGP, ? - incomplete

   Network          Next Hop          Metric    LocPrf  Path
*> 100.1.1.0/24     192.168.1.2       0                 2 3 i
Total number of prefixes 1
```

通过查询路由器RA的BGP路由表可以看出，路由器RA通过路由器RB学习到来自100.1.1.0/24网络的路由。其中，详细信息说明如下。

*：表示此路由是一条合法路由，BGP只考虑合法路径。

>：表示此路由被选择为到达此目的地的最佳路径。

Next Hop：表示该路由的下一跳，也就是BGP路由的下一跳属性。

Metric：表示BGP的MED值属性。默认情况下，将丢失MED值的路由赋为0，0被认为是最优MED值。

LocPrf：表示路由的本地优先级属性。默认的本地优先级为100，默认值不显示。

Path：表示路由的AS路径属性，也就是AS路径列表。可以看到此路由起始AS为AS 3，通过AS 2通告到本地AS。

路径列表后面的“i”表示路由起源属性。因为RC通过“network”命令将路由通告到BGP中，所以起源属性为IGP。IGP起源属性用“i”表示，EGP起源属性用“e”表示，incomplete起源属性用“?”表示。

（5）查看BGP邻居关系。

BGP路由表中还将显示总的前缀数。使用如下命令可查看BGP邻居关系的状态。

```
RA#show ip bgp neighbors
...
```

此时，将显示本地路由器ID、本地与对端建立TCP连接使用的源端口和目的端口、本地和远端的AS号，以及keepalive间隔和保持时间。

（6）查看IP路由表。使用如下命令查看路由器RA上的IP路由表。

```
RA#show ip route
Codes:  C - connected, S - static,  R - RIP B - BGP
        O - OSPF, IA - OSPF inter area
        N1 - OSPF NSSA external type 1, N2 - OSPF NSSA external type 2
        E1 - OSPF external type 1, E2 - OSPF external type 2
        i - IS-IS, L1 - IS-IS level-1, L2 - IS-IS level-2, ia - IS-IS inter area
        * - candidate default

Gateway of last resort is no set
C    1.0.0.0/8 is directly connected, Loopback 0
```

```
C    1.0.0.1/32 is local host.
B    100.1.1.0/24 [20/0] via 192.168.1.2, 01:22:33
C    192.168.1.0/24 is directly connected, FastEthernet 0/0
C    192.168.1.1/32 is local host.
```

从结果中可以看到路由器 RA 已经将最优的 BGP 路径加入 IP 路由表中。BGP 路由在 IP 路由表中使用“B”来标识，其中，[20/0]表示 BGP 路由管理距离，EBGP 路由默认管理距离为 20，IBGP 路由默认管理距离为 200。

8.5.2 配置 BGP 下一跳属性

默认情况下，BGP 按照 BGP 的路径属性，使用 BGP 路由下一跳属性规则及 BGP 发言者设置的下一跳属性规则，对外通告 BGP 路由。但有时需要针对 BGP 的下一跳属性进行修改，简化 BGP 路由选择操作。

如图 8-15 所示，AS 1 中存在一条指向 1.0.0.0/8 网络的路由，现在需要将这个网络通告给 AS 2 中的 BGP 路由器。

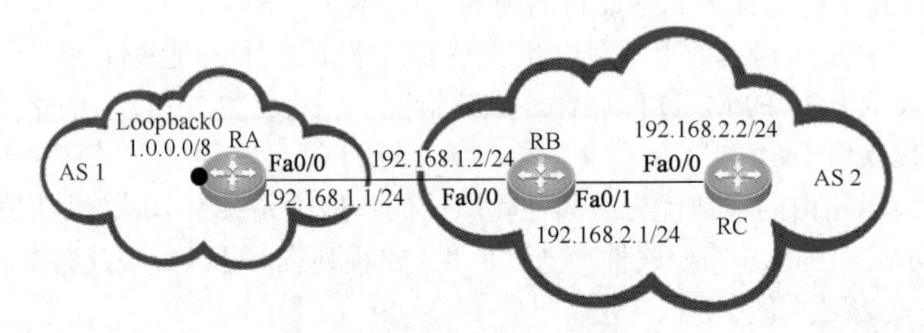

图 8-15 配置 BGP 下一跳属性

按照拓扑组建网络，在互联的 3 台路由器上完成基础信息配置，限于篇幅，此处省略。

（1）路由器 RA 上 BGP 的关键配置如下。

```
RA(config)#interface FastEthernet 0/0
RA(config-if)#ip address 192.168.1.1 255.255.255.0
RA(config-if)#interface Loopback 0
RA(config-if)#ip address 1.0.0.1 255.0.0.0
RA(config-if)#router bgp 1
RA(config-router)#network 1.0.0.0
RA(config-router)#neighbor 192.168.1.2 remote-as 2
```

（2）路由器 RB 上 BGP 的关键配置如下。

```
RB(config)#interface FastEthernet 0/0
RB(config-if)#ip address 192.168.1.2 255.255.255.0
RB(config-if)#interface FastEthernet 0/1
RB(config-if)#ip address 192.168.2.1 255.255.255.0
RB(config-if)#router bgp 2
RB(config-router)#neighbor 192.168.1.1 remote-as 1
RB(config-router)#neighbor 192.168.2.2 remote-as 2
```

（3）路由器 RC 上 BGP 的关键配置如下。

```
RC(config)#interface FastEthernet 0/0
```

```
RC(config-if)#ip address 192.168.2.2 255.255.255.0
RC(config-if)#router bgp 2
RC(config-router)#neighbor 192.168.2.1 remote-as 2
```

（4）查看路由器RB上的BGP路由表。

```
RB#show ip bgp
BGP table version is 2, local RID is 192.168.1.2
Status codes: s suppressed, d damped, h history, * valid, > best, i - internal,
          S Stale
Origin codes: i - IGP, e - EGP, ? - incomplete

   Network          Next Hop            Metric      LocPrf   Path
*>  1.0.0.0          192.168.1.1         0           1        i

Total number of prefixes 1
// 通过路由器RB的BGP路由表可以看出RB已经收到1.0.0.0/8路由
```

（5）查看路由器RC上的BGP路由表。

```
RC#show ip bgp
BGP table version is 4, local RID is 192.168.2.2
Status codes: s suppressed, d damped, h history, * valid, > best, i - internal,
          S Stale
Origin codes: i - IGP, e - EGP, ? - incomplete

   Network          Next Hop            Metric      LocPrf   Path
* I 1.0.0.0          192.168.1.1         0           100      1 i

Total number of prefixes 1
```

从路由器RC的BGP路由表可以看出，路由器RC也通过路由器RB收到了1.0.0.0/8路由，但此路由没有作为最佳路径进入路由器RC的IP路由表中，因为路由条目前面没有“>”标记。

（6）查看路由器RC上的IP路由表。

```
RC#show ip route
Codes:  C - connected, S - static,  R - RIP B - BGP
O - OSPF, IA - OSPF inter area
       N1 - OSPF NSSA external type 1, N2 - OSPF NSSA external type 2
       E1 - OSPF external type 1, E2 - OSPF external type 2
       i - IS-IS, L1 - IS-IS level-1, L2 - IS-IS level-2, ia - IS-IS inter area
       * - candidate default

Gateway of last resort is no set
C    192.168.2.0/24 is directly connected, FastEthernet 0/0
C    192.168.2.2/32 is local host.
```

因此，需要在路由器RC上查询1.0.0.0/8网络在BGP路由表中的详细信息，寻找该路由未被加入IP路由表的原因，查询BGP路由表中1.0.0.0/8路由的详细信息。

```
RC#show ip bgp 1.0.0.0
BGP routing table entry for 1.0.0.0/8
Paths: (1 available, no best path)
  Not advertised to any peer 1
    192.168.1.1 (inaccessible) from 192.168.2.1 (192.168.1.2)
      Origin IGP metric 0, localpref 100, distance 200, valid, internal
      Last update: Wed Nov 19 02:41:51 2008
```

在 BGP 路由表的 1.0.0.0/8 路由的详细信息中显示了 192.168.1.1，即路由下一跳不可达。

（7）修改路由下一跳属性。

根据 BGP 默认规则，EBGP 路由下一跳属性将不被改变地传递到 IBGP 中。因为路由器 RC 中并没有到达 192.168.1.0/24 的路由，所以此路由不会作为最佳路径被加入路由表中。这个问题的解决方法有 3 种：第一种是将 192.168.1.0/24 重发布到 AS 2 中；第二种是在路由器 RC 上配置到达 192.168.1.0/24 的静态路由；第三种是在路由器 RB 上修改路由的下一跳地址，将路由下一跳地址设置为自身的地址。

在 BGP 路由进程模式下，使用如下命令修改路由下一跳地址为自身地址。

```
RC(config-router)#neighbor ip-address next-hop-self
```

因此，可以在路由器 RB 上修改下一跳地址为自身地址，具体配置如下。

```
RB(config-router)#router bgp 2
RB(config-router)#neighbor 192.168.2.2 next-hop-self
```

这时，此路由已经被标记为最佳路径，并被加入 IP 路由表中，下一跳地址为路由器 RB 的 IP 地址 192.168.2.1。

（8）查询路由器 RC 上的 BGP 路由信息。

在路由器 RB 上修改下一跳地址后，路由器 RC 的 BGP 路由表结果如下。

```
RC#show ip bgp
BGP table version is 22, local RID is 192.168.2.2
Status codes: s suppressed, d damped, h history, * valid, > best, i - internal,
S Stale
Origin codes: i - IGP, e - EGP, ? - incomplete
     Network          Next Hop            Metric        LocPrf  Path
*> I  1.0.0.0         192.168.2.1         0             100     1 i

Total number of prefixes 1
```

路由条目中出现“i”标记，表示这条路由通过 IBGP 对等体获得。

（9）查询路由器 RC 上的 IP 路由表信息。

路由器 RB 修改下一跳地址后，路由器 RC 的 IP 路由表结果如下。

```
RC#show ip route
Codes:  C - connected, S - static,  R - RIP B - BGP
        O - OSPF, IA - OSPF inter area
        N1 - OSPF NSSA external type 1, N2 - OSPF NSSA external type 2
        E1 - OSPF external type 1, E2 - OSPF external type 2
        i - IS-IS, L1 - IS-IS level-1, L2 - IS-IS level-2, ia - IS-IS inter
```

```
area
        * - candidate default
   Gateway of last resort is no set
   B   1.0.0.0/8 [200/0] via 192.168.2.1, 00:18:16
   C   192.168.2.0/24 is directly connected, FastEthernet 0/0
   C   192.168.2.2/32 is local host.
```

8.6 熟悉 BGP 路由消息类型

BGP 也使用一系列的协议报文，进行 BGP 路由的邻居之间关系的初始化、建立路由更新的通告、发送错误通知等。在 BGP 中使用的消息类型分别是 Open 消息、keepalive 消息、Update 消息、Notification 消息等。所有 BGP 消息都有一个通用的头部。图 8-16 所示为 BGP 消息头部的格式。其中，各项参数说明如下。

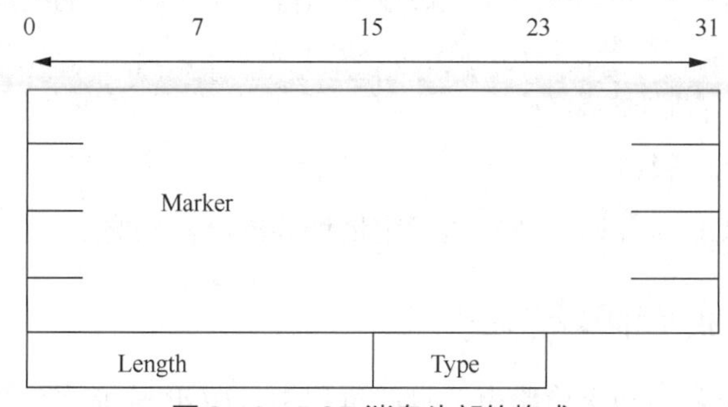

图 8-16　BGP 消息头部的格式

（1）Marker：标记，验证 BGP 对等体之间是否会话，检测 BGP 对等体之间是否同步。如果消息类型为 Open 或者 Open 消息中没有验证信息，则标记字段将全部置为 1。

（2）Length：消息长度，表示整个 BGP 消息长度，包括头部。BGP 消息最小长度为 19 字节，最大不能超过 4096 字节。

（3）Type：消息类型，标识 BGP 消息类型。“1”表示 Open 消息、“2”表示 Update 消息、“3”表示 Notification 消息、“4”表示 keepalive 消息。

目前，BGPv4 有 5 种消息报文：Open（建立）、Update（更新）、Notification（通知）、keepalive（保持活跃）、Route-refresh（路由刷新）。它们承担的功能分别如下。

1. Open 消息

Open 消息是 TCP 连接建立后发送的第一个报文，包含本地 BGP 发言者信息以及与后面对等体之间建立 TCP 会话的信息，可建立 BGP 对等体之间的连接关系。

BGP 用 Open 消息来建立 BGP 邻居关系。当 BGP 发言者之间的 TCP 连接建立起来后，双方都要发送一个 Open 消息标识自己。Open 消息中的所有信息都要被协商和接收。

2. Update 消息

当 BGP 发言者通过发送和接收 Open 消息建立起 BGP 邻居关系后，双方就开始使用 Update 消息交换路由信息。Update 消息中包含可达路由、需要删除的路由和 BGP 路径属性值。Update 消息可以发布一类具有相同路径属性的可达路由信息，在 BGP 路由中，网络前缀称为网络层可达信息（Network Layer Reachability Information，NLRI），BGP 根据这些属性进行路由的选择。Update 消息也可以发布多条不可达路由信息，用来通知对等体要撤销的路由。

3. Notification 消息

当 BGP 对等体检测到错误时，就会发送 Notification 消息，这个错误会导致 BGP 会话中断。当 BGP 会话中断后，BGP 对等体之间的 TCP 连接也将被断开。

4. keepalive 消息

当 BGP 对等体之间建立 BGP 会话后，双方会周期性地发送 keepalive 消息，以检测对端是否仍可达，保持对等体连接的有效性。默认情况下，BGP 对等体每 60s 发送一次 keepalive 消息，通知对等体本地处于活动状态。通常 keepalive 的时间间隔为保持时间（Hold Time）的三分之一。当 keepalive 间隔为 0 时，不发送 keepalive 消息。

在 BGP 路由进程模式下，使用如下命令可以修改 keepalive 的时间间隔。

```
Router(config-router)#neighbor ip-address timers
// 修改 keepalive 的时间间隔
```

5. Route-refresh 消息

该消息会要求 BGP 对等体重新发送指定地址族的路由信息。

8.7 了解 BGP 有限状态机

在 BGP 建立邻居关系和交换路由信息的过程中，BGP 对等体会经历多种不同的状态。在每种状态中，BGP 对等体都将发送和接收消息并进入下一种状态，这个过程就是 BGP 的有限状态机（Finite State Machine，FSM）。

BGP 对等体在成功建立 BGP 会话之前，需要经历几种状态，分别是空闲（Idle）、连接（Connect）、激活（Active）、打开发送（Open Sent）、打开确认（Open Confirm）和已建立（Established）。图 8-17 所示为 BGP 有限状态机的交互过程。其中，IE 表示状态机的输入事件（Input Event）。

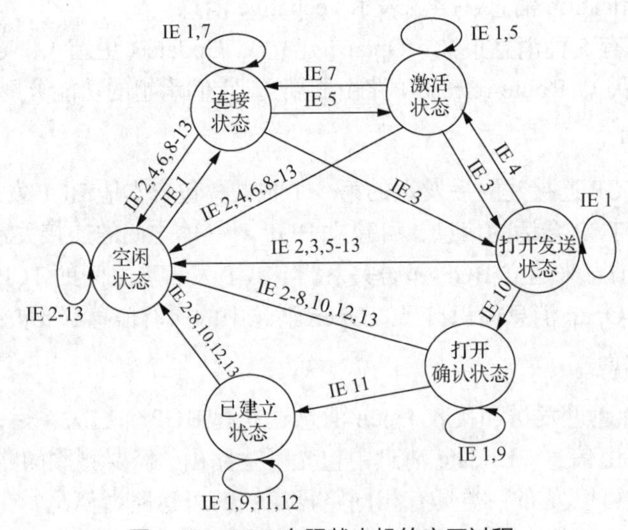

图 8-17　BGP 有限状态机的交互过程

当 BGP 处于某种状态时，收到相应的输入事件后，状态会发生改变。下面详细介绍 BGP 有限状态机的各种状态信息。

1. 空闲状态

当路由器启用了 BGP 路由后，首先进入的就是空闲状态。在空闲状态下，BGP 发言者不会接收 BGP 的会话请求，此时，BGP 进程不会拥有任何资源。只有在收到 BGP Start 事件（IE 1）后，才会给 BGP 进程分配资源。

当 BGP Start 事件发生后，BGP 路由器初始化它的 BGP 资源，并尝试和已配置 BGP 的对等体建立 TCP 会话。同时，它也将侦听来自对等体的 TCP 会话请求。如果出现 TCP 连接被关闭或者其他错误等，则状态机将保持在空闲状态；如果没有发生任何异常，则状态机将过渡到连接状态。

通常，BGP 状态机停留在空闲状态可能是以下原因导致的。

（1）在远端对等体上没有正确配置本地对等体的 IP 地址和 AS 号。

（2）在本地对等体上没有正确配置远端对等体的 IP 地址和 AS 号。

（3）本地或远端没有到达对方的路由。

（4）访问控制列表或防火墙阻断了 TCP 的 179 端口，因为 BGP 需要使用它。

2. 连接状态

在连接状态下，BGP 等待 TCP 连接的建立。

如果 TCP 连接建立成功，则状态机过渡到打开发送状态；如果 TCP 连接没有成功建立，则状态机将过渡到激活状态；如果连接重试计时器超时，则状态机仍保持在连接状态；如果遇到其他事件，则状态机将返回空闲状态。

3. 激活状态

如果 BGP 发言者无法和对等体建立 TCP 连接，那么状态机将进入激活状态。此时，BGP 发言者尝试重新进行 TCP 会话连接，并重置重连接计时器。

如果在重连接过程中成功建立 TCP 连接，那么将发送一个 Open 消息，并过渡到打开发送状态；如果在重连接计时器超时后还没有建立 TCP 会话，则状态机将重启重连接计时器，并返回连接状态。

4. 打开发送状态

当 BGP 对等体之间成功建立 TCP 连接后，BGP 发言者发送一个 Open 消息，从而进入打开发送状态。此时，本地对等体将等待远端发送 Open 消息。当收到远端的 Open 消息后，BGP 对等体检查消息中的字段是否匹配。如果发现错误，则将会给远端对等体发送一个 Notification 消息，返回空闲状态；如果此时 TCP 连接断开，则状态机将返回激活状态。

如果在检查 Open 消息时检测到错误，BGP 将发送一个 keepalive 报文，并重置 keepalive 计时器。在这个阶段，双方要协商保持时间，并选择双方提出的较短的保持时间；之后，状态机将过渡到打开确认状态。

通常 BGP 不会在打开发送状态停留较长时间。当本地对等体收到远端的 Open 消息后，会很快发送一个 keepalive 报文，并过渡到打开确认状态。

5. 打开确认状态

在打开确认状态下，本地对等体将等待从远端收到一个 keepalive 报文。如果收到远端的 keepalive 报文，则将过渡到最终的已建立状态；如果收到了一个 Notification 消息，则将返回空闲状态。

BGP 对等体只会在打开确认状态停留一定时间以等待 keepalive 报文。如果在保持计时器超时后还没有收到报文，则将返回空闲状态。

6. 已建立状态

已建立状态是 BGP 对等体协商的最终状态。在这种状态下，BGP 对等体开始发送 Update 报文、交换路由信息。当对等体收到 Update 或 keepalive 报文后，保持计时器将被重置。如果收到 Notification 消息，则返回空闲状态。

如果 BGP 对等体在 Update 消息中检测到错误，则将发送一个 Notification 消息到对等体，并返回空闲状态。如果保持计时器超时，或者出现了其他事件（如 BGP Stop），则 BGP 状态机也将返回空闲状态。

8.8 掌握 BGP 路径属性

BGP 之所以被称为路径矢量路由协议，是因为衡量一条 BGP 路由的优劣需要通过一系列的路径属性配合，称其为 BGP 路径属性。对于每条 BGP 路由来说，它们都由网络地址与多个路径属性组成。BGP 路径属性是随着通过 Update 报文发送的 BGP 路由信息一起发布的一组参数，它对特定的路由进行描述，使得路由接收者能够根据路径属性值对路由进行过滤和选择，也可以看作选择路由的度量。

BGP 路径属性根据不同分类方式分为不同组合类型：公认的（Well-known）/ 可选的（Optional）；强制的（Mandatory）/ 自由决定的（Discretionary）；传递的（Transitive）/ 非传递的（Nontransitive）。

根据 3 种分类方式，BGP 路径属性可以是以下 4 种中的一种。

（1）公认强制（Well-known Mandatory），即所有 BGP 设备都可以识别此类属性，且必须在 Update 报文中存在，否则对应路由信息就会出错。

（2）公认自由决定（Well-known Discretionary），即所有 BGP 设备都可以识别此类属性，但不要求必须在 Update 报文中，即使缺少此属性路由信息也不会出错。

（3）可选传递（Optional Transitive），BGP 设备可以不识别此类属性。如果 BGP 设备不识别此类属性，则其仍然会接收此类属性，且可将此属性通告给其他对等体。

（4）可选非传递（Optional Nontransitive），BGP 设备可以不识别此类属性。如果 BGP 设备不识别此类属性，则其不会接收此类属性。

公认属性是所有 BGP 发言者必须识别的属性，这些属性在 BGP 路由更新中传递给 BGP 的对等体。公认属性是强制属性，在所有的 BGP 路由更新中都需要包括此属性。此外，公认属性可以自由决定，也就是说，其在 BGP 路由更新中既可以出现，又可以不出现。

非公认属性是 BGP 路由的可选属性，可选属性具有传递属性或非传递属性特征。如果一个可选属性是传递属性，即使 BGP 发言者不支持该属性，那么它也要接收包含该属性的路由，并把这个路由和属性传送给它的对等体；如果一个可选属性是非传递属性，则不支持该属性的 BGP 发言者可以接收包含该属性的路由，但不会把这个属性传送给它的对等体。

表 8-1 所示为 BGP 路由中的路径属性及其类别。

表 8-1 BGP 路由中的路径属性及其类别

路径属性	类别
ORIGIN（起源）	公认强制
AS_PATH（AS 路径）	公认强制
NEXT_HOP（下一跳）	公认强制
LOCAL_PREF（本地优先级）	公认自由决定
MULTI_EXIT_DISC（多出口鉴别器）	可选非传递
ATOMIC_AGGREGATE（原子聚合）	公认自由决定
AGGREGATOR（聚合器）	可选传递
ORIGINATOR_ID（始发者 ID）	可选非传递
CLUSTER_LIST（集群列表）	可选非传递
COMMUNITY（团体）	可选传递

其中，BGP 路径属性中的 ORIGIN（起源属性）、AS_PATH（AS 路径属性）、NEXT_HOP（下一跳属性）为公认强制的属性。也就是说，在 BGP 的路由更新消息中，必须包括这 3 个属性，所有的 BGP 发言者都要识别和支持这些属性。

BGP 并不具有真正的路由算法，BGP 选路机制是依靠收到的不同路由路径的属性值来决定最佳路径的。下面对 BGP 路由的主要属性进行介绍，以深入理解 BGP 路由技术原理。

8.8.1 起源属性

起源属性是公认强制的属性，该属性指明了这条路由信息的来源。在 BGP 更新中，每条路由信息都包括这个属性，接收它的 BGP 发言者也必须识别和处理这个属性。当 BGP 发言者拥有到达相同目标网络的路由时，起源属性是一个决定路径优劣的因素。这里的起源是指始发 BGP 发言者将这条路由通告到 BGP 中的方式。

BGP 路由的起源属性有 3 种不同值，或者说有 3 种起源方式，分别介绍如下。

（1）IGP：这种起源方式表明路由在始发 AS 内部，通常由 AS 内部的 IGP 发现或者就是直连路由。在 BGP 路由进程下使用“network”命令将路由通告到 BGP 中，这条路由的起源方式为 IGP，在 BGP 路由表中使用“i”表示。

（2）EGP：这种起源方式表明始发这条路由的 BGP 发言者，通过 EGP 学习到该路由。EGP 起源方式在 BGP 路由表中用“e”表示。

（3）incomplete（不完整）：这种起源方式表明此路由的源头未知或者通过其他方式获得。当外部路由被重发布到 BGP 中时，路由的起源属性就为 incomplete。例如，BGP 发言者通过 OSPF 协议路由学习到一条 AS 内部路由，并将其重发布到 BGP 中。incomplete 起源方式在 BGP 路由表中使用“?”表示。

图 8-18 所示为 BGP 路由的起源属性产生方式。其中，路由器 RA 拥有一条直连路由 1.0.0.0/8，路由器 RB 拥有一条直连路由 2.0.0.0/8。

路由器 RA 使用“network”命令将直连路由通告到 BGP 中，路由器 RB 通过“redistribute”命令将直连路由重发布到 BGP 中。当路由器 RD 收到这两条路由后，可看到 1.0.0.0/8 路由的起源属性为“i”，2.0.0.0/8 路由的起源属性为“?”，如图 8-18 所示。

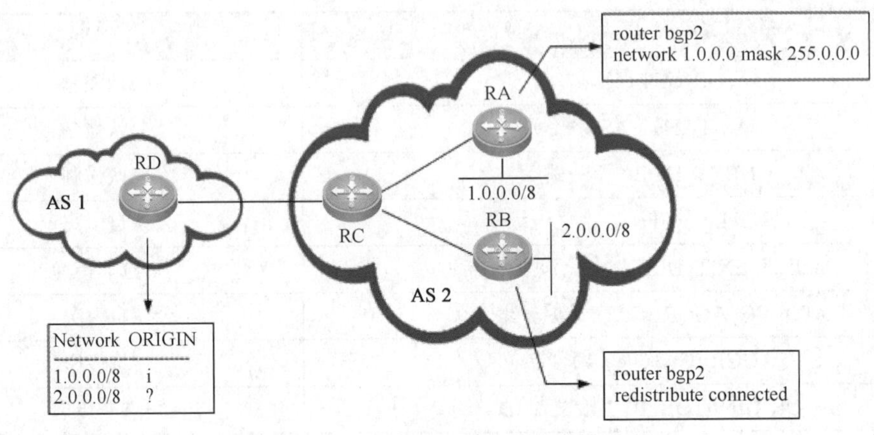

图 8-18　BGP 路由的起源属性产生方式

在 3 种 BGP 路由起源方式中，路由器优先考虑顺序为 IGP→EGP→incomplete。也就是说，当收到到达同一目标网络的路由时，拥有 IGP 起源属性的路径优于具有 EGP 起源属性的路径，拥有 EGP 起源属性的路径优于 incomplete 起源属性的路径。

8.8.2　AS 路径属性

AS 路径属性也是一个公认强制的属性，必须包含在路由更新中。AS 路径属性记录了一条路由所经过的 AS 的 AS 号，即 AS 列表。

当 BGP 发言者通告一条新的路由到 BGP 中，且这条路由被本地 AS 的边缘路由器通过 EBGP 方式通告给其他 AS 时，该路由的 AS 路径属性将被加入到本地 AS 列表中。当邻居 AS 再将此路由通告给下一个 AS 时，会再将其 AS 号附加到 AS 列表的起始位置。

需要注意的是，只有当 BGP 更新消息被发送给 EBGP 对等体时，BGP 发言者才会将本地 AS 号加入 AS 列表中。如果 BGP 更新在 IBGP 对等体之间通告，则 BGP 发言者将不在 AS 列表中附加本地 AS 号。

如图 8-19 所示，AS 1 中的路由器 RA 作为始发路由器，将路由 1.0.0.0/8 通告到 BGP 中，在发送给 EBGP 对等体之前，将本地的 AS 号加入 AS 列表中。但是路由器 RA 从本地来看，其 1.0.0.0/8 的路径属性为空。

路由器 RB 收到此路由通告后，AS 列表为(1)，表明该条路由始于 AS 1。

路由器 RB 将路由通告给它的 IBGP 邻居路由器 RC 时，不会修改 AS 列表，所以路由器 RC 的 AS 列表仍然为(1)。

路由器 RC 把这条路由通告给它的 EBGP 邻居路由器 RD 时，就会附加上本地的 AS 号。此时，路由器 RD 看到的这条路由的 AS 列表就为(2，1)，表明该路由始于 AS 1，并在传输路径中经过了 AS 2。对于路由器 RD 来说，如果要到达网络 1.0.0.0/8，则需要先后经过 AS 2 和 AS 1 两个自治域。

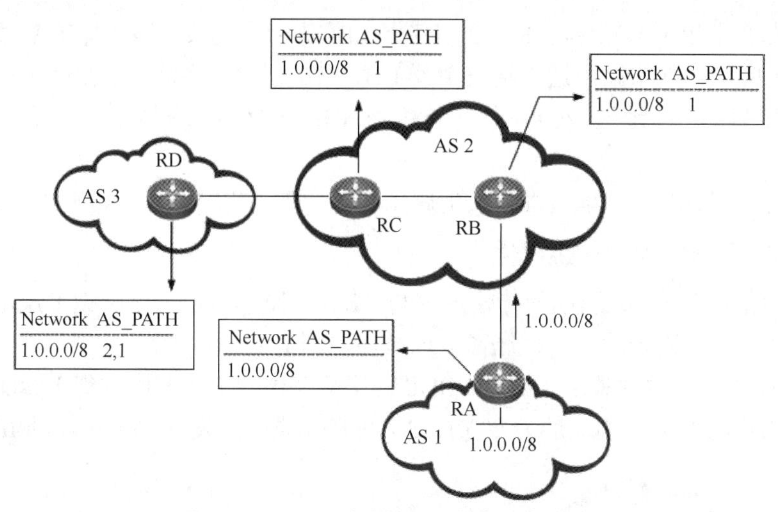

图 8-19　BGP 路由的 AS 列表产生方式

在 BGP 路由的路径选举中，到达相同目标网络的多条路径中拥有最短 AS 列表的路径将成为最佳路径。BGP 还使用 AS 路径属性来防止 AS 间形成的路由环路。当 BGP 发言者接收到路由更新时，会对 AS 列表进行检查：如果在 AS 列表中发现有本地的 AS 号，那么将丢弃这条路由，以防止潜在的环路产生。

需要注意的是，BGP 发言者只有在接收路由更新时才会对 AS 列表进行检查。

8.8.3　下一跳属性

下一跳属性也是一个公认强制属性，所有的 BGP 路由都携带该属性，所有 BGP 发言者都必须识别和处理该属性。BGP 路由的下一跳属性指要到达目标网络，需要将数据发送到的下一个接口的地址或者路由器。

在 IP 路由表中，所有路由都有下一跳属性，以告诉路由器应将收到的 IP 数据包发送到哪里。在 BGP 路由表中，下一跳属性也一样，其告诉路由器去往某 AS 中的网络时，应该将数据包送往何处。但在 BGP 中，EBGP 路由和 IBGP 路由中的下一跳属性存在一些差别。

1. EBGP 网络中的下一跳属性

在 EBGP 网络中，当 BGP 发言者将 BGP 路由更新发送给 EBGP 对等体时，路由的下一跳属性设置中需要发送更新的 IP 地址，通常是物理接口地址或环回接口地址，如图 8-20 所示。

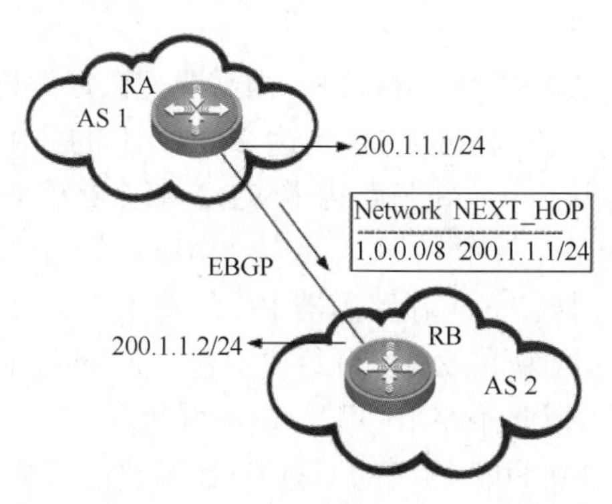

图 8-20　EBGP 网络中的下一跳产生方式

其中，路由器 RA 与路由器 RB 之间建立 EBGP 邻居关系。路由器 RA 通过 EBGP 邻居关系，将 1.0.0.0/8 网络路由通告给路由器 RB，路由器 RA 将该条路由的下一跳地址设置为自己的出接口的 IP 地址 200.1.1.1。路由器 RB 接收到此条路由时，下一跳地址即为 200.1.1.1。

EBGP 路由的下一跳地址属性与其他路由协议（如 OSPF 协议）没有什么区别。

2. IBGP 网络中的下一跳属性

IBGP 网络中的下一跳属性的传输规则与 EBGP 不同。BGP 路由技术规定，在默认情况下，EBGP 网络中通告的下一跳属性应该被传递到 IBGP 网络中。

如图 8-21 所示，路由器 RB 通过 EBGP 网络从路由器 RA 上接收到 1.0.0.0/8 网络的路由更新，路由更新的下一跳地址为 200.1.1.1，即路由器 RA 发送路由更新的 IP 地址。

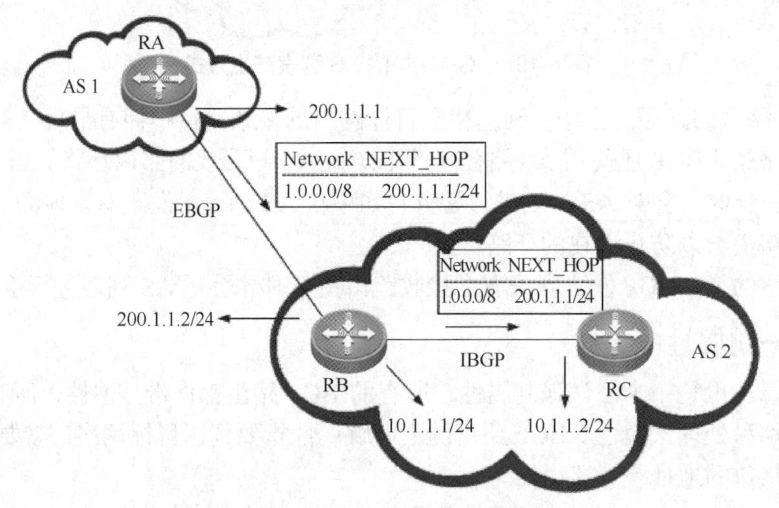

图 8-21　IBGP 路由的下一跳产生方式

当路由器 RB 再将该路由通告给 IBGP 中的邻居路由器 RC 时，根据 BGP 路由的规定，路由器 RB 不对此路由的下一跳地址进行修改。所以，当路由器 RC 接收到这条路由后，看到的下一跳地址仍然为 200.1.1.1，而不是路由器 RB 发送路由更新的地址 10.1.1.1。

也就是说，EBGP 网络中通告的下一跳属性会被传递到 IBGP 中。需要注意的是，BGP 路由技术是一个以 AS 计算跳数的路径矢量协议，所有来自 EBGP 网络中通告的下一跳路由都会传输到其邻居的 AS 中。

此时，路由器 RC 知道如果去往 1.0.0.0/8，则需要把数据发送给 200.1.1.1。所以路由器 RC 需要在路由表中进行递归查找，即寻找到达 200.1.1.1 的路由。如果路由器 RC 路由表中存在到达 200.1.1.1 的路由，下一跳是路由器 RB，那么路由器 RC 将把发往 1.0.0.0/8 网络的数据发送给路由器 RB。

但实际情况并不都是这样：如果在路由器 RC 的路由表中没有到达 200.1.1.1 的路由，那么路由器 RC 将此路由标记为下一跳不可达或不合法（Invalid）。虽然路由器 RC 收到了到达 1.0.0.0/8 网络的路由，但此条路由的下一跳不可达。所以，路由器 RC 不会把这条路由加入 IP 路由表中，去往 1.0.0.0/8 网络的所有 IP 数据包都将被丢弃。

解决问题的方案是，保证 AS 内的所有路由器都能够获悉连接在两个 AS 间的链路信息。

通过以下方法实现路由连通，进而实现通信。

第一种方法是配置静态路由，但这需要在所有的内部路由器上都配置静态路由，或者将静态路由重发布到 IGP 中。

第二种方法是在路由器 RB 外部接口上以被动（Passive）模式运行 IGP，这样 AS 之间的链路信息被通告到 IGP 中，内部所有路由器都将通过 IGP 收到该条链路的信息。

第三种方法是改变 BGP 路由的默认规则，在边缘路由器上修改通过 EBGP 网络收到的路由的下一跳属性。可以在路由器 RB 上使用“neighbor *ip-address* next-hop-self ”命令进行配置，这条命令将使路由器 RB 把通过 EBGP 网络收到的通告给路由器 RC 的下一跳地址改为自己发送 BGP 更新的地址。

如图 8-22 所示，路由器 RB 修改了路由的下一跳属性，当它将路由通告给路由器 RB 时，将原先的下一跳地址 200.1.1.1 修改为自己发送路由更新地址 10.1.1.1。这样路由器 RC 看到此路由的下一跳为 10.1.1.1，即本地直连的网络。因为 10.1.1.1 对路由器 RC 来说路由可达，所以路由器 RC 会将这条路由加入 IP 路由表中，以实现数据转发。

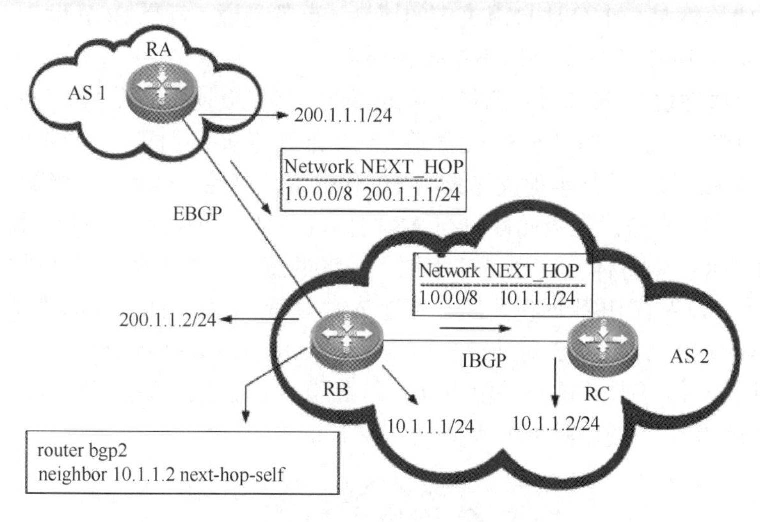

图 8-22 修改下一跳属性

当路由器 RC 将这条路由通告给它的 EBGP 邻居时，将会把路由的下一跳地址改为自身地址，这与路由器 RA 将路由通告给路由器 RB 相同。同样，当路由器 RC 的 EBGP 邻居将该路由通告给其 IBGP 邻居时，下一跳属性也不会改变，即此路由仍将使用路由器 RC 的地址作为下一跳地址在邻居自治系统内传播，除非路由器 RC 的 EBGP 邻居也对路由的下一跳属性进行了修改，就像路由器 RB 所做的那样。

以上讨论的 EBGP 通告下一跳传输到 IBGP 中的规则只适用于通过 EBGP 得到路由。当一条始发于本地 AS 的路由被通告给 IBGP 的对等体时，路由下一跳地址为始发者的 IP 地址。

如图 8-23 所示，对于 1.0.0.0/8 网络中的路由，从路由器 RC 始发，当它将这条路由通告给 IBGP 邻居路由器 RB 时，将路由下一跳地址设置为自身的 IP 地址 10.1.1.2。

路由器 RB 收到这条路由后，将使用 10.1.1.2 作为下一跳地址。当路由器 RB 将该路由通告给 EBGP 邻居路由器 RA 时，路由器 RB 会将路由的下一跳地址修改为自身的 IP 地址 200.1.1.2。

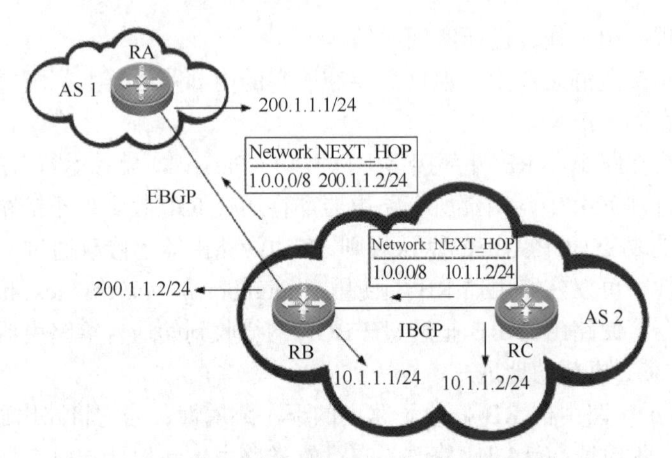

图 8-23　IBGP 路由的下一跳产生方式示例

8.8.4　本地优先级属性

本地优先级属性是一个公认自由决定的属性，也就是说，每个 BGP 发言者都必须能够识别该属性，但是 BGP 更新中可以不携带该属性。

本地优先级属性也是 BGP 进行路径决策的属性，优先级越高（数值越大）的路径，被选为最佳路径的可能性越大。如果 BGP 发言者收到多条到达同一目标网络的路径，则它将比较这些路径的本地优先级，选择本地优先级最高的作为最佳路径，本地优先级默认值为 100。

需要注意的是，本地优先级属性只在 AS 的内部传播，即在 IBGP 对等体之间传播，它不会被通告给 EBGP 对等体，这也是“本地”一词的意义。本地优先级属性用来指导本地 AS 中的路由器，如果有 IP 数据包要离开本地 AS，则需要通过哪条首选路径实施转发。

如图 8-24 所示，AS 65003 对外通告网络 1.0.0.0/8。AS 65000 分别从 AS 65001 和 AS 65002 两个不同的 AS 接收到这条路由更新。路由器 RA 接收到这条更新后，通过 IBGP 将其通告给路由器 RC，并使用默认的本地优先级 100。

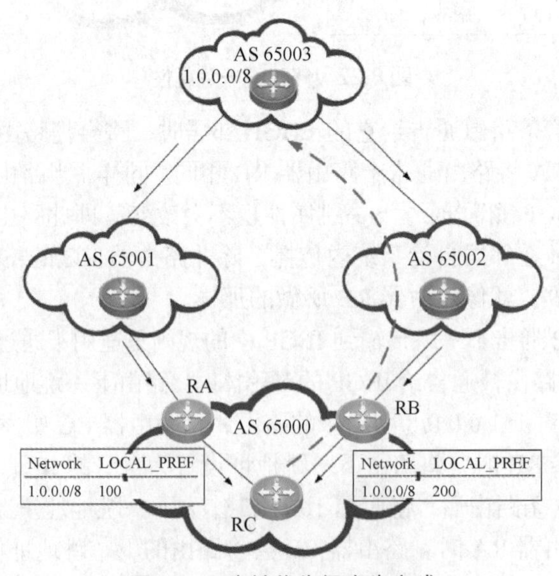

图 8-24　本地优先级产生方式

路由器 RB 接收到这条路由更新后，将该路由的本地优先级修改为 200，通过 IBGP 通告给路由器 RC。这样，路由器 RC 就从路由器 RA 和路由器 RB 上分别收到了来自 1.0.0.0/8 网络的路由更新，路由的本地优先级分别为 100 和 200。

根据 BGP 的选路规则，BGP 发言者将选择本地优先级高的路径作为最佳路径。所以路由器 RC 使用路由器 RB 通告的路径被选为最佳路径。后续从路由器 RC 发往 1.0.0.0/8 网络的数据，都将被发送到路由器 RB 上，并经过 AS 65002 传送到目的地。

本地优先级只有本地意义，不会被通告给其他 AS。当路由器 RC 将去往网络 1.0.0.0/8 的最佳路径（本地优先级为 200）通告给它的 EBGP 邻居时，将不携带本地优先级。

8.8.5 多出口鉴别器属性

多出口鉴别器（简称 MED）属性是一个可选非传递的属性。其中，MED 属性携带的参数值称为度量，也被称为 AS 间度量。它可以影响 BGP 的路径选择过程。

MED 属性与本地优先级属性不同，MED 属性可以在 AS 之间传送。也就是说，MED 属性可以被发送给 EBGP 的对等体。当其他 AS 接收到 MED 属性后，会将其传递给 IBGP 的对等体。但是当该路由再被通告给另一个 AS 时，MED 属性中携带的参数值将会丢失。

如图 8-25 所示，路由器 RA 将设置了 MED 属性中携带的参数值的路由通告给路由器 RB，此时，MED 属性中携带的参数值也被传递到路由器 RB 上。此后，路由器 RB 将该路由通过 IBGP 网络通告给路由器 RC 时，仍然携带 MED 属性中携带的参数值。但是当路由器 RC 再将其通告给其他 AS 时，MED 属性中携带的参数值将不被传递。

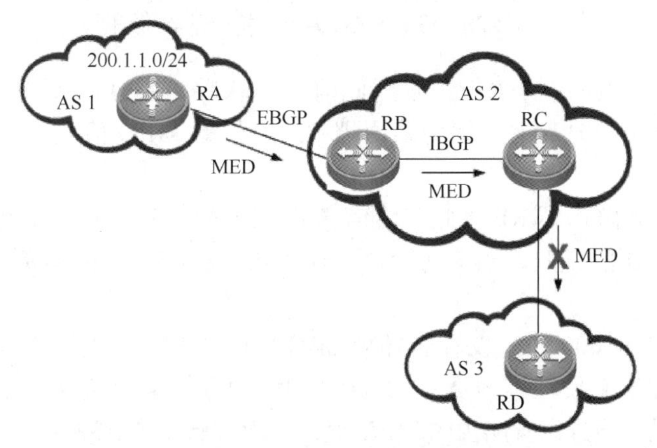

图 8-25 MED 中携带的参数值的传递

本地优先级属性会影响流量如何离开本地 AS，而由于 MED 属性中携带的参数值能够在 AS 之间传递，所以 MED 值通常用来控制数据流如何进入本地 AS。当网络中存在多个入口时，MED 值可以影响其他 AS 选择进入本地 AS 的路径。

MED 属性也是 BGP 中唯一能影响数据流进入本地 AS 的属性。

当 BGP 发言者接收到丢失了与 MED 值相等的路由时，默认情况下，将为其赋予一个默认的值 0。其中，MED 值为 0 的路由将被认为具有最优的 MED 值。

可以在 BGP 路由进程模式下使用“bgp bestpath med missing-as-worst”命令，使路由器

将丢失 MED 值的路由看作具有最差的 MED 值的路由，以避免丢失 MED 值的路由被选为最佳路径。

如图 8-26 所示，AS 65000 中的路由器 RA 和路由器 RB 向 AS 65001 中通告了网络前缀 1.0.0.0/8。其中，当路由器 RA 将网络前缀通告给路由器 RD 时，将路由的 MED 值设置为 250；路由器 RB 将网络前缀通告给路由器 RE 时，将路由的 MED 值设置为 200。

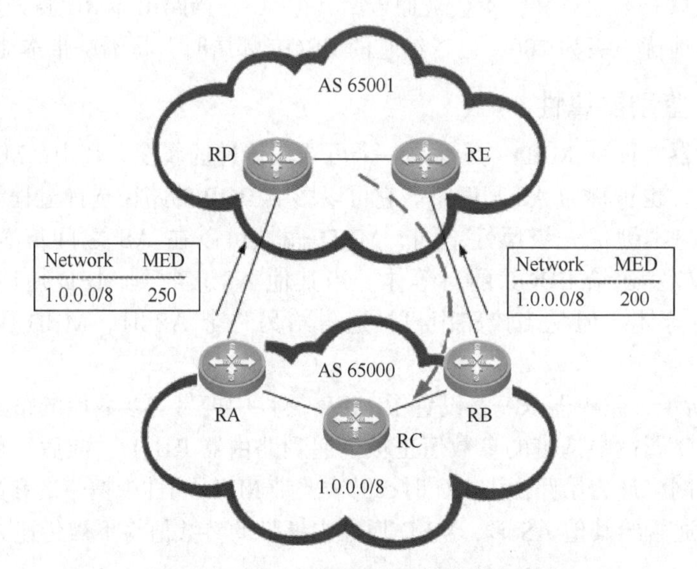

图 8-26　设置 MED 属性中携带的参数值

当路由器 RD 和路由器 RE 都收到此前缀信息后，通过比较 MED 值，将路由器 RB 通告的路径作为首选路径。因为路由器 RB 通告的 MED 值是 200，小于路由器 RA 通告的 MED 值。

当路由器 RD 和路由器 RE 将此前缀信息通告给 AS 65001 中的其他 IBGP 对等体时，将携带路由的 MED 值。但是当该前缀再被通告给 AS 65001 的邻接 AS 时，MED 值不会被传递。

可以看出，AS 65000 通过设置通告给 EBGP 邻居的 MED 值可以影响数据流进入本地 AS 的路径，即所有发往本地 AS 1.0.0.0/8 网络的数据都会从路由器 RB 进入。

需要说明的是，通过设置路由的 MED 值，只能影响邻接 AS 将数据发往本地 AS 的入口，MED 值不能影响数据进入 AS 65001 的路径。因为 MED 值不会再被传递到 AS 65001 以外的 AS，且 BGP 遵循逐跳路由选择模式。在默认情况下，BGP 只比较来自相同 AS 的路由携带的 MED 值。

如图 8-27 所示，如果 AS 1 与 AS 2 都将 1.0.0.0/8 网络通告给了 AS 65001。虽然 AS 1 与 AS 2 都设置了路由的 MED 值，但是 AS 65001 中的 BGP 发言者将会忽略路由的 MED 值，不将其作为路径决策的依据。

如果要使 BGP 比较来自不同 AS 中路由的 MED 值，则必须在 BGP 路由进程模式下使用“bgp always-compare-med”命令，以改变 BGP 的默认行为。

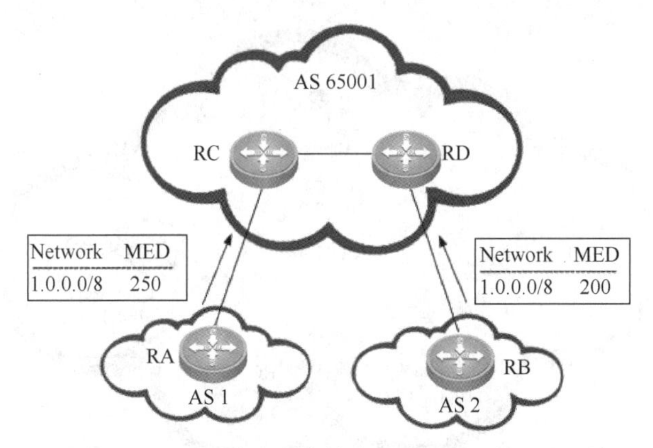

图 8-27 BGP 默认不比较来自不同 AS 的 MED 值

8.9 了解 BGP 路由高级配置

8.9.1 配置 EBGP 的多跳和源地址

1. 配置 EBGP 多跳

默认情况下，BGP 的对等体之间要建立 EBGP 邻居关系时，双方在物理上必须直接相连，也就是双方之间的跳数为 0 跳。但有时需要在非直连对等体之间建立 EBGP 邻居关系，这就需要改变 EBGP 默认的行为，使用 EBGP 多跳。

在 BGP 路由进程模式下，使用如下命令配置 EBGP 多跳。

```
Router(config-router)#neighbor ip-address ebgp-multihop [ number ]
```

其中，“*number*”表示跳数，如果不指定，则默认数据包最大跳数为 255。对于 EBGP 多跳，对等体的双方都要进行配置。

2. 配置源地址

当使用“neighbor”命令为本地对等体指定对端 IP 地址后，本地 BGP 路由进程会查找路由表，选择到达对端 IP 地址的最优出接口和源 IP 地址。在使用“neighbor”命令时，对等体双方配置的对端 IP 地址必须对应，或者说互为镜像，这样才能成功建立邻居关系。

默认情况下，BGP 通过查找路由表并使用物理接口 IP 地址作为转发 IP 数据包的出接口。但在一个 AS 内部存在大量 BGP 对等体时，如果全部使用物理地址作为对端 IP 地址，则将带来很多配置工作量，且很容易因为缺少一项配置而导致邻居关系不能建立。

通常使用 Loopback 的 IP 地址来建立邻居关系。在 AS 内部通过使用 IGP，将每台路由器的 Loopback 接口地址通告到 AS 中，这样 BGP 发言者就可以通过指定对端 Loopback 接口地址来建立邻居关系，如图 8-28 所示。

在 BGP 路由进程模式下，使用如下命令配置源地址。

```
Router(config-router)#neighbor ip-address update-source interface-id
```

其中，“*interface-id*”表示使用哪个接口地址作为 BGP 消息源地址。通常使用 Loopback 接口，因为 Loopback 接口不会像物理接口那样容易下线，稳定性要高于物理接口。将本端源地址改为 Loopback 或其他接口地址后，在对端邻居配置中，也要把对端地址改为本地源接口的地址，否则不能建立邻居关系。

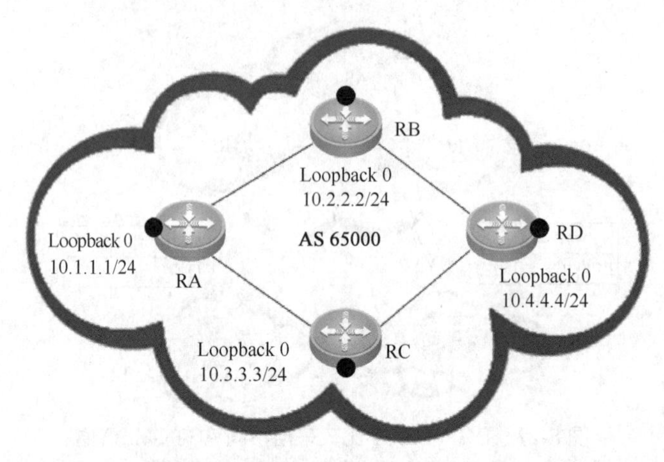

图 8-28　使用 Loopback 接口作为源地址建立邻居关系

在图 8-28 所示场景中，路由器 RA 上的配置如下。

```
Router(config-router)#neighbor 10.2.2.2 update-source loopback0
```

那么，路由器 RB 上的邻居配置应该如下。

```
Router(config-router)#neighbor 10.1.1.1 remote-as 65000
```

双方使用的源地址与配置对端的地址要互为镜像。

3. EBGP 多跳与源地址配置示例

如图 8-29 所示，路由器 RA 与路由器 RB 分别处于 AS 1 和 AS 2 中，使用两条物理链路实现链路的冗余备份。其中，路由器 RA 的 Loopback 0 接口 IP 地址为 1.1.1.1/32，路由器 RB 的 Loopback 0 接口 IP 地址为 2.2.2.2/32。路由器 RA 需要将 Loopback 1 接口的 IP 地址 200.1.1.1/24 连接的网络信息通告给 AS 2。

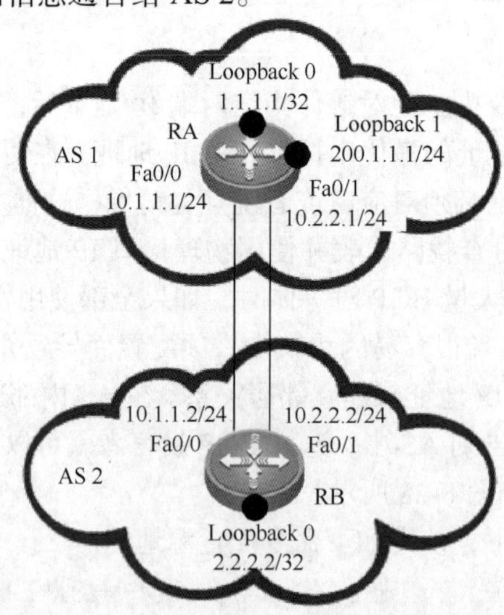

图 8-29　EBGP 多跳与源地址配置示例

正常情况下，如果要实现 BGP 冗余备份，需要在路由器 RA 和路由器 RB 上分别建立两个 BGP 邻居关系，也就是建立两个 TCP 会话，两个 TCP 会话各使用一条物理链路。通过这种方式建立连接，可实现链路的冗余备份。但使用两条物理链路建立连接会存在一些问题。

首先，TCP 连接建立在物理接口之间，但是物理接口可能会由于某些故障而失效。

其次，路由器 RA 和路由器 RB 之间存在两个 TCP 会话，也就是存在两个邻居关系，这对于 BGP 来说要多维护一个连接，会消耗系统资源。

此外，虽然路由器 RA 和路由器 RB 之间存在两个会话，但是 BGP 在同一时刻只会使用一个 TCP 连接去发送数据，因为 BGP 要从两条路径中选出一条最佳路径。被选为最佳路径的那条物理链路出现故障后，会造成路由的重新收敛。

最后，由于路由器 RA 和路由器 RB 之间存在两个邻居关系，所有的路由更新都要被发送两遍。当需要发送大量的路由更新时，会消耗更多的带宽资源。

为了避免这些问题的发生，可以在路由器 RA 和路由器 RB 的 Loopback 接口之间建立邻居关系，这样只需要建立一条 TCP 会话，路由器会根据 IP 路由表自动选择使用哪一条链路。

当其中的一条物理链路出现故障后，路由器会将流量发送到另一条链路上，而不会影响 BGP 的运行状态，也不会导致路由的重新收敛。因为路由的下一跳地址不会改变，仍然是 Loopback 接口的地址。此外，只使用一条 TCP 连接，所有的路由更新也只被发送一次。

由于路由器 RA 和路由器 RB 上都没有到达对端 Loopback 接口地址的路由，还需要在路由器 RA 和路由器 RB 上配置到达对端 Loopback 接口上的静态路由。

最重要的一点是，因为双方的 Loopback 接口并非直连，所以需要配置 EBGP 多跳，以使 BGP 消息能够到达对端。

在路由器 RA 与路由器 RB 上配置 EBGP 多跳和源地址的命令如下。

（1）路由器 RA 上的 EBGP 多跳和源地址主要配置如下。

```
interface FastEthernet 0/0
ip address 10.1.1.1 255.255.255.0
interface FastEthernet 0/1
ip address 10.2.2.1 255.255.255.0
interface Loopback 0
ip address 1.1.1.1 255.255.255.255
interface Loopback 1
ip address 200.1.1.1 255.255.255.0
router bgp 1
network 200.1.1.0
neighbor 2.2.2.2 remote-as 2
neighbor 2.2.2.2 ebgp-multihop 255
neighbor 2.2.2.2 update-source Loopback 0
ip route  2.2.2.2 255.255.255.255  10.1.1.2
ip route  2.2.2.2 255.255.255.255  10.2.2.2
```

（2）路由器 RB 上的 EBGP 多跳和源地址主要配置如下。

```
interface FastEthernet 0/0
ip address 10.1.1.2 255.255.255.0
interface FastEthernet 0/1
ip address 10.2.2.2 255.255.255.0
interface Loopback 0
ip address 2.2.2.2 255.255.255.255
```

```
router bgp 2
neighbor 1.1.1.1 remote-as 1
neighbor 1.1.1.1 ebgp-multihop 255
neighbor 1.1.1.1 update-source Loopback 0
ip route  1.1.1.1 255.255.255.255  10.1.1.1
ip route  1.1.1.1 255.255.255.255  10.2.2.1
```

通过查看路由器 RA 和路由器 RB 的邻居关系状态可以看出，双方只在 Loopback 0 接口之间建立了一条 EBGP 邻居关系，并将下一跳地址设置为 Loopback 0 接口的地址。

（3）查看路由器 RA 的邻居关系状态。

```
RA#show ip bgp neighbors
BGP neighbor is 2.2.2.2, remote AS 2, local AS 1, external link
  BGP version 4, remote RID 2.2.2.2
  BGP state = Established, up for 00:08:51
  Last read 00:08:51, hold time is 180, keepalive interval is 60 seconds
  Neighbor capabilities:
    Route refresh: advertised and received (old and new)
    Address family IPv4 Unicast: advertised and received
  Received 11 messages, 0 notifications, 0 in queue
    open message:1 update message:0 keepalive message:10
    refresh message:0 dynamic cap:0 notifications:0
  Sent 13 messages, 0 notifications, 0 in queue
    open message:1 update message:1 keepalive message:11
    refresh message:0 dynamic cap:0 notifications:0
  Route refresh request: received 0, sent 0
  Minimum time between advertisement runs is 30 seconds
  Update source is Loopback 0

 For address family: IPv4 Unicast
  BGP table version 1, neighbor version 1
  Index 2, Offset 0, Mask 0x4
  0 accepted prefixes
  1 announced prefixes

Connections established 2; dropped 1
  External BGP neighbor may be up to 255 hops away.
Local host: 1.1.1.1, Local port: 179
Foreign host: 2.2.2.2, Foreign port: 1027
Nexthop: 1.1.1.1
Nexthop global: ::
Nexthop local: ::
BGP connection: non shared network
Last Reset: 00:08:56, due to BGP Notification sent
Notification Error Message: (Cease/Unspecified Error Subcode)
```

（4）查看 RB 的邻居关系状态。

```
RB#show ip bgp neighbors
BGP neighbor is 1.1.1.1, remote AS 1, local AS 2, external link
  BGP version 4, remote RID 1.1.1.1
BGP state = Established, up for 00:08:37
Last read 00:08:37, hold time is 180, keepalive interval is 60 seconds

Neighbor capabilities:
    Route refresh: advertised and received (old and new)
    Address family IPv4 Unicast: advertised and received
  Received 12 messages, 0 notifications, 0 in queue
    open message:1 update message:1 keepalive message:10
    refresh message:0 dynamic cap:0 notifications:0
  Sent 11 messages, 0 notifications, 0 in queue
    open message:1 update message:0 keepalive message:10
    refresh message:0 dynamic cap:0 notifications:0
  Route refresh request: received 0, sent 0
  Minimum time between advertisement runs is 30 seconds
  Update source is Loopback 0

 For address family: IPv4 Unicast
  BGP table version 2, neighbor version 2
  Index 1, Offset 0, Mask 0x2
  1 accepted prefixes
  0 announced prefixes

 Connections established 2; dropped 1
  External BGP neighbor may be up to 255 hops away.
Local host: 2.2.2.2, Local port: 1027
Foreign host: 1.1.1.1, Foreign port: 179
Nexthop: 2.2.2.2
Nexthop global: ::
Nexthop local: ::
BGP connection: non shared network
Last Reset: 00:08:42, due to BGP Notification received
Notification Error Message: (Cease/Unspecified Error Subcode)
```

（5）查看路由器 RB 的 BGP 路由表，发现其已经收到 200.1.1.0/24 的路由，且路由的下一跳地址为对端 Loopback 0 接口的 IP 地址 1.1.1.1。

```
    RB#show ip bgp
    BGP table version is 2, local RID is 2.2.2.2
    Status codes: s suppressed, d damped, h history, * valid, > best, i -
internal,S Stale
    Origin codes: i - IGP, e - EGP, ? - incomplete
```

```
   Network          Next Hop            Metric     LocPrf  Path
*> 200.1.1.0        1.1.1.1                  0               1 i

Total number of prefixes 1
```

8.9.2 配置本地优先级

本地优先级通常在接收路由器上进行配置，它将影响数据流离开本地 AS 的路径。通过配置路由的本地优先级，可以影响 BGP 路由的路径决策结果。本地优先级属性只在 AS 内部传递，也就是在 IBGP 对等体之间传递，它不会被通告给 EBGP 对等体。

1. 配置默认本地优先级

BGP 路由默认优先级为 100。在 BGP 路由模式下，使用如下命令修改本地优先级。

```
bgp default local-preference preference
```

该命令用于修改本地 BGP 发言者收到的 EBGP 路由的本地优先级，修改后的本地优先级将随着路由被通告到 IBGP 对等体中。该命令可对所有收到的路由的本地优先级进行修改，所以当仅仅控制到达某条目标网络的出口路径时，这条命令配置将不能满足要求。

图 8-30 所示的路由器 RA 和路由器 RB 同时从不同 AS 收到了到达同一目标网络的路由，但企业网络想把去往 1.0.0.0/8 网络的数据流通过路由器 RB 出口传输。

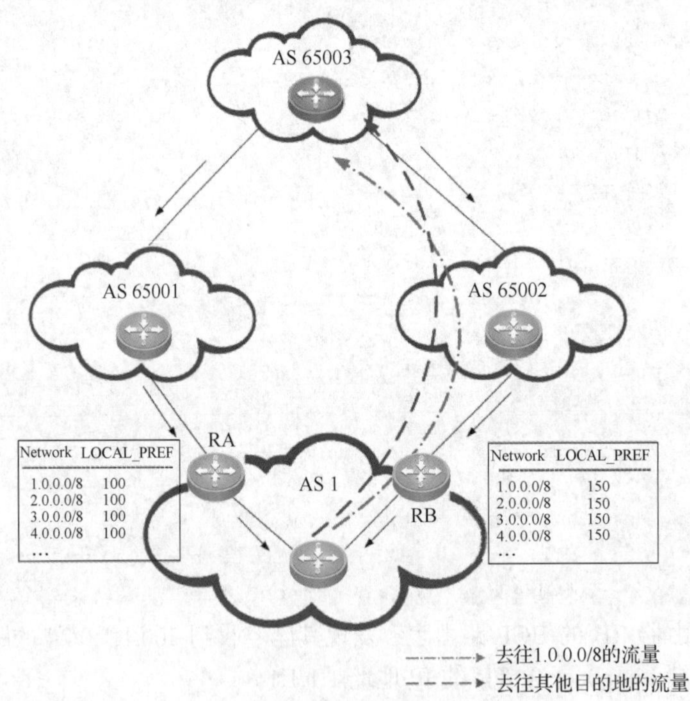

图 8-30 配置默认本地优先级

因此，需要在路由器 RB 上进行如下配置，以修改路由器 RB 的默认本地优先级。

```
router bgp 1
bgp default local-preference 150
// 路由器 RB 将所有从 EBGP 收到的路由本地优先级都设置为 150
```

因为路由器 RA 上没有对本地优先级进行修改，所以路由器 RA 收到路由的本地优先级仍为默认的 100。根据 BGP 的路径决策原则，在 AS 1 内所有去往 1.0.0.0/8 网络的数据都使用路由器 RB 作为出口，因为路由器 RB 具有更高的本地优先级。

但这样配置的结果违背了网络管理的目标，使得所有外出的数据流都从路由器 RB 上发往外部 AS，造成路由器 RB 上的带宽消耗过大，而路由器 RA 的带宽利用率却极低。使用此命令修改本地优先级，不能有选择地对某条路由进行特殊的设置，会造成某条链路出站负载过高的问题。为了避免这种现象发生，需要 BGP 对某一条或多条路由进行策略的设置，以满足网络的各种需求。

2. 使用路由映射表配置本地优先级

BGP 路由支持很多策略工具的引用，如路由映射表、前缀列表、分发列表等。在实现 BGP 路由的选路策略时，最常用到的就是路由映射表，因为路由映射表本身就是一种非常强大的路由控制工具。在 BGP 中引用它可以提供强大的选路操控性，在 BGP 中通过对接收和通告的路由应用路由映射表，可以有选择地对一条或多条路由进行设置，实现对路径属性的修改，以达到预期的选路结果。

路由映射表支持对 BGP 本地优先级属性的设置，在路由映射表中进行如下设置可以修改路由的本地优先级。

```
set local-preference preference
// preference 表示本地优先级，数值越大表示拥有越高的优先级
```

BGP 路由的本地优先级默认为 100，如果要对特定路由进行设置，则需要进行 match 命令配置，以匹配一条或多条路由。使用路由映射表对路由本地优先级进行修改后，最后在 BGP 的“neighbor”命令中引用它，使设置在 BGP 中生效。

在 BGP 路由模式下，使用如下命令引用路由映射表。

```
neighbor ip-address route-map route-map { in | out }
// 命令中的 route-map 参数表示要引用的路由映射表的名称
```

在引用路由映射表后，还要对生效策略的方向进行设置。其中，in 表示对收到的 BGP 路由进行设置，out 表示对通告出去的路由进行设置。

在本地优先级属性的配置中，通常使用 in 对从 EBGP 对等体收到的路由进行设置，因为本地优先级属性不会被传递到 EBGP 对等体中。

8.9.3 配置 MED 值

MED 属性与本地优先级属性不同，MED 值可以在 AS 之间传送，也可以发送给 EBGP 对等体。当其他 AS 收到 MED 值后，不再传递给下一个 AS。因为 MED 值能在 AS 间传播，所以 MED 值常用来控制数据流进入本地 AS。当网络中存在多个入口时，MED 值可以影响其他 AS 将数据流发送到本地 AS。

1. 配置默认 MED 值

当 BGP 发言者将路由通告给 EBGP 对等体时，会丢失 MED 值。默认情况下，当路由器接收到一个丢失 MED 值的路由时，将为其赋予一个默认的值 0，MED 值为 0 被看作最优的 MED 值。可以使用“bgp bestpath med missing-as-worst”命令，使路由器将丢失 MED

值的路由看作具有最差的 MED 值的路由。

在路由模式下，使用如下命令配置默认的 MED 值。

```
default-metric metric
```

其中，“*metric*”参数用于通告给 EBGP 对等体路由，配置默认 MED 值，这个 MED 值与路由一同通告给 EBGP 对等体。可通过控制路由 MED 值，对进入本地 AS 的数据流进行控制。

如图 8-31 所示，所有进入本地 AS（AS 1）的数据流都通过路由器 RA 进入，造成路由器 RA 外部链路负载过高，而路由器 RB 外部路径利用率极低，导致带宽资源不能被合理地利用。

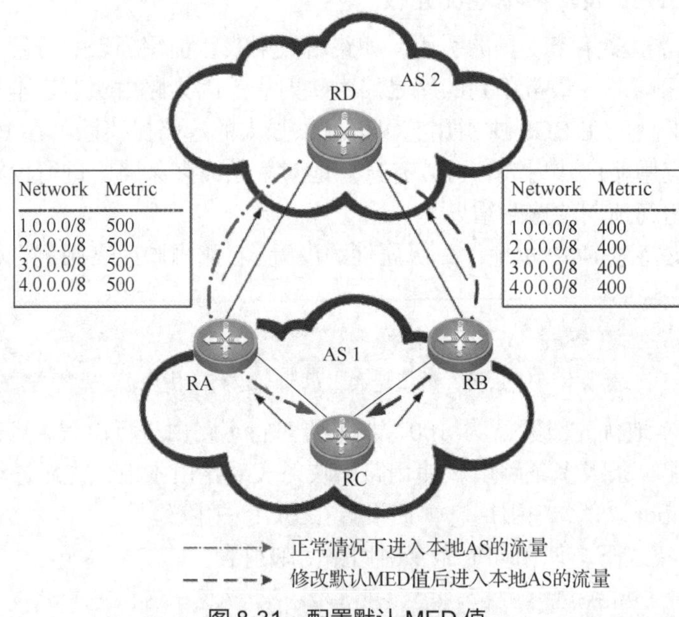

图 8-31 配置默认 MED 值

为了解决这个问题，使到达本地网络 3.0.0.0/8 和 4.0.0.0/8 的数据流量从路由器 RB 上进入，合理地利用带宽资源，应修改路由器 RA 和路由器 RB 的默认 MED 值，使路由器 RA 通告给 AS 2 路由器的路由 MED 值为 500，使路由器 RB 通告给 AS 2 的路由 MED 值为 400。

（1）修改路由器 RA 的默认 MED 值的关键配置如下。

```
router bgp 1
default-metric 500
```

（2）修改路由器 RB 的默认 MED 值的关键配置如下。

```
router bgp 1
default-metric 400
```

这样可使所有的进入数据，包括到达本地 1.0.0.0/8 和 2.0.0.0/8 网络的数据，都从路由器 RB 的外部链路进入。路由器 RD 选择了具有最小 MED 值（400）的路由，造成了带宽资源的不合理利用，使得路由器 RA 的入站带宽使用率几乎为 0。

2. 使用路由映射表配置 MED 值

与配置默认本地优先级一样，这种配置不能有选择地对某些路由进行设置，会导致数据流不能被均衡地分配在不同的链路上，这显然不是所预期的结果。如果要有选择地对一些路由配置 MED 值，则需要使用路由映射表，配置的方式与本地优先级的相似。

在路由映射表中，使用如下命令设置路由的 MED 值。

```
set metric metric   // "metric"表示MED值，数值越小表示拥有越高的优先级
```

如果要对特定路由进行设置，则需要进行"match"命令配置，以匹配一条或多条路由。

使用路由映射表对 MED 值进行修改后，在 BGP 中引用路由映射表。

```
neighbor ip-address route-map route-map { in | out }
```

该命令中的参数含义与之前的全部相同，在设置 MED 值时，使用出方向对通告给 EBGP 对等体的路由进行设置，因为 MED 属性会影响入方向的数据流。

【技术实践】修改 BGP 路由 MED 值，选择最佳路径

【任务描述】

某 IT 集团在北京总部和其他省区建立了分公司，其在某区域分公司网络中路由器 RA 和路由器 RB 上没有进行 MED 值设置时，在路由器 RD 的 BGP 路由表中可以看到所有进入 AS 1 的流量都通过路由器 RA 的外部链路转发。因为路由器 RD 从路由器 RA 和路由器 RB 上收到的路由有相同的本地优先级、相同的 AS 路径列表长度等，所以在比较邻居路由器的 RID 前，无法选出最佳路径。因此，希望网络出口路由器 RD 通过比较分公司的接入路由器 RA 和路由器 RB 的 RID，将路由器 RA 选为最佳入口，因为路由器 RA 具有更小的 RID（1.1.1.1 < 2.2.2.2）。

【网络拓扑】

图 8-32 所示为某 IT 集团在北京总部和某省区域分公司的网络场景。

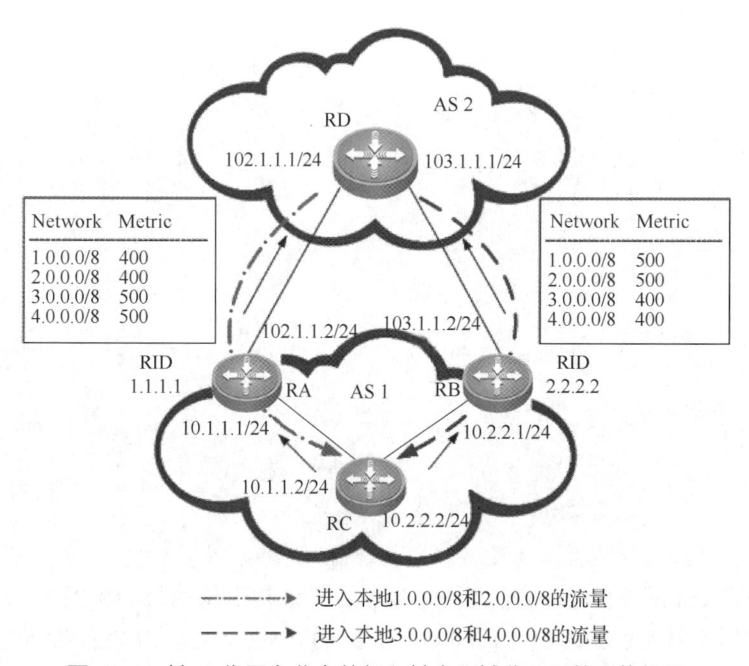

图 8-32 某 IT 集团在北京总部和某省区域分公司的网络场景

【设备清单】

路由器（或三层交换机，若干）、网线（若干）、测试计算机（若干）。

【实施步骤】

（1）按照图 8-32 所示拓扑连接设备，组建某 IT 集团的总部和分公司网络。

（2）在北京总部接入的路由器 RD 上查询 BGP 路由表（未设置 MED 值）。

```
RD#show ip bgp
BGP table version is 26, local RID is 4.4.4.4
Status codes: s suppressed, d damped, h history, * valid, > best, i - internal,
S Stale
Origin codes: i - IGP, e - EGP, ? - incomplete

   Network          Next Hop            Metric      LocPrf  Path
*>i1.0.0.0/8        102.1.1.2                       100     1 i
* i                 103.1.1.2                               1 i
*>i2.0.0.0/8        102.1.1.2                       100     1 i
* i                 103.1.1.2                               1 i
*>i3.0.0.0/8        102.1.1.2                       100     1 i
* i                 103.1.1.2                               1 i
*>i4.0.0.0/8        102.1.1.2                       100     1 i
* i                 103.1.1.2                               1 i
Total number of prefixes 4
```

（3）在路由器 RA 上进行 MED 值的关键配置。

为了使发往本地自治系统中 1.0.0.0/8 和 2.0.0.0/8 网络的数据流从路由器 RA 进入，发往 3.0.0.0/8 和 4.0.0.0/8 网络的数据流从路由器 RB 进入，对路由器 RA 和路由器 RB 进行如下配置。

```
router bgp 1
neighbor 10.1.1.2 remote-as 1
neighbor 10.2.2.1 remote-as 1
neighbor 102.1.1.1 remote-as 2
neighbor 102.1.1.1 route-map med out

route-map med permit 10
match ip address 1
set metric 400
route-map med permit 20
set metric 500

access-list 1 permit 1.0.0.0 0.255.255.255
access-list 1 permit 2.0.0.0 0.255.255.255
```

在第一条“permit”语句中，表示通过“match”语句引用编号为 1 的 IP 访问控制列表。对于匹配此访问控制列表的路由（1.0.0.0/8 和 2.0.0.0/8），将其 MED 值设置为 400。

第二条“permit”语句中没有“match”语句，只有一条“set”语句，将 MED 值设置为 500。这样设置的含义是，对于不匹配先前“match”语句中的其他所有路由（3.0.0.0/8 和 4.0.0.0/8），将其 MED 值设置为 500。

配置结果是将通告给路由器 RD 的 1.0.0.0/8 和 2.0.0.0/8 路由的 MED 值设置为 400，将通告给路由器 RD 的 3.0.0.0/8 和 4.0.0.0/8 路由的 MED 值设置为 500。

（4）在路由器 RB 上进行 MED 值的关键配置。

```
router bgp 1
neighbor 10.1.1.1 remote-as 1
neighbor 10.2.2.2 remote-as 1
neighbor 103.1.1.1 remote-as 2
neighbor 103.1.1.1 route-map med out

route-map med permit 10
match ip address 1
set metric 400
route-map med permit 20
set metric 500

access-list 1 permit 3.0.0.0 0.255.255.255
access-list 1 permit 4.0.0.0 0.255.255.255
```

对路由器 RB 的路由映射表也进行相似设置，将网络 1.0.0.0/8 和 2.0.0.0/8 路由的 MED 值设置为 500，将网络 3.0.0.0/8 和 4.0.0.0/8 路由的 MED 值设置为 400。

在路由器 RA 和路由器 RB 的配置中，将路由映射表应用到出方向，即对发往 EBGP 对等体 RD 的路由进行 MED 值的设置。

（5）查看配置完成 MED 值的路由器 RD 的 BGP 路由表。

对路由器 RA 和路由器 RB 进行了 MED 值配置后，查看路由器 RD 的 BGP 路由表。现在网络 1.0.0.0/8 和 2.0.0.0/8 使用的下一跳地址为 102.1.1.2，即路由器 RA 的地址，因为这条路径具有更小的 MED 值（400）。此外，去往网络 3.0.0.0/8 和 4.0.0.0/8 使用的下一跳地址为 103.1.1.2，即路由器 RB 的地址，因为这条路径也具有更小的 MED 值（400）。

```
RD#show ip bgp    // 查看设置 MED 值后路由器 RD 的 BGP 路由表
BGP table version is 66, local RID is 4.4.4.4
Status codes: s suppressed, d damped, h history, * valid, > best, i - internal,
S Stale
Origin codes: i - IGP, e - EGP, ? - incomplete

   Network          Next Hop          Metric     LocPrf      Path
*>i1.0.0.0/8        102.1.1.2          400        100         1 i
* i                 103.1.1.2          500                    1 i
*>i2.0.0.0/8        102.1.1.2          400        100         1 i
* i                 103.1.1.2          500                    1 i
* i3.0.0.0/8        102.1.1.2          500        100         1 i
*>i                 103.1.1.2          400                    1 i
* i4.0.0.0/8        102.1.1.2          500        100         1 i
```

```
*>i              103.1.1.2          400                    1 i
Total number of prefixes 4
```

【认证测试】

1. 关于 BGP，下列说法不正确的是（　　）。
   A. BGP 是一种距离矢量协议　　B. BGP 通过 UDP 发布路由信息
   C. BGP 支持路由汇聚功能　　D. BGP 能够检测路由循环
2. 关于 BGP 同步，下列说法正确的是（　　）。【选 2 项】
   A. 只要 IBGP 邻居之间 TCP 连接可达，就可取消 BGP 同步
   B. 当 AS 内所有的 IBGP 邻居为全连接方式建立时，可取消同步
   C. BGP 同步的目的是避免出现误导外部 AS 路由器的现象发生
   D. BGP 同步是指 IGP 和 BGP 之间的同步
3. BGP 的公认强制属性有（　　）。【选 3 项】
   A. Origin 属性　　B. AS-Path 属性
   C. Next-hop 属性　　D. MED 属性
   E. Local-preference 属性　　F. Community 属性
4. 关于 BGP 路由聚合，下列说法正确的是（　　）。【选 2 项】
   A. 路由聚合把各段路由综合到一个或多个聚合路由或 CIDR 块中，以便减小路由表规模
   B. 在 BGP 聚合命令中，如果加入关键字“detail-suppressed”，则只通告聚合后的路由
   C. BGP 的路由聚合只对通过“network”命令引入 BGP 的路由有效
   D. BGP 的路由聚合只对通过“import”命令引入 BGP 的路由有效
5. 当 BGP 路由器从 EBGP 邻居收到一条新路由时，下列说法正确的是（　　）。
   A. 立即发送给 BGP 邻居
   B. 查看路由表中有无该路由的记录，如果没有，则向 BGP 邻居发送该路由
   C. 与保存的已发送的路由信息进行比较，如果未发送过，则向 BGP 邻居发送
   D. 与保存的已发送的路由信息进行比较，如果已发送过，则不发送

单元 9 实现园区网安全访问控制列表

【技术背景】

园区网在生活中得到广泛应用的同时，各类网络攻击给园区网的安全带来了威胁，突出表现为非法接入、黑客攻击、病毒传播、蠕虫攻击、漏洞利用、僵尸木马、信息泄露以及内部网络之间，内外网络之间的连接威胁等。

大部分园区网内部划分为多个区域：外围的接入网、对外的网络服务器区、数据中心网络、内部办公网络、运维管理网络等。因为承载业务内容不同，每一个网络区域所面临的安全风险也有所不同，可通过实施访问控制安全防护措施，保护各个区域网络之间的安全，如图 9-1 所示。

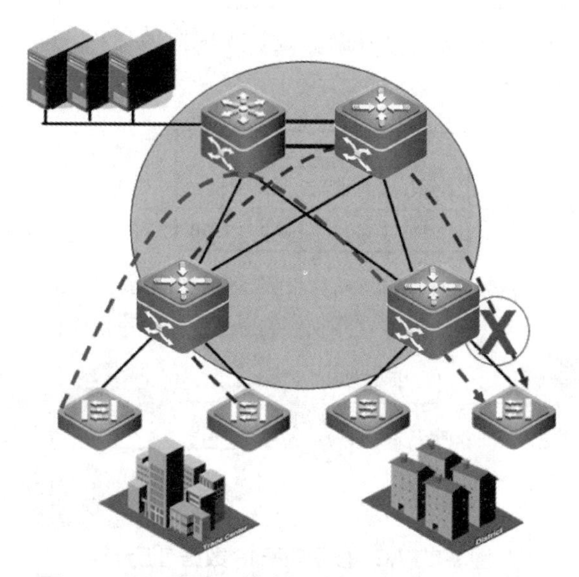

图 9-1　园区网中区域之间访问控制安全防护措施

【学习目标】

1. 会配置标准 ACL。
2. 会配置扩展 ACL。
3. 会配置时间 ACL。

【技术要点】

9.1 认识 ACL

访问控制列表（Access Control List，ACL）俗称软防火墙。ACL 通过定义一些网络安全访问控制的规则，对通过园区网中设备接口上的 IP 数据包进行控制，即允许 IP 数据包通过或丢弃该 IP 数据包。通过在园区网中的交换机与路由器上采用 ACL 技术，可以实现对园区网中传输的数据的过滤，实现各种访问控制需求。

9.1.1 什么是 ACL

ACL 是配置在园区网中路由器和交换机上的安全访问控制技术，通过应用在设备接口以及 VLAN 中的多条安全访问和控制的指令列表，实现对访问网络的 IP 数据包的安全控制。

ACL 中定义的指令列表由一系列安全规则（描述 IP 数据包匹配条件的判断语句）组成，这些条件可以是 IP 数据包的源地址、目的地址、端口号等。匹配成功后，控制接口上进出的 IP 数据包的流向。依据这些指令列表，告诉路由器哪些 IP 数据包可以转发通过，哪些 IP 数据包则需要拒绝。

ACL 技术通过收到的 IP 数据包中的五元组（源 IP 地址、目的 IP 地址、协议号、源端口号、目的端口号）特征来区分特定的 IP 数据包，并对成功匹配预设规则的 IP 数据包采取相应的操作措施，允许或拒绝数据通过，实现对园区网的安全访问控制，如图 9-2 所示。

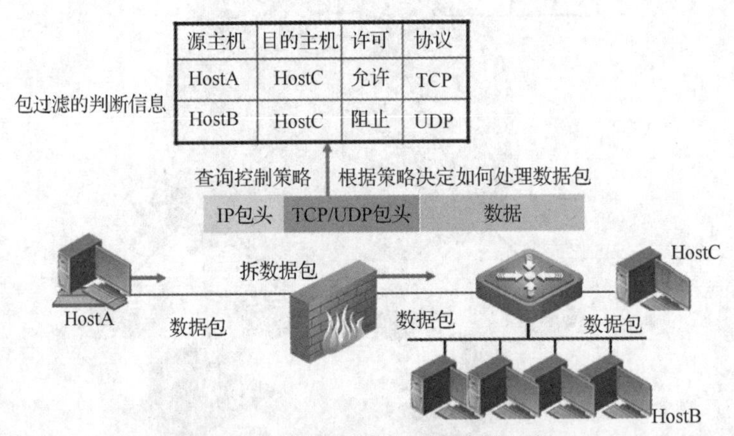

图 9-2　ACL 技术匹配 IP 数据包五元组

简单地说，ACL 技术其实是配置在园区网中的路由器和交换机针对 IP 数据包的过滤器，ACL 规则就是过滤器的滤芯。定义了什么样的滤芯（根据报文特征配置相应的 ACL 规则），ACL 就能过滤出什么样的 IP 数据包。

在图 9-3 所示的园区网场景中，为了保证园区网中内网区域的安全，需要通过不同的 ACL 安全策略使非授权用户只能访问园区网中特定区域的网络资源，从而达到对园区网访问进行安全控制的目的。

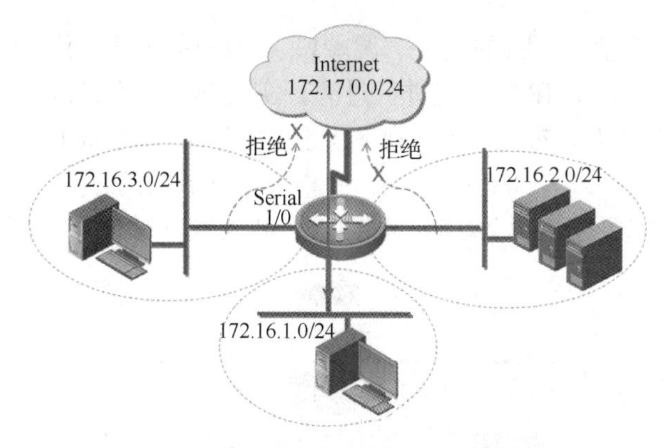

图 9-3 基于不同策略的园区网安全访问

基于 ACL 安全策略过滤出的 IP 数据包，能够阻塞攻击数据包，为不同类报文流提供差分服务，实现 Telnet 安全登录，实现 FTP 文件安全下载，提高园区网应用安全性，提升园区网的传输效率。

9.1.2 ACL 作用

在园区网中的三层设备上配置 ACL 后，可以限制园区网中的数据流量，允许部分设备访问特定的网络区域，指导特定接口检测 IP 数据包流向等。例如，可以配置 ACL 禁止园区网中部分办公网内的设备访问外部公共网络，或者禁止使用内网中的 FTP 服务。

此外，还可以使用 ACL 限制园区网中的通信流量，提升园区网性能。例如，限定或简化路由更新信息的长度，使用 ACL 限制某一网段中的 IP 通信流量；在园区网三层设备上通过 ACL 实现某种类型的通信流量被转发或被阻塞，提供园区网中的通信流量安全访问控制手段，如可以允许 E-mail 通信流量通过，拒绝所有的 Telnet 通信流量。

图 9-4 所示为某园区网中实施的 ACL，可提供网络安全访问的基本手段。

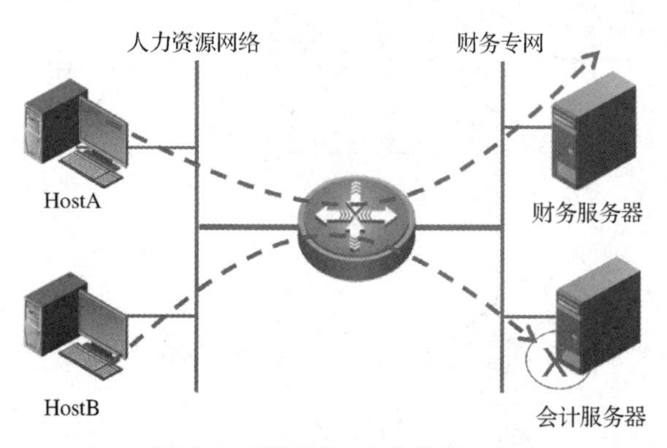

图 9-4 某园区网中实施的 ACL

通过在园区网中不同区域的子网之间的三层设备上配置 ACL 安全规则，允许人力资源网络中的 HostA 访问财务专网中的所有服务器，而拒绝人力资源网络中的 HostB 访问财务专网中的会计服务器。

9.1.3 ACL 工作原理

ACL 使用 IP 数据包过滤技术，通过读取 OSI 网络通信模型中第 3 层和第 4 层数据包头中的特征信息，如源地址、目的地址、源端口、目的端口等，根据预先定义好的安全规则，在三层设备上对经过的 IP 数据包进行过滤，实现网络安全访问控制的目的。

实施 ACL 安全技术时，首先，需要在三层设备上定义一套 ACL 规则。其次，将其应用在三层设备的某个接口（或者 VLAN）上，并指定检查数据的方向（in/out）。每一个 ACL 在检查数据流向上都需要控制两个方向，即出接口和入接口的方向，如图 9-5 所示。

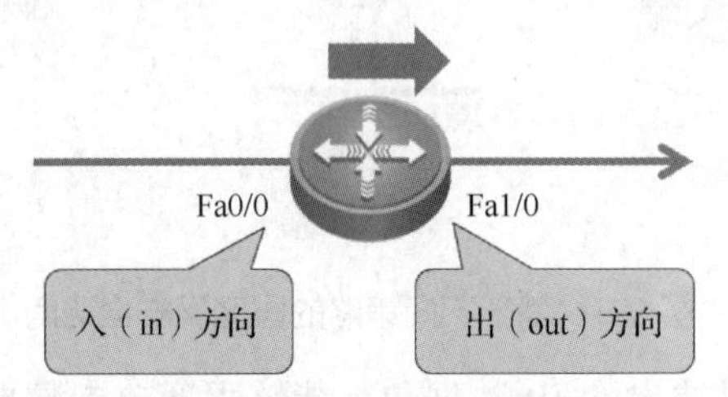

图 9-5　ACL 规则应用在接口指定方向上

其中，每一个方向上进出的 IP 数据包描述如下。

① 出（out）：已经过路由器的 CPU 处理，离开路由器的数据包。

② 入（in）：已到达路由器接口的数据包，将被路由器的 CPU 处理。

如果在园区网的三层设备的某个接口上应用了 ACL 规则，那么该三层设备将对该接口上收到的所有 IP 数据包应用该组 ACL 规则中的安全要求，按顺序进行匹配。一旦匹配成功，就马上启动相应的允许或拒绝操作。即使没有匹配成功的数据，也会使用默认的“deny any”规则过滤掉该 IP 数据包。

在一个接口上执行 ACL 中的规则时，需要按照三层设备上配置的 ACL 中的条件语句的顺序执行，逐条筛选和判断。如果收到的某一个 IP 数据包的报头与 ACL 中某个条件判断语句相匹配，那么后面的语句将被忽略，不再进行检查，如图 9-6 所示。

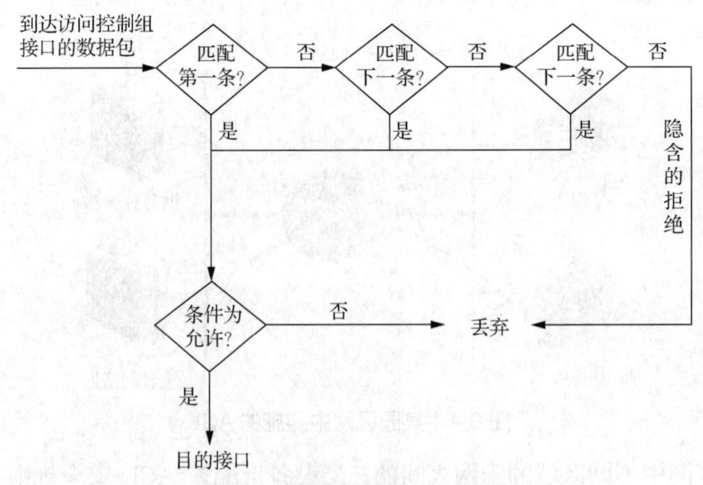

图 9-6　按顺序匹配 ACL 规则

ACL 的检查原则是从上至下、逐条匹配，一旦匹配成功就执行动作，跳出列表。如果 ACL 中的所有规则都不匹配，则执行默认规则，即拒绝所有。

IP 数据包只有在和网络设备的系统中配置的第一个判断条件匹配不成功时，才被交给 ACL 规则中的下一条条件判断语句进行比较。如果匹配成功，符合发送的条件，则不管后面是否还有拒绝语句，数据都会立即转发到目的接口，准备发送；拒绝的操作同样处理。

如果一个 IP 数据包经过所有 ACL 判断语句检测，仍没有匹配语句出口，则该 IP 数据包将被系统默认拒绝而被丢弃。

9.1.4 ACL 分类

目前，园区网中三层设备上应用的 ACL 技术有：标准 ACL、扩展 ACL 及基于名称的 ACL。此外，还有其他特殊的 ACL 技术，包括标准 MAC ACL、时间控制 ACL 等。

按照 ACL 规则检查园区网中 IP 数据包的特征内容的不同，ACL 基本上可以分为标准 ACL 和扩展 ACL 两种类型。

其中，标准 ACL 使用 1～99 以及 1300～1999 的数字作为列表号标识，扩展 ACL 使用 100～199 以及 2000～2699 的数字作为列表号标识。

1. 标准 ACL

如图 9-7 所示，标准 ACL 只匹配和检查收到的 IP 数据包中的源 IP 地址，根据数据包的源 IP 地址特征执行允许或拒绝操作。标准 ACL 只能阻止来自某一区域网络中的所有通信流量，或者只允许来自某一特定网络的所有通信流量。

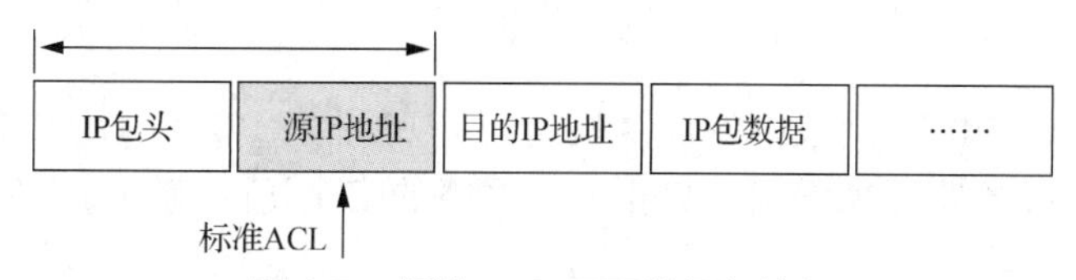

图 9-7 标准 ACL 匹配数据包特征

2. 扩展 ACL

扩展 ACL 则根据数据包的源 IP 地址、目的 IP 地址、指定协议、源端口和目的端口等标志信息，允许或拒绝匹配成功的 IP 数据包，如图 9-8 所示。

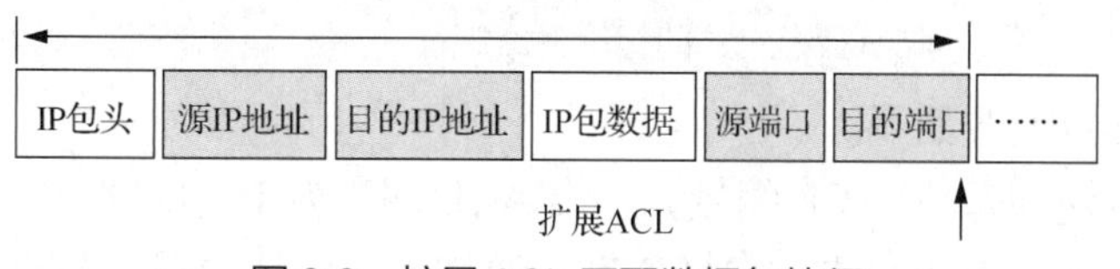

图 9-8 扩展 ACL 匹配数据包特征

扩展 ACL 提供了比标准 ACL 更广泛的控制范围。例如，如果网络管理员希望做到“允许外来的 Web 通信流量通过，拒绝外来的 FTP 和 Telnet 等通信流量”，则可以使用扩展 ACL 来达到目的，标准 ACL 无法控制得这么精确。

3. 基于名称的 ACL

传统意义的 ACL 规则，无论是在标准 ACL 还是在扩展 ACL 中，都使用列表号进行区分，因此也称为基于编号的 ACL。由于编号标识命名的不规范，目前更多地使用基于名称的 ACL，以便区分不同类型的 ACL。基于名称的 ACL 使用字母或数字组合字符串来代替数字列表标识号。

使用基于名称的 ACL 还可以编辑名称列表，方便删除基于名称的 ACL 中的某一条特定的安全规则条目，修改方便。在使用基于名称的 ACL 时，不能以同一名称命名多个 ACL，不同类型的 ACL 也不能使用相同的名称标识。

9.2 配置 ACL

9.2.1 配置标准 ACL

标准 ACL 对接收到的数据仅仅检查源 IP 地址。下面以园区网内部区域网络的安全访问控制需求为例，描述标准 ACL 应用步骤及注意事项。

在图 9-9 所示的网络场景中，要求来自某部门（172.16.1.0/24）网段中的计算机不可以访问单位的服务器 172.17.1.1/32，其他部门的计算机访问服务器不受限制。

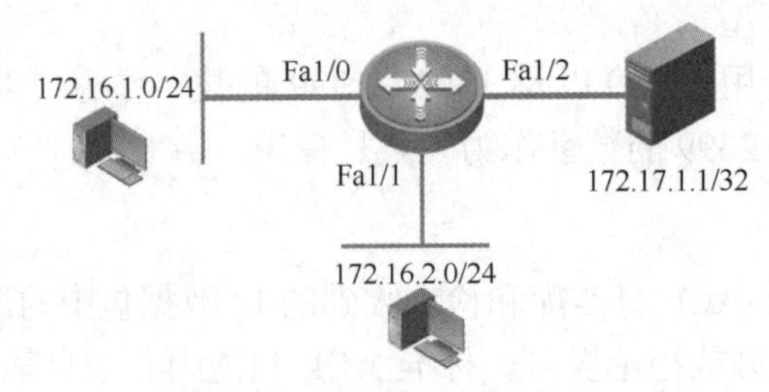

图 9-9 标准 ACL 应用场景

1. 需求分析

禁止来自 172.16.1.0/24 网段内的计算机访问 IP 地址为 172.17.1.1/32 的服务器，其他部门中的主机访问该服务器不受限制。禁止一个网络的安全访问范围，应使用标准 ACL。

2. 编写标准 ACL

使用如下命令创建标准 ACL。

```
Router(config)#access-list access-list-number { permit | deny } { any | source source-wildcard } [ time-range time-range-name ]
Router(config)#no access-list access-list-number
            // 取消已经建立的标准 ACL
```

其中，各项参数说明如下。

（1）*access-list-number*：ACL 编号，标准 ACL 编号为 1～99 和 1300～1999。

（2）permit | deny：permit 表示允许数据包通过，deny 表示拒绝数据包通过。

（3）any：表示任何源地址。

（4）*source*：检测源 IP 地址或网段。

（5）*source-wildcard*：检测源 IP 地址的反向子网掩码。

（6）time-range *time-range-name*：规则生效的时间范围，指定时间范围名称。

以上示例中，只过滤来自 172.16.1.0/24 网段中的计算机的访问权限，因此，需要检查 IP 数据包中的源 IP 地址字段，所以本例中的 ACL 如下。

```
Router(config)#access-list 1 deny 172.16.1.0 0.0.0.255  // 拒绝指定的网络
Router(config)#access-list 1 permit any
Router(config)#access-list 1 deny any        // 拒绝全部网络（可选，默认）
```

默认拒绝所有主机访问，系统隐含命令默认省略。在编写 ACL 时，一定要注意最后的默认规则是拒绝所有。

此外，使用如下命令可创建一条只允许某台主机访问的 ACL。

```
Router(config)#access-list 1 permit host 10.0.0.1    // host 表示主机
10.0.0.1 0.0.0.0
```

3. 应用标准 ACL

创建完成的 ACL 只有应用在路由器的接口上才有效。在接口模式下，使用如下命令应用 ACL。

```
Router(config-if) ip access-group access-list-number { in | out }
// access-list-number 用于指定访问控制列表号。in 表示应用入接口，out 表示应用出接口
```

在图 9-9 所示的网络中，将标准 ACL 应用在最靠近保护目标的数据源接口上，所以本例中应用 ACL 最合适的位置是 Fa1/2 接口的出方向上。在应用标准 ACL 时，应将其放置到尽可能靠近保护目标的位置。

```
Router(config)#access-list 1 deny 172.16.1.0 0.0.0.255    // 配置标准 ACL
Router(config)#access-list 1 permit any
Router(config)#interface FastEthernet 1/2    // 应用标准 ACL
Router(config-if)#ip access-group 1 out
```

9.2.2 配置扩展 ACL

与标准 ACL 不同，扩展 ACL 对接收到的 IP 数据包进行检查的元素更丰富。扩展 ACL 检查的元素有源 IP 地址、目的 IP 地址、协议、源端口号、目的端口号等。

在全局配置模式下，创建扩展 ACL 的命令如下。

```
Router(config) access-list access-list-number { deny | permit } protocol
{ any | source source-wildcard } [ operator port ] { any | destination
destination-wildcard }
[ operator port ] [ precedence precedence ] [ tos tos ] [ time-range
time-range-name ]  [ dscp dscp ] [ fragment ]
```

其中，各项参数说明如下。

（1）*access-list-number*：扩展 ACL 编号，编号为 100～199 和 2000～2699。

（2）deny | permit：符合规则数据包处理方式，deny 为拒绝，permit 为允许。

（3）*protocol*：协议，如 IP、ICMP、UDP、TCP 等。

（4）any：表示任何地址。

（5）*source*：数据包的源 IP 地址。

（6）*source-wildcard*：源 IP 地址的反向子网掩码。

（7）*operator*：操作符，lt 表示小于，eq 表示等于，gt 表示大于，neg 表示不等于，range 表示范围。只有协议为 TCP 或 UDP 时，才会有此选项。

（8）*port*：源端口号，可以使用数字表示，也可以使用服务名称，如 www、ftp 等。

（9）*destination*：数据包的目的 IP 地址。使用 any 表示任何目的地址。

（10）*destination-wildcard*：目的 IP 地址的反向子网掩码。

（11）precedence *precedence*：报文的 IP 优先级别，取值为 0～7。

（12）tos *tos*：报文的服务类型，取值为 0～15。

（13）time-range *time-range-name*：规则生效的时间范围，并指定时间范围的名称。

（14）dscp *dscp*：数据包的区分服务码点（Differentiated Services Code Point，DSCP）值，取值为 0～64。

（15）fragment：表示非初始分段数据包。使用这个参数后，此 ACL 规则将只会对非初始分段的数据包进行检查，而不检查初始分段数据包。

如果允许来自网络 192.168.1.0/24 中的设备访问目标网络 192.168.2.0/24，而拒绝其他所有主机访问，则可使用如下命令。

```
    Router(config)#access-list 101 permit ip 192.168.1.0 0.0.0.255 192.168.2.0
0.0.0.255
    Router(config)#access-list 101 deny ip any any
```

如果拒绝来自网络 192.168.1.0/24 中的设备访问 FTP 服务器 192.168.2.100/32，而允许其他设备访问，则可使用如下命令。

```
    Router(config)#access-list 102 deny tcp 192.168.1.0 0.0.0.255 host
192.168.2.100 eq 21
    Router(config)#access-list 102 permit ip any any
```

以下示例允许来自 172.16.1.0/24 网络中的设备访问 Web 服务器、FTP 服务器。

```
    Router(config)#access-list 100 permit tcp 172.16.1.0 0.0.0.255 host
172.17.8.1 eq www
    Router(config)#access-list 100 permit tcp 172.16.1.0 0.0.0.255 host
172.17.8.1 eq ftp
    Router(config)#access-list 100 permit tcp 172.16.1.0 0.0.0.255 host
172.17.8.1 eq ftp-data
    Router(config)#access-list 100 permit ip 172.16.1.0 0.0.0.255 host
172.17.8.2
    Router(config)#interface FastEthernet 1/0    // 应用扩展 ACL
    Router(config-if-FastEthernet 1/0)#ip access-group 100 in
```

9.2.3 配置基于名称的 ACL

标准 ACL 使用编号为 1～99 和 1300～1999 的数字进行列表标识，而扩展 ACL 使用编号为 100～199 和 2000～2699 的数字进行列表标识。使用数字编号标识时，无法识别出 ACL 中的内容和列表的意义，而使用名称来标识 ACL 没有这种限制。

1. 什么是基于名称的 ACL

所谓基于名称的 ACL 就是给控制列表取一个用字符串表示的名称，而不是使用数字编号标识 ACL。其除了在编写规则的语法上稍有不同外，其他检查的元素、默认的规则等都与使用编号的 ACL 相同。基于名称的 ACL 同样分为标准 ACL 和扩展 ACL。

2. 配置基于名称的标准 ACL

在全局模式下，使用如下命令可以创建并配置基于名称的标准 ACL。

```
Router(config)#ip access-list standard { name | access-list-number }
// 使用standard创建基于名称的标准ACL，name表示ACL名称
```

在ACL模式下，使用如下命令配置基于名称的标准ACL。

```
Router(config)#{ permit|deny}{any|source source-wildcard }
[ time-range time-range-name ] // 相关命令参数的详细说明同使用编号的标准ACL
```

3. 配置基于名称的扩展ACL

在全局模式下，使用如下命令可以创建并配置基于名称的扩展ACL。

```
Router(config)#ip access-list extended { name | access-list-number }
// 使用extended命令创建基于名称的扩展ACL
```

在ACL模式下，使用如下命令配置基于名称的扩展ACL。

```
Router(config)#{ permit | deny } protocol { any | source source-wildcard }
[ operator port ] { any | destination destination-wildcard } [ operator port ]
[ time-range time-range-name ] [ dscp dscp ] [ fragment ]
// 相关命令参数的详细说明同使用编号的扩展ACL
```

如果创建一个基于名称的扩展ACL，其规则的内容为拒绝来自网络192.168.1.0/24中的设备访问FTP服务器192.168.2.200/24，但允许其他网络中的设备访问，则可以使用如下命令完成配置。

```
Router(config)#ip access-list extended test2
Router(config-ext-nacl)#deny tcp 192.168.1.0 0.0.0.255 host 192.168.2.200
eq 21
Router(config-ext-nacl)#permit ip any any
```

4. 应用基于名称的ACL

在接口上应用基于名称的ACL与应用使用编号的ACL的方法和命令一样。使用如下命令可以把基于名称的ACL应用在接口上。

```
Router(config-if-interface-name)#ip access-group name { in | out }
```

其中，*name*要与之前创建的基于名称的ACL的名称保持一致。

5. 修改、删除基于名称的ACL

使用“no”选项可以删除创建的基于名称的ACL的规则。

```
Router(config)#no ip access-list {standard|extended} name
```

使用基于名称的ACL可以方便修改、编辑和删除单条ACL语句，而不用删除整个ACL规则。还可以把指定命令插入其中的某个位置，使得ACL的配置更加方便。

无论配置基于名称的标准ACL，还是配置基于名称的扩展ACL，都有一个可选参数sequence-number。sequence-number表明ACL在ACL中的位置。默认情况下，第一条ACL规则的序列号为10，第二条为20，以此类推。使用sequence-number可以方便地将新添加的ACL插入原有ACL中的指定位置。如果不选择sequence-number，则默认将语句添加到ACL末尾，序列号累加10。

将一条新添加的ACL规则插入原有的基于名称的ACL序列号为15的位置，可以使用如下命令完成配置。

```
Router(config)#ip access-list standard test1
Router(config-std-nacl)#15 permit host 192.168.8.1
// 在序列15处插入一条规则，允许主机192.168.8.1/24访问Internet
```

9.2.4 配置基于时间的ACL

1. 什么是基于时间的ACL

基于时间的ACL是在已经完成的ACL规则基础上，使用time-range时间参数控制ACL执行的时间段。只有在此时间范围内匹配时，此规则才会生效。

ACL中限制的时间段可以分为3种类型——绝对（Absolute）时间段、周期（Periodic）时间段和混合时间段，详细介绍如下。

（1）绝对时间段：表示一个时间范围，即从某时刻开始到某时刻结束。例如，1月5日早晨8点到3月6日早晨8点。

（2）周期时间段：表示一个时间周期。例如，每天早晨8点到晚上6点，或者每周一到每周五早晨8点到晚上6点。周期时间段不是一个连续时间范围，而是特定周期内的某天的某个时间段。

（3）混合时间段：将绝对时间段与周期时间段结合起来应用。例如，1月5日到3月6日的每周一至周五的早晨8点到晚上6点。

2. 创建时间段

在全局模式下，使用如下命令创建并配置时间段。

```
Router(config)#time-range time-range-name   // time-range-name表示时间段名称
```

3. 配置绝对时间段

使用如下命令配置绝对时间段。

```
Router(config-time-range)#absolute { start time date [ end time date ] | end time date }
```

其中，各项参数说明如下。

（1）start *time date*：表示起始时间。“*time*”的格式为“hh:mm”。“*date*”的格式为“日 月 年”。

（2）end *time date*：表示时间段的结束时间，其格式与起始时间格式相同。

在配置绝对时间段时，可以只配置起始时间，或者只配置结束时间。

以下示例表示从“2020年1月1日8点到2021年2月1日10点”时间段，使用绝对时间段表示。

```
Router(config-time-range)#absolute start 08:00 1 Jan 2020 end 10:00 1 Feb 2021
```

4. 配置周期时间段

使用时间来控制网络中的数据流量时，更多的是使用周期性的、相对的时间段。在时间段配置模式下，使用如下命令配置周期时间段。

```
Router(config-time-range)#periodic day-of-the-week hh:mm to [ day-of-the-week ] hh:mm
Router(config-time-range)#periodic { weekdays | weekend | daily } hh:mm to hh:mm
```

其中，各项参数说明如下。

（1）*day-of-the-week*：表示一个星期内的一天或者几天，包括 Monday、Tuesday、Wednesday、Thursday、Friday、Saturday、Sunday。

（2）*hh:mm*：表示时间。

（3）weekdays：表示周一到周五。

（4）weekend：表示周六到周日。

（5）daily：表示一周中的每一天。

如果表示从每周一到周五早晨 9 点到晚上 6 点，则可使用如下命令完成配置。

```
    Router(config-time-range)#periodic weekdays
09:00 to 18:00
```

5. 应用时间段

应用 time-range 参数可将配置完成的时间段和 ACL 配合使用。需要注意的是，ACL 只在 time-range 指定时间段内生效，在其他未引用时间段，ACL 无效。

如图 9-10 所示，某学校需要配置访问控制规则，上班时间（9：00～18：00）不允许员工教学网主机（172.16.1.0/24）访问 Internet，但下班时间可以访问 Internet 的 Web 服务。详细的配置规则如下。

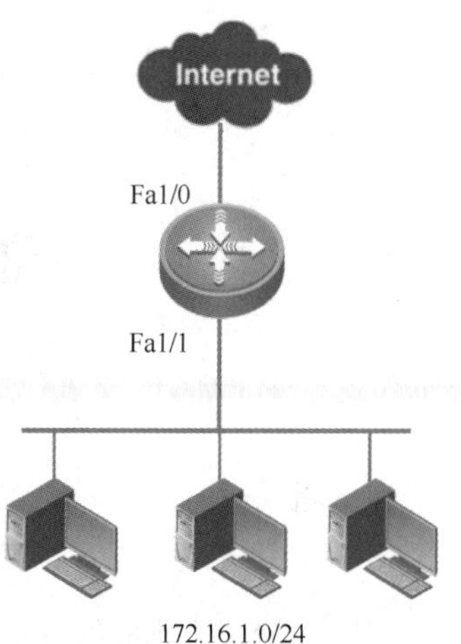

图 9-10　基于时间的 ACL

```
    Router(config)#time-range off-work    // 配置时间段名称
    Router(config-time-range)#periodic weekdays 09:00 to 18:00
    Router(config-time-range)#exit
    Router(config)#access-list 100 deny ip 172.16.1.0 0.0.0.255 any time-range
off-work
```

上述的命令表示的含义如下：拒绝 172.16.1.0/24 网络中主机访问 Internet，引用时间段“off-work”只有在此时间范围内时才会生效，若当前时间不在此时间范围内，则系统会跳过此条规则去检查下一条规则。

```
    Router(config)#access-list 100 permit tcp 172.16.1.0 0.0.0.255 any eq www
    // 下班时间可以访问 Internet 的 Web 服务
    Router(config)#interface FastEthernet 1/0
    Router(config-if-FastEthernet 1/0)#ip access-group 100 out
    // 将此 ACL 应用到外网接口的出方向上以实现过滤
    Router(config-if-FastEthernet 1/0)#end
```

需要注意的是，使用基于时间的 ACL 时，需要保证设备（路由器或交换机）的系统时间的准确性，因为设备根据系统时间判断当前时间是否在时间范围内。在特权模式下，使用“clock set”命令可以调整系统时间，使用“show clock”命令可以查看当前系统时间。

9.2.5　配置基于 MAC 地址的 ACL

以上介绍的基于编号和名称的标准 ACL 和扩展 ACL 都是基于 IP 地址的 ACL，所以也称作 IP ACL。但是在某些场合下，基于 IP 地址的 ACL 可能无法满足网络需求。

图 9-11 所示为基于 MAC 地址的 ACL 的应用场景。某企业网络只允许公司财务部的计算机（172.16.1.1/24）访问公司的财务服务器（172.16.1.254/24），不允许其他任何员工的计算机访问财务服务器。在网络安全访问控制中，使用基于 IP 地址的 ACL 可能无法满足网络需求。因为员工修改计算机的 IP 地址为 172.16.1.1，就能够绕过 IP ACL 针对 IP 地址的检查，实现对财务服务器的访问。因此，需要使用基于 MAC 地址的 ACL 避免此现象发生。

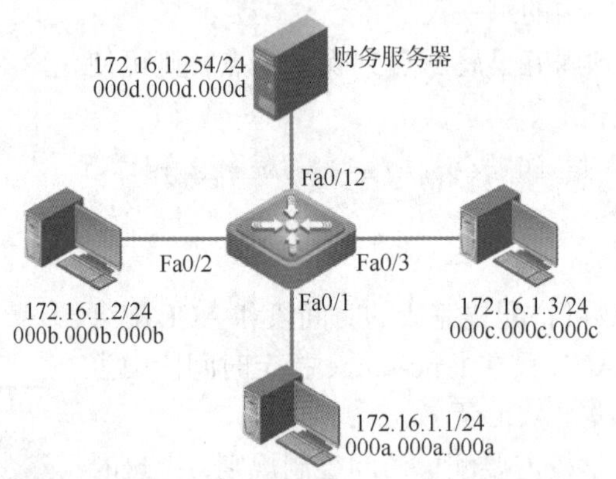

图 9-11　基于 MAC 地址的 ACL 的应用场景

基于 MAC 地址的 ACL 所检查的元素为收到的二层数据帧中的源 MAC 地址与目的 MAC 地址。通常，计算机的 MAC 地址是固定的物理地址，原则上不能够修改，所以根据 MAC 地址过滤的访问控制设备不会被“欺骗”。

1. 启动基于 MAC 地址的 ACL

在交换机的全局模式下，使用如下命令可以创建并配置基于 MAC 地址的 ACL。

```
Switch(config)#mac access-list extended { name | access-list-number }
/*  name 表示基于 MAC 地址的 ACL 的名称。
access-list-number 表示基于 MAC 地址的 ACL 的编号，取值为 700～799*/
```

2. 配置基于 MAC 地址的 ACL

进入 MAC ACL 模式后，使用如下命令配置基于 MAC 地址的 ACL 的访问控制规则。

```
Switch (config-mac-nacl)#{ permit | deny } { any | host source-mac-address }
{ any | host destination-mac-address } [ ethernet-type ] [ time-range
time-range-name ]
```

其中，各项参数说明如下。

（1）permit | deny：对符合此规则的数据包的处理方式，deny 为拒绝，permit 为允许。

（2）any：表示任何 MAC 地址。

（3）host *source-mac-address*：表示源 MAC 地址。

（4）host *destination-mac-address*：表示目的 MAC 地址。

（5）*ethernet-type*：表示以太网类型，如果不指定该类型，则表示匹配所有类型的以太网。

（6）time-range *time-range-name*：表示规则生效的时间范围，并指定时间范围的名称。

基于 MAC 地址的 ACL 最后的默认操作也是“deny any any”。

3. 应用基于 MAC 地址的 ACL

在接口模式下，使用如下命令将基于 MAC 地址的 ACL 应用到接口。

```
mac access-group { name | access-list-number } { in | out }
/*  name 表示基于 MAC 地址的 ACL 的名称。
access-list-number 表示基于 MAC 地址的 ACL 的编号，取值为 700 ~ 799*/
```

对于基于 MAC 地址的 ACL，一些交换机只支持在入（in）方向上进行过滤，所以在配置和应用基于 MAC 地址的 ACL 时，需要考虑基于 MAC 地址的 ACL 规则的配置方式，以及应用基于 MAC 地址的 ACL 的接口。

以下示例为完成图 9-11 中所示的基于 MAC 地址的 ACL 的配置，假设财务服务器的 MAC 地址为 000d.000d.000d，使用基于 MAC 地址的 ACL 实现只允许财务部计算机访问财务服务器。具体命令如下。

```
Switch(config)#mac access-list extended deny_to_accsrv
Switch(config-mac-nacl)#deny any host 000d.000d.000d
Switch(config-mac-nacl)#permit any any
Switch(config-mac-nacl)#exit
// 以下将基于 MAC 地址的 ACL 应用到其他接入接口的入方向上
Switch(config)#interface FastEthernet 0/2
Switch(config-if-FastEthernet 0/2)#mac access-group deny_to_accsrv in
Switch(config-if)#exit
// 以下将基于 MAC 地址的 ACL 应用到其他接入接口的入方向上
Switch(config)#interface fastEthernet 0/3
Switch(config-if-FastEthernet 0/3)#mac access-group deny_to_accsrv in
Switch(config-if-FastEthernet 0/3)#exit
```

9.2.6 配置专家 ACL

在图 9-12 所示的应用场景中使用基于 MAC 地址的 ACL 技术，对办公网中计算机访问财务部服务器进行限制，如只允许财务部的主机访问财务服务器。如果财务服务器还开放了其他服务，如 Telnet、FTP 等，则网络中心希望只有财务部计算机能访问财务服务器上的特定端口（如财务软件程序使用端口），而不希望其他计算机访问财务服务器上的这些端口。

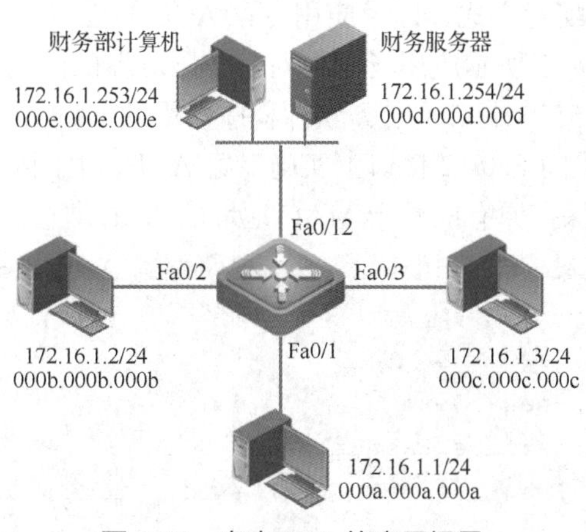

图 9-12 专家 ACL 的应用场景

对于这样的需求，使用基于 MAC 地址的 ACL 过滤显然无法实现目标，因为基于 MAC 地址的 ACL 不能像扩展 ACL 那样进行基于端口信息的过滤。为了满足这种更复杂、更精确的数据包的过滤需求，可以使用专家（Expert）ACL 技术。

专家 ACL 能考虑到实际网络的复杂需求，将 ACL 的检查元素扩展到源 MAC 地址、目的 MAC 地址、源 IP 地址、目的 IP 地址、源端口、目的端口和协议等，从而实现对数据更精确的过滤，满足网络的复杂需求。

1. 开启专家 ACL 配置模式

在全局模式下，使用如下命令可以创建并配置专家 ACL。

```
Switch(config)#expert access-list extended { name | access-list-number }
/*  name 表示专家 ACL 的名称。
access-list-number 表示专家 ACL 编号，取值为 2700～2899*/
```

2. 配置专家 ACL 的过滤规则

进入专家 ACL 模式后，使用如下命令配置专家 ACL 的过滤规则。

```
Switch(config-exp-nacl)#{ permit | deny } [ protocol | ethernet-type ] [ VID vid ] [ { any | source source-wildcard } ] { host source-mac-address | any } [ operator port ] [ { any | destination destination-wildcard } ] { host destination-mac-address | any } [ operator port ] [ precedence precedence ] [ tos tos ] [ time-range time-range-name ] [ dscp dscp ] [ fragment ]
```

专家 ACL 规则中各参数说明与扩展 ACL 和基于 MAC 地址的 ACL 的参数说明相同。在专家 ACL 中，可以同时指定 MAC 地址（二层信息）、IP 地址（三层信息）和端口（四层），以提供更精确的过滤。

3. 应用专家 ACL

配置完成的专家 ACL 需要应用在接口上以过滤相关特征的 IP 数据包。在接口模式下，使用如下命令将专家 ACL 应用到接口。

```
expert access-group { name | access-list-number } { in | out }
```

对于专家 ACL，一些交换机只支持入方向（in）上的过滤，因此在配置和应用专家 ACL 时需要考虑 ACL 规则的配置方式，以及应用专家 ACL 的接口。

以下示例为实现图 9-12 所示应用场景中对财务服务器的限制，只允许财务计算机访问财务部服务器的 TCP 的 5555 端口（财务软件程序使用的端口），禁止其他设备访问服务。需要在接入财务部计算机的 Fa0/12 接口上实施专家 ACL，对于接入其他部门的计算机上的 Fa0/2 和 Fa0/3 接口，仍保持原有的基于 MAC 地址的 ACL 即可。

```
Switch(config)#expert access-list extended allow_acchost_acc5555
Switch(config-exp-nacl)#permit tcp host 172.16.1.253 host 000e.000e.000e host 172.16.1.254 any eq 5555
Switch(config-exp-nacl)#exit
Switch(config)#interface FastEthernet 0/12
Switch(config-if-FastEthernet 0/12)#expert access-group allow_acchost_acc5555 in
```

9.2.7　编辑修改 ACL 规则

在基于编号的 ACL 规则编辑中，使用“access-list”命令配置完成基于编号的 ACL 后，如果需要对其进行修改，如添加一条新规则，则系统将默认将其添加到现有 ACL 规则的末尾。如果要将一条新规则插入现有规则中间，则只能对整个 ACL 进行重新编写。这将带来大量的维护工作。

在基于名称的 ACL 规则编辑中，针对此项进行了改进。使用“ip access-list”命令配置基于名称的 ACL 时，系统进入 ACL 配置模式，在配置规则命令之前，添加一个序号参数，即可插入一条新过滤规则。相关的配置命令如下。

```
ip access-list  ACL-name        // 进入 ACL 编辑状态
sequence-number { permit | deny } ……        // 插入一条 ACL 规则
```

参数“*sequence-number*”指 ACL 规则序号，也就是排序位置，根据序号从小到大进行排序。进入 ACL 配置模式后，使用“*sequence-number*”参数可为规则指定一个序号，或者插入一条新的规则。默认参数“*sequence-number*”的起始编号为 10。每增加一条规则，序号将递增 10，以此类推。

使用“show running-config”命令或“show access-lists”命令可以查看 ACL 的输出结果。

```
Router#show access-lists test
```

如果需要在现有规则中插入一条规则，如插入序号为 10 和 20 的规则之间，则可将新序号指定为 15，在现有两条规则之间，把新编辑的 ACL 规则插入 ACL 中即可。使用如下命令完成相关配置。

```
Router(config)#ip access-list extended test
Router(config-ext-nacl)#15 permit ospf any any    // 添加一条序号为 15 的规则
```

同样，使用“no *sequence-number*”命令可以删除特定的规则。

```
Router(config)#ip access-list extended test
Router(config-ext-nacl)#no 20        // 删除序号为 20 的规则
```

在编制 ACL 规则时需要注意以下几点。

（1）在大型网络环境中，同时存在上百条 ACL 语句，应尽量在 ACL 语句中嵌入注释或备注，以帮助理解和说明。

（2）在路由器上应用 ACL 时，一般需要记住 3P 原则，即可以为每种协议（Per Protocol）、每个方向（Per Direction）、每个接口（Per Interface）配置一个 ACL。每种协议一个 ACL，要控制接口上的流量，必须为接口上启用的每种协议都定义相应的 ACL。每个方向一个 ACL，一个 ACL 只能控制接口上一个方向的流量。要想控制入站流量和出站流量，就必须分别定义两个 ACL。每个接口搭配一个 ACL，一个 ACL 只能控制一个接口（如 Fa0/0）上的流量。

（3）在三层设备上应用 ACL 规则时，建议使标准 ACL 尽量靠近目的端、使扩展 ACL 尽量靠近源端。

（4）在编辑和应用 ACL 规则的过程中，把最有限制性的语句放在 ACL 语句的首行或者语句中靠近前面的位置，把“全部允许”或“全部拒绝”这样的语句放在末行或接近末行的位置，可以防止出现诸如本该拒绝的数据包被放过，或本该放过的数据包被拒绝的情况。

（5）增加标准 ACL、扩展 ACL 规则时，新的表项只能被添加到 ACL 的末尾，这意味着不可能改变已有 ACL 的功能。如果必须改变，则只能先删除已存在的 ACL，再创建一个新 ACL，将新 ACL 应用到相应的接口上。但是基于名称的 ACL 可以在指定的位置添加新的一行。

（6）在删除标准 ACL、扩展 ACL 语句时，不能逐条地删除，只能一次性删除整个 ACL。但是基于名称的 ACL 可以单独删除某一行。

（7）在 ACL 的最后有一条隐含的“全部拒绝”的命令，所以 ACL 中一定至少要有一条“允许”命令。

（8）ACL 规则只能过滤穿过路由器的数据流量，不能过滤由本路由器发出的数据包。

（9）在路由器选择决定以前，应用在接口入方向的 ACL 起作用；在路由器选择决定以后，应用在接口出方向的 ACL 起作用。

（10）如果建立一个空的 ACL 绑定至接口，则会允许所有流量通过；如果 ACL 中有一句规则，则 ACL 末尾会隐含一条“全部拒绝”命令。

【技术实践】使用 ACL 保护园区网安全

【任务描述】

某企业的网络使用多台交换机实现网络的互联互通。其中，接入层交换机 Switch C 连接各部门计算机，通过吉比特光纤连接汇聚层交换机。在汇聚层交换机 Switch B 上划分了多个 VLAN，每个部门为一个 VLAN，通过万兆光纤连接核心层设备。在核心层交换机 Switch A 上实现全网络连接，公司多台服务器（如 FTP、HTTP 等服务器）连接在核心层交换机上，通过防火墙与 Internet 相连。

为了保护企业网的安全，单位提出了以下组网需求：封堵各种病毒的常用端口，以保障内网安全；只允许内部计算机访问公司的服务器，不允许外部计算机访问公司的服务器；只允许财务部门的计算机访问财务部计算机，不允许非财务部门计算机访问；不允许非研发部门的计算机访问研发部计算机；不允许研发部门人员在上班时间（9：00～18：00）使用 QQ 聊天工具，只允许使用企业内部微信沟通。

【网络拓扑】

图 9-13 所示为某企业网使用多台三层设备实现网络互联互通的拓扑。

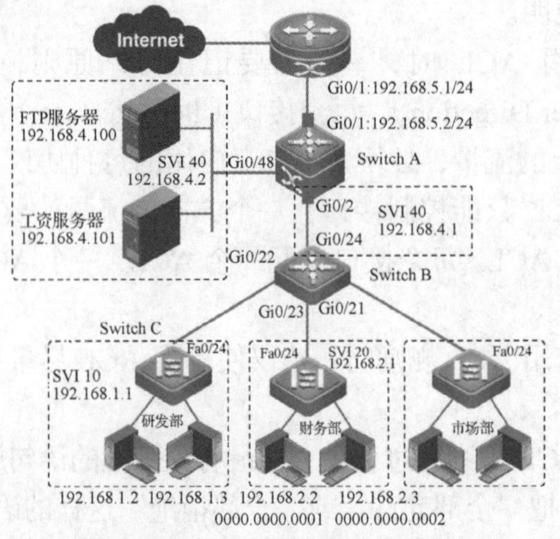

图 9-13　某企业网使用多台三层设备实现网络互联互通的拓扑

【设备清单】

路由器（或三层交换机，若干）、网线（若干）、测试计算机（若干）。

【需求分析】

安全需求分析如下。

（1）通过在核心层交换机 Switch A 上联路由器的接口（Gi0/1 接口）上设置扩展 ACL，来过滤相关端口的数据包以达到防病毒的目的。

（2）允许内部网络中的计算机访问公司的服务器，不允许外部网络中的计算机访问公司的服务器，通过定义扩展 ACL，应用到核心层交换机 Switch A 的下联汇聚层设备和服务器的接口（Gi0/2 接口和 SVI 40）上实现。

（3）要求特定部门网络之间不能互访，可通过定义扩展 ACL 实现（汇聚层交换机 Switch B 的 Gi0/22、Gi0/23 接口上应用扩展 ACL）；可通过配置基于时间的扩展 ACL，限制研发部门人员在特定时间内使用 QQ 聊天工具（汇聚层交换机 Switch B 的 SVI 40 上应用基于时间的扩展 ACL）。

【实施步骤】

（1）网络互联配置，实现网络互联互通。

① 根据图 9-13 组建某企业网拓扑。

② 根据图 9-13 所示的信息，分别完成所有设备的基础配置。

③ 在全网配置 OSPF 协议路由，实现全网互联互通。

（2）配置核心交换机设备 Switch A 的安全访问控制列表。

① 在核心层交换机 Switch A 上定义阻断病毒访问控制列表 Virus_Defence。

```
SA#configure terminal
SA(config)#ip access-list extended Virus_Defence
// 阻止来自内网、外网可能被病毒利用的 TCP 端口报文
SA(config-ext-nacl)#deny tcp any any eq 135
SA(config-ext-nacl)#deny tcp any eq 135 any
SA(config-ext-nacl)#deny tcp any any eq 136
SA(config-ext-nacl)#deny tcp any eq 136 any
SA(config-ext-nacl)#deny tcp any any eq 137
SA(config-ext-nacl)#deny tcp any eq 137 any
…………        // 其他配置类似，此处省略说明
SA(config-ext-nacl)#deny tcp any any eq 9996
SA(config-ext-nacl)#deny tcp any eq 9996 any
// 阻止来自内网、外网可能被病毒利用的 UDP 端口报文
SA(config-ext-nacl)#deny udp any any eq 69
SA(config-ext-nacl)#deny udp any eq 69 any
SA(config-ext-nacl)#deny udp any any eq 135
SA(config-ext-nacl)#deny udp any eq 135 any
SA(config-ext-nacl)#deny udp any any eq 137
SA(config-ext-nacl)#deny udp any eq 137 any
…………        // 其他配置类似，此处省略说明
SA(config-ext-nacl)#deny udp any any eq 1434
```

```
SA(config-ext-nacl)#deny udp any eq 1434 any
SA(config-ext-nacl)#deny icmp any any              // 阻止 ICMP 报文
SA(config-ext-nacl)#permit ip any any              // 允许其他 IP 数据包
SA(config-ext-nacl)#exit
```

② 将访问控制列表 Virus_Defence 应用在核心层交换机 Switch A 上联路由器接口上。

```
SA(config)#interface GigabitEthernet 0/1
SA(config-if GigabitEthernet 0/1)#no switchport
SA(config-if GigabitEthernet 0/1)#ip address 192.168.5.2 255.255.255.0
SA(config-if GigabitEthernet 0/1)#ip access-group Virus_Defence in
// 将 ACL Virus_Defence 规则应用在 Gi0/1 入方向上，阻断外网病毒报文
SA(config-if GigabitEthernet 0/1)#exit
```

③ 定义只允许内网 PC 访问服务器的访问控制列表 Access_server。

```
SA(config)#ip access-list extended Access_server
// 只允许指定内网 IP 网段中的计算机访问服务器( 192.168.4.100)
SA(config-ext-nacl)#permit ip 192.168.2.0 0.0.0.255 host 192.168.4.100
SA(config-ext-nacl)#permit ip 192.168.1.0 0.0.0.255 host 192.168.4.100
SA(config-ext-nacl)#permit ip 192.168.3.0 0.0.0.255 host 192.168.4.100
SA(config-ext-nacl)#deny ip any any
```

④ 将访问控制列表 Access_server 应用在下联汇聚设备和服务器的接口上。

```
SA(config)#interface GigabitEthernet 0/2
SA(config-if-GigabitEthernet 0/2)#switch mode trunk
SA(config-if-GigabitEthernet 0/2)#ip access-group Access_server in
SA(config-if-GigabitEthernet 0/2)#exit
SA(config)#vlan 40              // 创建 VLAN
SA(config-vlan)#exit
SA(config)#interface GigabitEthernet 0/48 // 连接服务器接口 Gi0/48 属于 VLAN 40
SA(config-if-GigabitEthernet 0/48)#switch access vlan 40
SA(config-if-GigabitEthernet 0/48)#exit

SA(config)#interface vlan 40
SA(config-if-vlan 40)#ip access-group Access_server in
 // 应用于连接服务器接口入方向上
SA(config-if-vlan 40)#ip address 192.168.4.2 255.255.255.0
SA(config-if-vlan 40)#end
```

（3）配置汇聚层交换机 Switch B 上的安全访问控制列表。

① 创建相应的 VLAN 信息。

```
SB#configure terminal
SB(config-vlan)#vlan 10   // 创建研发部对应 VLAN 10
SB(config-vlan)#vlan 20   // 创建财务部对应 VLAN 20
SB(config-vlan)#vlan 30   // 创建市场部对应 VLAN 30
```

```
SB(config-vlan)#vlan 40   // 创建核心和接入交换机互联 VLAN 40
SB(config-vlan)#exit
```

② 在汇聚层交换机 Switch B 上定义访问控制列表 Vlan_access1，不允许财务部、市场部访问研发部。

```
SB(config)#ip access-list extended Vlan_access1    // 定义 IP 扩展 ACL
SB(config-ext-nacl)#deny ip 192.168.2.0 0.0.0.255 192.168.1.0 0.0.0.255
SB(config-ext-nacl)#deny ip 192.168.3.0 0.0.0.255 192.168.1.0 0.0.0.255
SB(config-ext-nacl)#permit ip any any
SB(config-ext-nacl)#exit
```

③ 在汇聚层交换机 Switch B 上定义访问控制列表 Vlan_access2，不允许研发部、市场部访问财务部。

```
SB(config)#ip access-list extended Vlan_access2    // 定义 IP 扩展 ACL
SB(config-ext-nacl)#deny ip 192.168.1.0 0.0.0.255 192.168.2.0 0.0.0.255
SB(config-ext-nacl)#deny ip 192.168.3.0 0.0.0.255 192.168.2.0 0.0.0.255
SB(config-ext-nacl)#permit ip any any
SB(config-ext-nacl)#exit
```

④ 在汇聚层交换机 Switch B 对应接口上应用访问控制列表。

```
SB(config)#interface GigabitEthernet 0/22
SB(config-if-GigabitEthernet 0/22)#switchport mode trunk
SB(config-if-GigabitEthernet 0/22)#ip access-group Vlan_access1 in
// 配置 Gi0/22 口为 Trunk 口，并应用 Vlan_access1
SB(config-if-GigabitEthernet 0/22)#exit
SB(config)#interface GigabitEthernet 0/23
SB(config-if-GigabitEthernet 0/23)#switchport mode trunk
SB(config-if-GigabitEthernet 0/23)#ip access-group Vlan_access2 in
// 配置 Gi0/23 口为 Trunk 口，并应用 Vlan_access2
SB(config-if-GigabitEthernet 0/23)#exit
SB(config)#interface GigabitEthernet 0/24
SB(config-if-GigabitEthernet 0/24)#switchport mode trunk
```

⑤ 在汇聚层交换机 Switch B 上，配置对应的 SVI 虚拟交换接口，配置 IP 地址。

```
SB(config)#interface vlan 10
SB(config-if-van10)#ip address 192.168.1.1 255.255.255.0
SB(config-if-van10)#exit
SB(config)#interface vlan 20
SB(config-if-van20)#ip address 192.168.2.1 255.255.255.0
SB(config-if-van20)#exit
SB(config)#interface vlan 30
SB(config-if-van30)#ip address 192.168.3.1 255.255.255.0
SB(config-if-van30)#exit
SB(config)#interface vlan 40
SB(config-if-van40)#ip address 192.168.4.1 255.255.255.0  // 配置 SVI40 的
```

```
IP 地址
    SB(config-if-van40)#exit
```

⑥ 在汇聚层交换机 Switch B 上定义基于时间的 ACL，定义研发部数据流向规则。

a. 定义时间段。

```
    SB(config)#time-range worktime
    SB(config-time-range)#periodic weekdays 9:00 to 18:00   // 定义周一至周五的
9:00~18:00 的周期时间段
    SB(config-time-range)#exit
```

b. 定义基于名称的扩展 ACL。

```
    SB(config)#ip access-list extended Yanfa   // 创建扩展 ACL Yanfa
    // 以下禁止研发部所有主机在工作日 9:00 ~18:00 使用 QQ 聊天软件
    SB(config-ext-nacl)#deny tcp 192.168.1.0 0.0.0.255 eq 8000 any time-range
worktime
    SB(config-ext-nacl)#deny tcp 192.168.1.0 0.0.0.255 eq 8001 any time-range
worktime
    SB(config-ext-nacl)#deny tcp 192.168.1.0 0.0.0.255 eq 443 any time-range
worktime
    SB(config-ext-nacl)#deny tcp 192.168.1.0 0.0.0.255 eq 1863 any time-range
worktime
    SB(config-ext-nacl)#deny tcp 192.168.1.0 0.0.0.255 eq 4000 any time-range
worktime
    SB(config-ext-nacl)#deny udp 192.168.1.0 0.0.0.255 eq 8000 any time-range
worktime
    SB(config-ext-nacl)#deny udp 192.168.1.0 0.0.0.255 eq 1429 any time-range
worktime
    Switch (config-ext-nacl)#deny udp 192.168.1.0 0.0.0.255 eq 6000 any
time-range worktime
    SB(config-ext-nacl)#deny udp 192.168.1.0 0.0.0.255 eq 6001 any time-range
worktime
    SB(config-ext-nacl)#deny udp 192.168.1.0 0.0.0.255 eq 6002 any time-range
worktime
    SB(config-ext-nacl)#deny udp 192.168.1.0 0.0.0.255 eq 6003 any time-range
worktime
    SB(config-ext-nacl)#deny udp 192.168.1.0 0.0.0.255 eq 6004 any time-range
worktime
    SB(config-ext-nacl)#permit ip any any    // 允许其他 IP 流量
```

c. 将 ACL 应用在 SVI 10 的入方向上。

```
    SB(config)#interface vlan 10
    SB(config-if- vlan 10)#ip access-group Yanfa in
```

（4）在核心层交换机 Switch A、汇聚层交换机 Switch B 上配置验证。

```
    SA#show access-lists
    ......
```

```
SB#show access-lists
……
SA#show run
……
// 确认 ACL 配置是否完整，关注点为是否将正确的 ACL 应用到了指定的接口上
SB#show run
……
// 确认 ACL 配置是否完整，关注点为是否将正确的 ACL 应用到了指定的接口上
```

【认证测试】

1. 下面能够表示“禁止 129.9.0.0 网段中的主机访问 202.38.16.0 网段内的 Web 服务器”的访问控制列表是（　　）。

A. access-list 101 deny tcp 129.9.0.0 0.0.255.255 202.38.16.0 0.0.0.255 eq www

B. access-list 100 deny tcp 129.9.0.0 0.0.255.255 202.38.16.0 0.0.0.255 eq 53

C. access-list 100 deny udp 129.9.0.0 0.0.255.255 202.38.16.0 0.0.0.255 eq www

D. access-list 99 deny ucp 129.9.0.0 0.0.255.255 202.38.16.0 0.0.0.255 eq 80

2. 管理员在一台三层交换机上做出了如下配置，该配置达成的效果是（　　）。

```
access-list 100 deny tcp 10.1.10.0 0.0.0.255 any eq 80
access-list 100 permit ip any any
interface vlan 15
ip access-group 100 out
```

A. 禁止任何主机通过 Telnet 远程访问 10.1.10.0 子网中的主机

B. 禁止任何主机访问 10.1.10.0 子网中的 Web 服务

C. 禁止 10.1.10.0 子网中的主机访问 VLAN 15 中的 Web 服务

D. 禁止 10.1.10.0 子网中的主机访问 VLAN 15 中的 HTTPS 服务

3. 公司的出口路由器有两个快速以太网口，其中 Fa0/0 接口连接到办公楼，IP 地址为 172.16.3.0/24，Fa0/1 接口连接到行政楼，IP 地址为 172.16.4.0/24。管理员在路由器的 Fa0/1 接口的出方向调用了以下访问控制列表。

```
access-list 199 deny tcp 172.16.3.0 0.0.0.255 any eq 23
access-list 199 remark deny_telnet_ to_Xingzheng
```

对于该操作的结果，以下叙述正确的是（　　）。

A. 拒绝从 172.16.3.0/24 进行 Telnet 操作，但允许从 172.16.4.0/24 进行 Telnet 操作

B. 允许从 172.16.3.0/24 上网浏览网页

C. 拒绝 172.16.3.0/24 进行 FTP 操作，但允许从 172.16.3.0/24 进行 Telnet 操作

D. 172.16.3.0/24 和 172.16.4.0/24 之间的所有 IP 流量都被禁止

4. 在路由器上部署了如下访问控制列表规则。

```
access-list 100 deny icmp 172.18.169.10 0.0.0.255 any host-redirect
access-list 100 deny tcp any 172.18.169.254 0.0.0.0 eq 23
access-list 100 permit ip any any
```

现将此规则应用在接口上，下列说法正确的是（　　）。【选 2 项】

A. 禁止从 172.18.169.0 网段主机发来的 ICMP 重定向报文通过

B. 禁止 172.18.169.254 主机访问所有主机的 23 端口

C. 禁止所有用户远程登录 172.18.169.254 主机

D. 以上说法都不正确

5. 访问控制列表 “access-list 100 deny ip 10.1.10.10 0.0.255.255 any eq 80” 的含义是（　　）。

A. 规则序列号是 100，禁止到 10.1.10.10 主机的 Telnet 访问

B. 规则序列号是 100，禁止到 10.1.0.0/16 网段的 Web 访问

C. 规则序列号是 100，禁止从 10.1.0.0/16 网段来的 Web 访问

D. 规则序列号是 100，禁止从 10.1.10.10 主机来的 rlogin 访问